设施规划理论及应用

郑辉　主编

内容提要

本书以课程思政在设施规划与物流分析课程中的教学实践为切入点，在设施规划与物流分析课程教学实践中，遵循以人为本的设计原则，植入绿色发展理念以及国家战略，将传统文化、民族自信、人文关怀、工匠精神、环境保护元素等融入课程教学。本书共11章，分为上篇和下篇两部分。上篇为理论篇，主要介绍了设施规划和物流分析的基本理论、设施规划选址决策、设施需求测算、设施布置与设计、物料搬运系统设计、设施规划仿真，系统地对整个设施规划过程的每一步骤从各个方面进行了深入的探讨；下篇为应用篇，包括制造业设施规划、服务业设施规划和公共设施规划。本书旨在使读者更好地了解设施规划理论知识及其应用，通过理论与实践相结合，解决具体实际问题。

本书可作为高等学校工业工程、机械工程等专业本科生、硕士研究生的教材或教学参考书，也可作为企业设施规划、工厂规划与设计技术人员的工作指导书和培训教材，还适合致力设施规划与物流运作研究与实践的人员自学研读。

图书在版编目（CIP）数据

设施规划理论及应用 / 郑辉主编. -- 天津 : 天津大学出版社, 2022.7

ISBN 978-7-5618-7237-6

Ⅰ. ①设… Ⅱ. ①郑… Ⅲ. ①工业生产设备－规划－研究 Ⅳ. ①TB492

中国版本图书馆CIP数据核字(2022)第117269号

出版发行	天津大学出版社
地　　址	天津市卫津路92号天津大学内（邮编：300072）
电　　话	发行部：022-27403647
网　　址	www.tjupress.com.cn
印　　刷	北京盛通商印快线网络科技有限公司
经　　销	全国各地新华书店
开　　本	185mm×260mm
印　　张	15.5
字　　数	387千
版　　次	2022年7月第1版
印　　次	2022年7月第1次
定　　价	45.00元

前　言

新的生产技术、新的物料搬运设备、更大的投资、更高的期望，这些状况都要求设施规划不能再墨守成规。现今的每一家企业都必须追求投资收益的最大化，这既是企业的繁荣之路，又是企业的生存之需。

工业工程是以系统整体最优化为目标的学科和先进工程技术，“设施规划”是工业工程学科的一个重要分支。通过设施规划将各类设施、人员、物资进行系统规划与设计，以优化人流、物流、信息流，从而有效、经济、安全地实现建设项目的预期目标。国内外实践证明，设施规划质量对建设项目中资源合理利用、设施运营后的科学管理、投资效果的获得及社会效益的发挥有着决定性和关键性的作用。

目前设施规划的应用范围已由传统工厂布置与物料搬运扩展至非制造业设施的规划与布置。设施规划的好坏不仅决定了生产与服务系统效能的高低，而且直接影响一个企业经营管理的成败。因此，设施规划一直是国内外学术界高度关注的课题，具有十分重要的理论指导意义和实际应用价值。

本书以课程思政在设施规划与物流分析课程中的教学实践为切入点，在设施规划与物流分析课程教学实践中，遵循以人为本的设计原则，植入绿色发展理念以及国家战略，将传统文化、民族自信、人文关怀、工匠精神、环境保护元素等融入课程教学。

本书旨在使读者掌握与新建、改建或改造项目的各类生产与服务设施相关的设施规划与物流分析的理论与方法。通过对本书的学习，读者可以认识设施规划在各个行业系统中的地位、作用和人、机、物等基本生产要素之间的关系，初步具备以系统物流分析和系统布置设计为核心的规划与设计能力。

本书由郑辉任主编，参与编写的人员有：宗宪亮、韦波、赵一、赵乃莹、周思杨、莫忠和、刘倩茹。

本书吸取和参考了许多著名专家和学者的研究成果，有些文献并未直接引用，为方便读者寻源，亦将其列入参考文献中，谨致谢意。

由于本书编写时间较短，加之编者水平有限，书中一定存在不少缺点和错误，敬请各位专家和读者批评指正。

目　录

上篇　理论篇

下篇 应用篇

上篇　理论篇

第 1 章　导论

1.1　设施规划的重要性

20 世纪 70 年代至 20 世纪末，计算机的普及使得运筹学的应用更具有生命力。各类生产作业管理软件的出现、计算机管理系统的应用、业务流程的变化等，使得设施规划进入了快速发展阶段。设施规划的研究拓展至交通运输、港口、民航等系统中，其理论与方法已渗透至城市规划、区域开发、市政工程等领域。

当前，设施规划被认为是国民经济的重要组成部分。提高效率，降低成本，向用户提供优质服务，实现物流合理化、社会化、现代化，已成为企业共识。随着市场需求的多样化，竞争已从质量、成本转向快速响应市场，并由此出现了新的管理模式：区块链、精益生产等，网络成为制造全球化的基础。未来的设施规划将呈现出新的发展趋势。

下面从四个方面说明设施规划的重要性。

第一方面，从各国在设施规划方面花费的资金来看其重要性。各国每年投资在建立新设施或改善旧设施的庞大资金，有效地说明了设施规划的重要性。例如，美国自 1955 年以来，每年约有 8% 的 GNP（国民生产总值）用在添置新设施，同时现代的设施规划也必须在设计方法、应变弹性及绩效指标等方面进行持续改善，因此必须对先前所购置的设施进行年度修正或重新设计来提升作业绩效。改革开放以来，我国的基础设施建设全球瞩目，2010—2017 年中国全社会固定资产投资数据如图 1-1 所示。

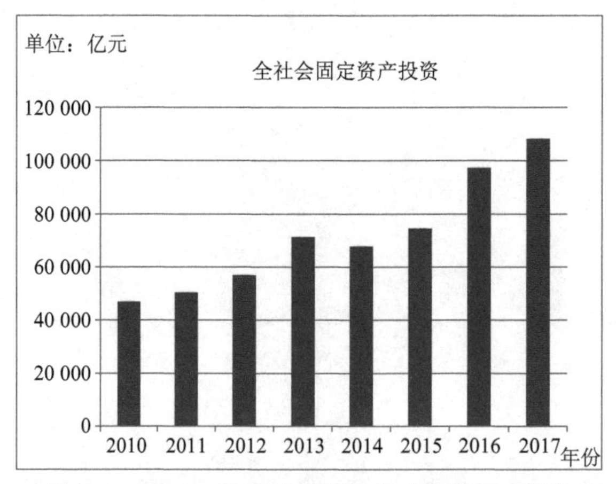

图 1-1　2010—2017 年中国全社会固定资产投资

第二方面，目前实体经济在设施规划程序的运作上仍有很大的改进空间，我们可从以下七个方面分析探讨。

（1）成本。设施的固定成本、搬运成本与维护成本对企业精益绩效有何冲击？如其中的土地成本占企业资本极大比重，那么多数企业会以承租方式来解决用地的问题。

（2）资金投资。企业的大部分资金会投资于何处，而可转换性又如何？在设施规划过程中，若资金分配不当，企业整体的运营都会受到影响，且资金转换的空间也会随之缩减。

（3）员工士气。设施规划对员工士气和工作安全有影响。如果设施规划不良，致使员工受到职业伤害，整体士气必定受到影响。设施规划的问题若未能适时解决，必会影响工作效率而衍生更多的操作成本。

（4）设施管理。设施规划对设施管理有何冲击？例如针对未来的变动、产量过剩或产能不足等情况，如何制订预案以提高整体作业执行的弹性。

（5）顾客满意。从如何满足顾客的角度来看，企业可通过以下的循环式检查来了解设施规划对于提升顾客满意度所扮演的角色。

①执行市场研究和销售预测，了解顾客的需求点和需求量。

②执行生产设计，描绘产品规格和劳务等内容，并规划所需要的产量。

③执行流程设计，确定如何制造产品或提供劳务。

④执行作业设计，确定工作方法和标准，进而确定所需的人力和设备。

⑤执行物料搬运，确定物料流程路径，安排活动的关联位置与空间。

⑥考虑财务配合，采购设备及建筑。

⑦开始装置设计。

⑧实际生产或提供劳务、仓储、运销等技能。

⑨采用何种营销方式销售给顾客。

⑩将顾客反应和顾客抱怨等经由营销渠道反馈给企业，构成一个循环。

（6）资源使用。设施规划对资源使用有何影响？节约能源及环境保护是设施重设计（Relayout）的两项主要原因。能源是重要和昂贵的原材料，更节能的设备、流程与物料应尽快导入市场，从而使得设施设计的其他方面发生改变。例如，某些能源密集工业，可修改设施设计以利用在工程中所释放的能源来为办公区供热。另一方面，从环境保护的观点来看，由于环保意识的提升，在筹备建厂的过程中，要考虑其对环境产生污染的来源和数量，妥善设置、安排所需的设备，并评估设备设置前后对生态环境和人们生活影响的程度和范围。在事前规划解决，可减少对环境的负面影响。

（7）设施弹性。设施规划对能适应变动与满足未来需求的设施能力有何影响？长期预测所带来的不确定性风险，可以通过弹性设计克服，如原始的设计容量过小，则未来扩展所需的资金会很多。例如餐厅未来要扩展，下水道管线与垃圾收集量在开始设计时就要加入弹性因子，以降低未来扩展时的修改成本。同样地，针对国家的全民健身战略规划，城市全民健身中心也需要有完善的扩展计划。

以上的分析反映了设施规划对企业的设施维护成本、员工安全、资金运用、现场管理等层面的冲击，满足未来需求弹性以及顾客满意度等相互间的影响与重要关系。

第三方面，在设施规划过程中，设施地址选择和设备购买两项决策将对日后系统运作产生深远影响，对未来厂房扩充和发展也将有所制约。若是等到一切设置完成后再进行变更，就要付出比原先多好几倍甚至更高的代价。设施规划与设施控制的关系如图 1-2 所示，若目前在设施规划上努力程度越高，未来在设施控制上所需的努力程度则越低；相反，目前在设施规划上努力程度越低，未来在设施控制上所需的努力程度则越高。

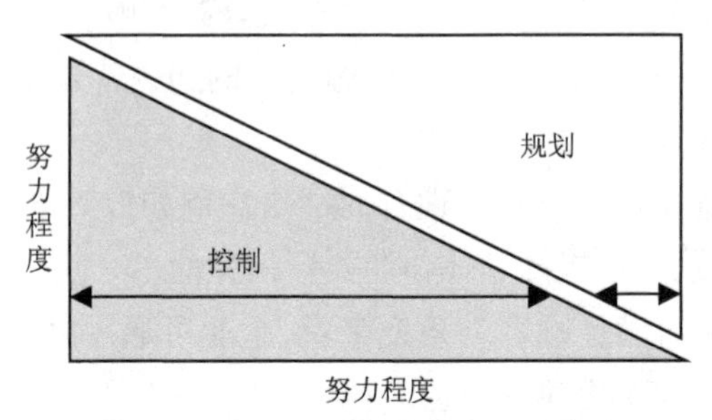

图 1-2 设施规划与设施控制的关系

由此，我们可以归纳出设施规划、变更成本与影响效率的关系，即规划阶段，若先投入较多时间、人力，力求整体设施规划的完整性，则在规划期间进行变更，其成本较低且效率高，以后的设施布局变动弹性也较大；反之，若在使用阶段才因需求改变而变动设施设计，则为时已晚，其变更成本高且效率低，如图 1-3 所示。

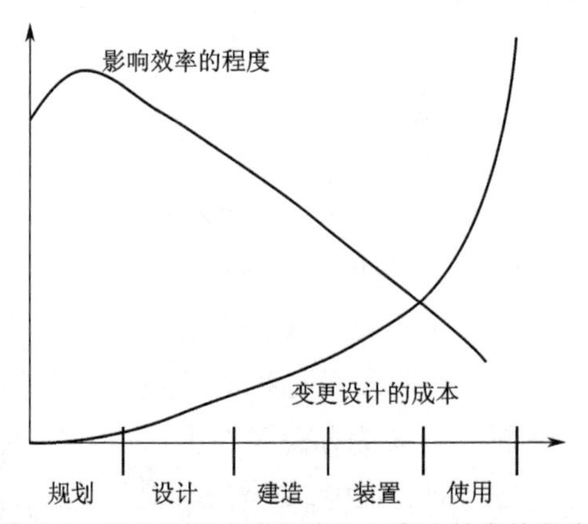

图 1-3 设施规划中变更成本与影响效率的程度

第四方面，若将设施类型限定为物流设施，则针对“物流设施规划的重要性”，可归纳为长期影响及短期影响两部分。

(1)长期影响。

①仓储或分销中心的数量、位置与规模将对分销系统的运作绩效产生重大影响。

②对于单一或多个地点的公司，供应品、原料、半成品与产成品的储存相应采取集中式储存或分布式储存，储存方式将对企业采购策略和库存管理方式产生重大影响。

③取得现有设施或从零开始设计新设施，须综合考虑企业未来的发展战备，使各分销中心产生紧密的互动关系，并制订一套妥善、完整的规划来执行。

④因为市场需求、人力资源与科学技术的不确定性所衍生的弹性需求必须事先列入规划考虑过程。

(2)短期影响。

①储存功能与制造功能之间的界面顺畅运作，将对作业绩效具有一定的影响力。

②物料搬运设备的选择对整体的设施规划具有重大影响。

③应针对物料控制、设备控制以及分销流程的控制建立不同的控制系统，以确保设施规划目标的实现。

④设计方案的空间使用效率、设备选用与作业方式等将对是否可以达到成本目标具有重大影响。

1.2　设施规划与精益生产

1.2.1　精益生产

精益生产就是及时制造，消灭故障，消除一切浪费，实现零缺陷和零库存。美国麻省理工学院学者在做了大量的调查和对比后，认为日本丰田汽车公司的生产方式是最适用于现代制造企业的一种生产组织管理方式，并称之为精益生产。精益生产综合了大量生产与单件生产方式的优点，力求在大量生产中实现多品种和高质量产品的低成本生产。它是以消除不增加价值的等待、排队和其他延迟活动为目标，按照确定的生产节拍进行生产并且每次仅生产单件产品的一种先进的生产方式。与以往靠计划系统发出指令的推动式生产方式不同，精益生产系统通过拉动式的生产方式来实现快速响应顾客实际需求的目的。

精益生产以拉动式准时生产为生产动力，以最终用户的需求为生产起点，强调物流平衡，追求零库存，消除一切不必要的浪费(物料浪费、人力浪费、时间浪费等)，要求上一道工序加工完的零件立即进入下一道工序。

精益生产方式组织生产线依靠看板的形式，它需要从最后一道工序通过信息流向上一道工序传递信息，这种传递信息的载体就是看板。生产中的节拍可由人工干预、控制，但重在保证生产中的产线平衡。由于采用拉动式生产，生产中的计划与调度实质上是由各个生产单元自己完成的，虽然计划不采用集中计划的形式，但操作过程中生产单元之间的协调则极为必要。

精益生产方式作为先进的管理技术，从 20 世纪 80 年代开始引入我国，在汽车、电子等行业得到了广泛的应用。精益生产方式可有效提高企业的生产效率和质量，缩短生产周期，降低生产成本，取得良好的经济效益。精益生产方式在生产制造领域取得成功后，又将生产系统的成功经验逐步延伸到企业的研发、供应链管理、销售与服务等业务领域，形成了以业务流程为主线，集成各种精益工具来规范和优化流程的精益管理体系。

1.2.2 精益管理

我国实施制造强国战略以来，各行业积极开展智能制造活动，但大部分企业处于工业2.0到工业3.0的阶段，工业化基础薄弱，因此要将管理技术与智能制造技术融合起来进行。近年来，很多企业通过精益生产对工厂布局进行规划和优化，夯实了工业化基础。

企业经营的核心是通过业务流程满足客户的需求，根据精益生产的定义，精益生产从管理的角度运用精益管理工具消除业务流程中的非增值环节，规范和优化业务流程，从而创造出尽可能多的价值。设施规划将企业生产过程中所需要的有形资产进行合理分配，以满足企业生产的需要。因此，企业生产流程是设施规划和精益管理融合的共同平台，精益管理和设施规划分别从管理和技术的角度优化企业生产流程，提高生产流程质量、效率和成本等绩效指标，更好地满足客户需求。精益生产是设施规划的基础，设施规划的基础是物流分析，精益生产构建合理的生产组织方式及规范的流程，以保证企业生产的高效性及稳定性。同时，运用精益管理工具优化企业生产流程，也为产品生命周期系统、企业资源技术和制造执行系统等信息化系统的落地奠定了基础。因此，精益生产是以精益思想为指导，将物流分析、信息通信技术和管理技术融合到企业生产流程中，形成以设施为载体，以流程优化为核心，以降低成本、提高质量及交货期绩效为目的的新型生产方式。

精益管理是工厂按照既定的流程运行以保证达到预定的绩效指标并持续改进的过程。设施的运行要达到预定的绩效指标需要人员、设备、物料和信息系统等的高度协同，但新工厂很难立即达到所有要素的高度协同，因此企业往往需要建立以精益思想和精益工具为主体的精益运行和改进流程，使价值流分析、根本原因分析、标准作业等精益工具找到企业运行过程中的布局问题，使先进制造技术、信息技术及管理工具等持续优化，最终达到工厂预定的生产能力、效率和质量等绩效目标。同时，在信息集成的基础上建立生产过程仿真系统，归纳和提炼车间整体运行模型，并结合生产管理系统，持续优化资源配置和车间布局等。

1.3 典型设施规划方法

为帮助设施规划人员做好布置设计，目前已经开发出了多种不同的规划方法（见表1-1），这些方法主要分为两类：构造型和改进型。构造型规划方法主要是从零开始得出一个新布置方案；改进型规划方法则是在已有布置的基础上进行优化布置。对于制造业，典型的设施规划方法有 Apple 的工厂布置法、Reed 的工厂布置法、Muther 的系统化布置设计方法等。

表 1-1 设施布置方法一览表

布置方法和技术	时间	主要特点和使用条件
流程图、样片排列等经验判断方法	20 世纪 50 年代	直观、简便、易行

续表

布置方法和技术	时间	主要特点和使用条件
关于设施间物料流动顺序和数量的各种数学分析方法。如属于最优化及其搜索算法的二次分配算法（QAP，1957）及相应的计算机软件 CRAFT（1964）和 CORELAP（1967）	20 世纪 50 年代中期到 60 年代初、中期	适用于设施数目不太多的情况
系统化布置规划方法（SLP）	20 世纪 60 年代至今	该方法属于系统仿真技术，要求把影响布置的因素尽可能量化，在离散状态下组合寻优，适用于设施数目不超过 15 个的情况。其突出特点是具有方法论意义
人 - 机交互式决策支持方法	20 世纪 80 年代至今	按决策者意图靠计算机系统支持决策，能进行预测判断；借助模糊集理论，采用图论方法等

1.3.1　Apple 的工厂布置方法

Apple 提出的工厂布置方法的详细步骤如下：

（1）获取布置设计所需的基本资料；

（2）分析基本资料；

（3）设计产品的生产工艺；

（4）规划物料流动模式；

（5）规划通用的物料搬运方式；

（6）计算设备需求；

（7）规划工作站；

（8）选择特定的物料搬运设备；

（9）协调相关的作业组别；

（10）确定作业单位相互关系图；

（11）确定基本存储单元；

（12）规划服务及辅助作业单位；

（13）确定各作业单位空间需求；

（14）为各作业单位分配面积；

（15）考虑建筑物类型；

（16）构造总体布置方案；

（17）与相关人员一同评价、调查及检查布置方案；

（18）获得批准；

（19）正式批准布置方案；

（20）实施布置。

上述步骤是 Apple 提出的工厂布置一般步骤,但在具体设计时不一定严格按上述步骤进行。企业在完成一个初始布置方案设计之前,一般会跳过一些步骤,因为开发设计时很多情况是不可预见的,所以企业以后会重新回到前面的各步骤进行检查或重做。

1.3.2 Reed 的工厂布置方法

Reed 提出的工厂布置方法的详细步骤如下:

(1)分析要生产的产品;

(2)确定制造产品的工艺;

(3)准备布置规划图表;

(4)确定工作站;

(5)分析存储区需求;

(6)确定最小通道宽度;

(7)确定办公室需求;

(8)考虑人员设施及服务设施;

(9)调查工厂服务区需求;

(10)提供未来扩展设想。

其中,准备布置规划图表是最重要的一个步骤,布置规划图表包含以下内容:

①工艺流程图,包括加工、搬运、存储、等待、检验五项活动;

②每项活动的标准时间;

③机器的选择及平衡;

④人力的选择及平衡;

⑤物料搬运需求。

1.3.3 Muther 的系统化布置设计方法

1961 年, Muther 提出了系统化布置设计方法(Systematic Layout Planning, SLP),该方法的主要步骤如下。

(1)输入原始资料,包括 P、Q、R、S、T,即产品(Product)、产量(Quantity)、路线(Routing)、辅助服务(Supporting Service)和时间(Time)。

(2)根据对各作业单位的职能及相互关系的理解,进行各作业单位之间的物流分析和非物流分析(作业单位相互关系分析),得到作业单位的综合相互关系。综合相互关系用于确定各作业单位的拓扑关系,一般用 A、E、I、O、U、X 这样几个等级来反映各作业单位间的密切程度,并画出其位置相关图。

(3)确定作业单位面积并制作面积相关图。

(4)修正面积相关图,得到多个布置方案。

(5)评价布置方案并进行选择。

Muther 的系统化布置设计方法条理清晰、考虑完善(包含定性和定量因素),可操作性强，因而被广泛采用。但随着时代的发展，其不足之处也逐渐显现。首先，激烈的市场竞争迫使企业生产模式逐步采用制造资源规划系统（Manufacturing Resource Planning，MRP Ⅱ）、企业资源规划系统（Enterprise Resource Planning，ERP）、计算机集成制造系统（Computer Integrated Manufacturing System，CIMS），这些生产系统信息资源的高度计算机集成化要求设施规划信息的计算机化。同时，这些生产系统的动态特性要求设施规划必须具有快速响应能力（即快速提供高效可行的新的布局方案）。CIMS 等生产系统日趋复杂，应用系统布置设计技术手工完成布置和调整十分烦琐，此时，既要满足时间性又要满足最优性比较困难。其次，系统布置设计技术提供的规划方案太少。在初步方案确定后，设计者要根据约束条件自己调整方案。限于自身知识及能力，设计者最终提供给决策者的方案较少，可供决策者选择的余地太小，很难形成优秀的、令人满意的方案。

1.4　设施规划的前沿动态

1. 绿色发展理念下新能源汽车充电设施规划

纵观全球，绿色发展已经成为世界上各个国家发展的主题，其目标是保护环境和促进能源结构合理化。发展新能源汽车是实践绿色发展的一个极为重要的途径，对于有效改善能源和环境问题具有重要意义。

充电方式主要有整车充电以及更换电池两种模式，其中充电包括快速充电、中速充电和常规充电三种方式。不同类型的新能源汽车对其行驶里程、充电时间的要求等各有差异，导致充电设施的建设方式也会不同。因此需根据其运营类型、行驶特点相对应地选择合适的充电方式，以指导充电设施的具体建设。

充电设施规划布局应遵循以下基本原则：一是充分发挥推广示范作用；二是满足合理的服务半径；三是充电设施应与交通量、充电需求量及电力负荷量相匹配；四是协调统筹、集约高效原则；五是充电设施形式多样化。

充电设施规划布局的要求，主要包括充电桩布局和充电站布局两个方面。

（1）充电桩布局要求。建议公交车辆充电桩配建比取值 1∶1；其他专用车和社会车辆建议充电桩配建比取值 1∶1.5。对于新建办公用房、大型商场、大型酒店、居住小区以及社会停车场等，要按照不低于总停车位 15% 的比例预留充电桩的安装位置；对于已建的办公用房、大型商场、大型酒店、居住小区以及社会停车场，按总停车位的 10% 比例建设充电桩，为私家车、出租车、公务车提供充电服务。

（2）充电站布局要求。一是对于服务半径的要求。充电站的服务半径一般按车辆平均行驶 15~30 分钟的标准设置，在实际规划中，应结合城市规划的区域进行划分。城市外围区域，宜根据道路的等级相应提出设置标准，高速公路沿线结合服务站进行设置；国道和省道沿线按一次充电行驶里程的 30%~40% 的标准进行设置。二是建设标准的要求。站区总体布局应满足城市规划相关要求，同时综合考虑站内工艺、功能分区、组织交通和节约用地等内容，提出科学合理的规划布局方案。

2. 智慧城市通信基础设施规划的新探索

在智慧城市的通信基础设施建设中，移动网络、宽带网络和数据中心的建设要以需求为导向，以规划蓝图和目标为导向，设计网络的容量，设计数据中心的存储空间。在兼顾需求和成本的基础上，科学规划建设布局，最大限度地发挥网络和数据中心的效能。

通信基站的选址一直是通信网络建设的难点和痛点，传统的做法是尽可能地多设立小型分布式基站来扩大无线网的覆盖区域。近年来，智慧杆柱的出现很大程度上解决了基站的选址难题。智慧杆柱可以集成通信基础设施和市政基础设施，通过集成智慧照明、Wi-Fi、伪基站、城市监测、电桩等多种功能，突破传统杆塔的边界，同时融入智能网关、边缘计算等功能模块，实现数据集成和智慧管理。智慧杆柱已成为新型智慧城市智能设施的重要组成部分，各级政府正积极推进智慧杆柱建设。

思考与练习题

（1）典型设施布置方法与设施规划过程的联系与区别是什么？

（2）查阅相关文献，试着了解设施规划在环境保护、节约能源以及其他方面起到的主要作用。

第 2 章　设施规划基本理论

2.1　设施

2.1.1　设施及其分类

“设施”是指生产系统或服务系统运行所需的固定资产，我们从不同的角度可以对设施进行以下四种分类。

（1）设施按照实物形态划分，可以分为实体建筑、机器设备、物品物料和工作人员。其中，实体建筑是企业所拥有的最外层设施，也是最重要的设施，如办公大楼、厂房、仓库、配送中心等。实体建筑的位置对于减少物流量、提高产品质量、降低成本具有重要影响。机器设备是生产经营所需的生产设备、搬运设备、辅助设备等。企业个体经营属性不同，机器设备的需求也有所不同，而机器设备的数量、安置、排列、作业弹性和空间配置等安排，将对生产或服务系统的整体运作产生重要的影响。物品物料包括原材料、半成品、产成品、工装夹具等，物品物料的进出控制方式、存储方式、移动方式等均和设施布局有着密切联系；完整的设施规划离不开工作人员，其具有工作弹性最大和活动面最广的特征，是上述三种设施资产类型的使用者和管理者。

（2）设施按照资产所有权划分，可以分为公共设施和自有设施。其中，公共设施是指由政府或第三方物流服务机构提供的为社会物流提供服务的设施，如配送中心、物流中心等；自有设施是指生产或服务企业自身拥有的设施，如厂房设施、生产设备、运输设备、搬运设备、自有仓库、物品物料等。

（3）设施按照运动状态划分，可分为静态设施和动态设施。其中，静态设施是指受设施体积、占地面积、质量及其他条件所限不能移动的设施，如厂房、仓库、配送中心、大型生产设备；动态设施是指可移动设施，如小型生产设备、运输设备、搬运设备、辅助设备等。

（4）设施按照企业类型划分，可分为制造业设施和服务业设施。制造业设施如配送中心、厂房、仓库、机器设备、物品物料等；因服务业类型不同，服务业设施的类型和特征也不同。例如，学校的设施有图书馆、教学楼、实验楼、餐厅、宿舍、体育场、电脑、音响、书桌、座位等；银行的设施有服务系统、排队系统等；医院的设施有大楼、医务室、病床、仪器等。

2.1.2　制造业典型设施

1. 实体建筑

1）配送中心

配送中心是接受并处理末端用户的订货信息，对上游运来的多品种货物进行分拣，同时根据用户订货要求进行拣选、加工、组配等作业,并进行送货的设施和机构。配送中心按专业化程度可分为专业配送中心、柔性配送中心;按功能可分为供应配送中心、销售配送中心、储存配送中心、流通配送中心、加工配送中心等;按区域可分为城市配送中心、区域配送中心等。

2)厂房

厂房主要用于从事工业制造、生产、装配、维修、检测等活动。

(1)厂房按建筑结构可以分为框架结构厂房、彩钢结构厂房、钢筋混凝土结构厂房、砖混结构厂房。

(2)厂房按建筑层数可分为单层厂房、双层厂房和多层厂房。

(3)厂房按使用功能可以分为三类。一是机械制造、重工类:一般要求单层,而且对厂房的高度、地面承重有要求,部分行业要求厂房有行车梁,可以装行车(吊车);二是轻纺电子加工类:双层和多层厂房均可,需要考虑原料、货物进出方便。三是食品化工类:除了房屋结构之外对房屋的配套有一些要求,如环保、消防、排污等。

3)车间

制造企业的车间一般有一定的规模,承担一个或多个独立的产品或部件的生产加工任务。车间由车间主任负责,设若干副主任协助主任工作。

4)仓库

仓库的主要类型有:单层仓库、多层仓库、圆筒形仓库、储运报税仓库、自动化仓库等,其各自适用于存储不同类型、形状的物品。

2. 机械设备

1)生产设备

机床是将金属毛坯加工成机械零件的机器,它是制造机器的机器,所以又称为“工作母机”,习惯上称为机床。现代制造中加工机械零件的方法很多,除切削加工外,还有铸造、锻造、焊接、冲压、挤压等,精度要求较高和表面粗糙度要求较高的零件,一般在机床上用切削的方法进行加工。在一般的机器制造中,机床所担负的加工工作量占机器总制造工作量的40%~60%。

2)运输设备

运输设备是指在物流运输线路上用于装载货物并使它们发生水平位移的各种设备。运输设备根据其从事运送活动的独立程度可以分为三类:没有装载货物容器,只提供原动机的运输工具,如铁路机车、拖船、牵引车等;没有原动机,只有货物容器的从动运输工具,如挂车、驳船等;既有装载货物容器,又有原动机的独立运输工具,如轮船、汽车、飞机等。

3)装卸搬运设备

装卸搬运设备按功能分为:容器、物料搬运设备及存取设备。

容器类设备主要用于移动和存储松散的物料,有托盘、物流箱。

物料搬运设备包含输送带,工业化车辆,单轨列车、吊车和起重机三大类。

存取设备包含单元负载存取设备和小型负载存取设备两大类。

2.2 设施规划的基本概念

2.2.1 设施规划的定义

设施规划是工业工程的一个重要组成部分，其任务是对建设项目的各类设施、人员、物资进行系统规划与设计，优化人流、物流、信息流，从而有效、经济、安全地达到建设项目的预期目标。从其定义可以看出，设施规划设计的对象是整个制造系统或服务系统而不是其中一个环节，包括设施规划的前期工作、确定设施位置、总体规划设计、详细设计、施工组织设计等。设施规划设计的目的是使设施得到优化布置，支持系统实现高效运营，以便在合理的经济投入下获得最大的产出。设施规划设计被认为是科学管理系统的开端，决策者和领导者关于系统管理的各种设想都要体现在设施规划与设计中。

2.2.2 设施规划的范围

设施规划范围非常广泛，包括设施选址、设施设计两部分，其中设施设计又包括设施系统设计、设施布置设计和搬运系统设计，如图 2-1 所示。

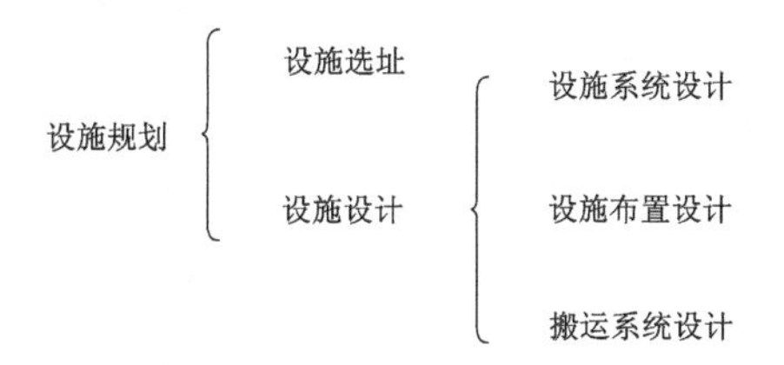

图 2-1　设施规划范围

设施选址考虑宏观问题，是指运用科学方法确定设施的地理位置，使之与企业的整体经营运作系统有机结合，以便有效地达到企业经营目的的决策活动。设施选址决策会对企业产生很大影响，选址不合理将在设施运营后很快显现出弊病，降低企业竞争能力，甚至导致企业破产，因此设施选址决策是一项高度复杂的系统工程，需要各级领导及专业人士共同决策。设施选址当前主要有两种方法，一是基于成本的选址方法，二是基于综合因素的选址方法。

设施设计考虑微观问题，其设计要素主要包括设施系统、设施布置和搬运系统。其中，设施系统由结构系统、暖通空调系统、建筑围护系统、电气系统、安全系统和给排水系统等组成。设施布置设计是指在确定设施地址的基础之上，确定企业内部设施的具体摆放位置、摆放方式，以达到理顺物流或人流、缩短移动时间、降低搬运或移动量的目的。为帮助设施规划人员做好布置设计，已经开发出了多种不同的布置方法。搬运系统由满足设施相互作用要求所需的机械设备组成，搬运系统设计则是在确定了设施位置后，通过科学方法合理确定物料搬运路线、搬运设备及搬运方法以达到减少搬运量、提高搬运效率的目的，典型的方法是 Muther 提出的搬运系统分析（Systematic Handling Analysis，SHA）方法。

根据企业所属行业的不同,可针对各种特定行业类别的设施进行规划。例如,制造业设施和医院设施的规划如图 2-2 所示。

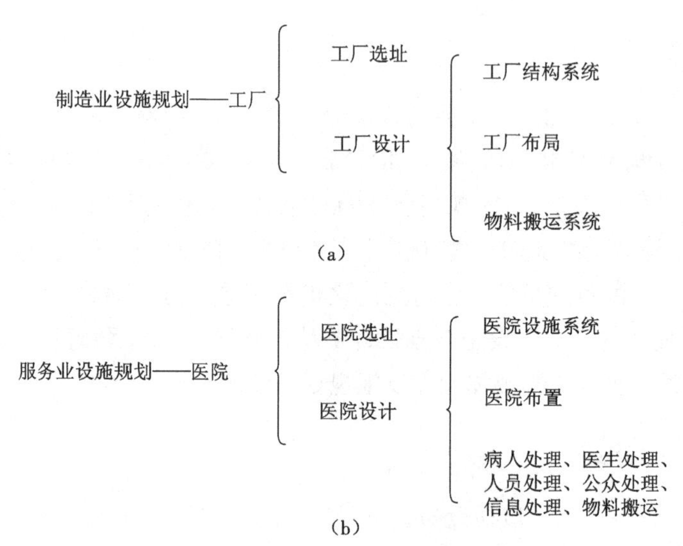

图 2-2 特定类别设施的设计规划示意图

(a)制造业设施规划——工厂 (b)服务业设施规划——医院

2.3 设施规划目标

2.3.1 设施规划的实例

20 世纪是全球工业化的世纪,特别是第二次世界大战后世界各国为了弥补战争的损失,都投入了大量的资金新建和重建工业。以美国为例,1955 年以来每年有 8% 的国民生产总值花费在新的工业设施的建设上(表 2-1),其中约有 40% 用于制造业设施的建设,每年大约达到 2 500 亿美元的投资。20 世纪 80 年代后受到信息技术的推动,各类服务业设施的发展大大超过了制造业,根据 2001 年美国的统计数据,用于这些项目的投资达 2.3 万亿美元。当前,全世界每年新增项目投资在 10 万亿美元左右,保守估计,以四分之一用于工业和服务业计算,投资就达到 2.5 万亿美元。

表 2-1 美国各个产业 1995—2003 年投入新设施的资金占 GNP 的比重 %

产业	制造业	采矿业	铁路业	航空及其他运输业	公共事业	通信业	商业及其他	所有产业
比重	3.20	0.20	0.20	0.30	1.60	1	1.50	8

我国在新中国成立后的 50 年中,也在工业化的道路上取得了突飞猛进的发展。例如,我国在 1986—1990 年每年在新建和重建工业设施方面投入近 4 000 亿元人民币,五年内总

投入达到国民生产总值的 28%，目前，我国每年项目投资已高达万亿元人民币。实践证明，在我国，设施规划设计是工程设计的重要部分，其水平和质量对建设项目中资源合理利用、设施运营后的科学管理、投资效果的获得及社会效益的发挥起到了决定性作用。国际上设施规划设计是工业工程师必须具备的基本知识和技能，设施规划设计也大都由工业工程师担任，由此可见设施规划的重要性。

2.3.2　设施规划的主要目标

设施规划将科学技术与经营融为一体，是企业整体布置与实施技术改造的科学方法和手段，也是企业进行规划的基础，其主要目标有如下几个方面。

（1）缩短周期。合理的设施规划，对制造型企业而言，既可减少物流量、缩短物流距离、提高物流活动效率，又能减少物流时间、缩短生产周期；对于服务型企业而言，可减少人流量、缩短服务周期和人流距离。

（2）提高质量。合理的设施规划，对于制造型企业而言，可减少因物流活动频繁及物流路线过长而引起的产品碰伤、刮伤等现象，可避免作业单位之间布局不合理对产品生产质量的影响，如振动对精密产品的质量影响；对于服务型企业而言，可减少因人流活动频繁及人流距离过长而引起的客户精力消耗、时间消耗、情绪烦躁等现象。

（3）降低成本。合理的设施规划，可提高设备利用率、减少空间占用和能源消耗，降低物流活动成本、制造型企业产品生产成本及服务型企业的服务成本。

（4）提高效率。合理的设施规划，可减少物流或人流活动，简化加工或服务流程，有效利用人力、设备资源，降低劳动强度，提高制造型企业的生产效率和服务型企业的服务效率。

（5）改善环境。合理的设施规划，可为职工提供方便、舒适、安全的工作环境。

（6）提高企业应变能力。企业内外部环境经常会发生变化，如已有产品设计改变，产品系列中老产品的撤出和新产品的加入，已有产品加工顺序的改变、加工设备的更新，生产质量和相关生产计划的改变带来生产能力的改变，组织结构的改变及管理观念的转变，从而有可能导致原来的设施不能达到既定的目标要求。合理的设施规划，可使企业适应这种内外部环境的变化。

2.4　设施规划过程

2.4.1　一般设施规划过程

设施规划通过组织、系统的方式来寻求解决方法，可以将传统工程设计过程应用到设施规划过程中，从而得到一般设施规划，流程如下。

1）定义问题

（1）定义（或重新定义）设施的目标：不管规划新设施还是改进现有设施，必不可少的要求是设施生产的产品或提供的服务要达到特定的目标。

（2）划分达到目标所需要的所有主、辅作业单位：要进行的主、辅作业活动和满足的要求必须以所涉及的运作、设备、人员和物流的标准来明确指定。辅作业活动服务于主作业活动，以使主作业活动免受干扰。

2）分析问题

确定所有作业单位间的相互关系。在设施范围内明确作业单位是否存在相互作用，如何相互作用，或是如何支持其他作业单位，这些活动是如何进行的。

3）确定所有作业单位空间需求

（1）在计算每一作业单位的空间需求时，要考虑所有设备、物料和人员需求，并以此生成多种设计方案。

（2）生成多个备选设施规划方案，包括备选的设施选址和设施设计两个方面，其中设施设计的备选方案包括布置设计、结构设计和物料搬运系统设计。根据具体情况的不同，设施选址决策和设施设计决策可以分开考虑。

4）评价备选方案

建立统一的评价标准，在此标准下对各备选方案打分排序。对每一种方案，确定所涉及的因素并评价这些因素是否影响及如何影响设施及其运作。

5）选择最优方案

从各备选方案中按评价结果确定一个最能满足企业目标并被企业接受的方案。

6）实施方案

（1）方案实施。一旦选定了某一方案，就要在设施实际建造或区域布置之前进行大量的规划工作，同时，实施中须对实施过程进行监控、试车准备、试车、运行和调试。

（2）设施规划的维护和调整。随着设施新要求的提出，总体设施规划方案须进行相应调整。例如，节能措施的修改、新物料搬运设备上市、产品品种或产品设计的改变等都会带来物流路线的改变，反过来又要求设施规划进行相应调整。

（3）设施目标的重新确定。验证设施生产的产品或提供的服务是否达到目标要求，在以后对设施规划进行修改、改造时要考虑这些指标。

2.4.2 完整的设施规划过程

现代设施规划的新方法基于 Tompkins 提出的成功设施规划过程，如图 2-3 所示，具体说明如表 2-2 所示。

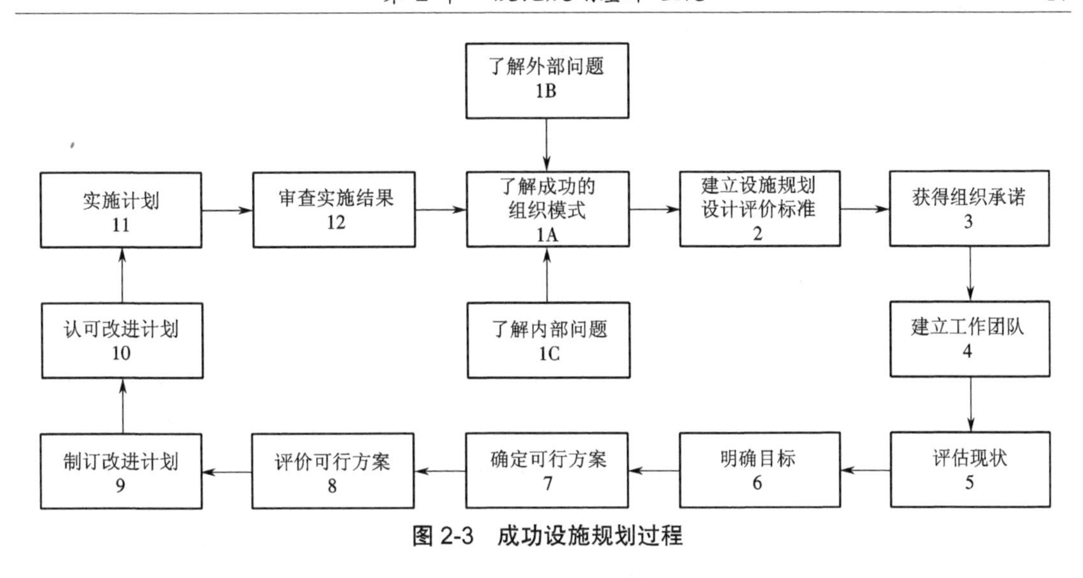

图 2-3　成功设施规划过程

表 2-2　成功设施规划过程说明

步骤	功能	说明
1A	了解成功的组织模式	了解成功的组织模式是设施规划成功的前提条件，要对企业所有层次人员进行教育培训，使其了解成功的组织模式
1B	了解外部问题	通过参加专业团体、贸易展览、会议研讨、阅读书刊等了解外部世界
1C	了解内部问题	了解企业的经营计划、目标、资源、约束
2	建立设施规划设计评价标准	由管理层确定设施规划设计评价标准
3	获得组织承诺	管理层应做一个明确的承诺，愿意实行必要的改进以便与设施规划设计标准一致
4	建立工作团队	组建的工作团队必须有广泛的代表性并能对每项设计要求做出决策
5	评估现状	对设施现状进行定性和定量评估，评估结果作为衡量改进措施的基础
6	明确目标	为每一项设计确定清晰的、可衡量的、与时间有关联的目标
7	确定可行方案	此步是一个创造性过程，要确定系统、过程、设计或方法能达到特定目标的要求，须寻求所有可行方案
8	评价可行方案	对所有可行方案做出经济评价和定性评价，经济评价应符合公司的指导原则
9	制订改进计划	在评价可行方案的基础上，选择最佳设计方案，制订详细的实施计划和资金安排计划
10	认可改进计划	向管理层提供不同方案的评价和论证材料，向管理层推荐改进计划，使其认可改进计划
11	实施计划	监督工程施工、安装、试车、调试等过程，培训员工以保证其正确使用新系统
12	审查实施结果	记录真实系统运行情况，并与预定的目标和期望的业绩相比较，找出差距并提供相应的反馈信息

一般设施规划过程和成功设施规划过程的区别如表 2-3 所示。

表 2-3 两种设施规划过程比较

阶段	一般性设施规划过程	成功设施规划过程
第一阶段	定义（或重新定义）设施目标 划分主、辅作业单位	了解成功的组织模式 了解外部问题 了解内部问题 建立设施规划设计评价标准 获得组织承诺
第二阶段	确定相互关系 确定空间需求 产生可行设计方案 评价可行设计方案 选择最优设施方案	建立工作团队 评估现状 明确目标 确定可行方案 评价可行方案 制订改进计划 认可改进计划
第三阶段	实施方案 维护和改进设施方案 重定义设施方案	实施计划 审查实施结果

思考与练习题

（1）设施、设施规划的含义及两者的区别是什么？

（2）查阅相关文献，试着了解还有哪些典型的成功设施规划案例。

第 3 章　物流分析的基本理论

3.1　物流概述

3.1.1　物流的定义

物流概念出现的时间较晚，但它对现代生产和商务活动的影响日益明显，引起了人们的关注。物流概念在产生之初主要是简单的实物分配，到今天已经涉及企业生产运营的全过程，其内涵和外延都得到了极大的丰富。目前关于物流定义的代表性观点主要有以下几种。

1. 美国组织机构对物流的定义

美国物流管理协会在 1985 年把物流定义为："物流是为满足消费者需求而进行的对货物、服务及相关信息从起始地到消费地的有效率、有效益的流动与存储的计划、实施与控制过程。"随着物流研究的深入，在 1998 年，美国物流管理协会又把物流研究的视角定位在供应链上，把物流看作供应链管理的一部分。2002 年他们又进一步把物流定义为："物流是供应链运作的一部分，是以满足客户要求为目的，对货物、服务和相关信息在产出地和消费地之间实现高效且经济的正向和反向的流动与存储所进行的计划、执行和控制过程。"

2. 欧洲物流协会对物流的定义

欧洲物流协会（European Logistics Association，ELA）1994 年发表的《物流术语》中把物流定义为："物流是在一个系统内对人员或商品的运输、安排及与此相关的支持活动进行计划、执行和控制，以达到特定目的之系列活动。"

3. 日本日通综合研究所对物流的定义

日本日通综合研究所于 1981 年在《物流手册》中对物流的定义是："物流是物质资料从供应者向需求者的物理性移动，是创造时间价值和场所价值的经济活动，从其范畴看它包括包装、搬运、保管、库存管理、运输、配送等活动。"

除了上述具有地域代表性的物流定义外，还有一些有价值的定义。例如："物流是一个控制原材料、制成品、产成品和信息的系统；物流是从供应开始经各种中间环节的转让及拥有而到达最终消费者手中的实物运动，以此实现组织的明确目标；物流是物质资料从供给者到需求者的物理运动，是创造时间价值、场所价值和一定的加工价值的活动；物流是指物质实体从供应者向需求者的物理移动，它由一系列创造时间价值和空间价值的经济活动组成，包括运输、保管、配送、包装、装卸、流通加工及物流信息处理等多项基本活动，是这些活动的统一。"

国家市场监督管理总局在 2021 年批准颁布的《物流术语》（GB/T 18354—2021），将物流定义为：根据实际需要，将运输、储存、装卸、搬运、包装、流通加工、配送、信息处理等基本功能实施有机结合，使物品从供应地向接收地进行实体流动的过程。

3.1.2 物流的分类

社会经济领域中物流活动无处不在，不同经济领域的物流活动都有自己的特征，虽然物流的基本要素相同，但物流对象、目的、范围不同，因此形成了不同类型的物流。根据物流对象、目的以及范围，物流可以分为宏观物流和微观物流、社会物流和企业物流等。

1. 宏观物流和微观物流

宏观物流是指社会再生产的总物流活动，它从社会再生产整体角度对物流进行认识和研究。宏观物流包括社会物流、国民经济物流、国际物流。宏观物流的主要特点是宏观性和全局性。宏观物流研究社会再生产总物流，研究产业或集团的物流活动和物流行为，具体包括：物流总体构成、物流与社会的关系、物流在社会发展中的地位、物流与经济发展的关系、社会物流系统和国际物流系统的建立和运作等。宏观物流的参与者是构成社会全体的大产业、大集团。宏观物流也可以从空间范畴来理解，即在很大空间范畴的物流活动，具有宏观性。宏观物流也指物流整体，是从整体的角度看物流，而不是从物流的某一个构成环节看物流。

微观物流是指消费者、生产企业所从事的实际、具体的物流活动。微观物流具有局部性和具体性的特点。在整个物流活动中，一个局部、一个环节的具体物流活动属于微观物流，在一个有限地域空间发生的具体物流活动属于微观物流，针对某一种具体产品所进行的物流活动也属于微观物流。企业物流、生产物流、供应物流、销售物流、回收物流、废弃物物流、生活物流等都属于微观物流。

2. 社会物流和企业物流

社会物流是面向社会的物流，具有宏观性和广泛性的特点。这种社会性很强的物流一般由专门的物流承担者承担。社会物流的范畴包括社会经济领域。社会物流研究内容包括生产过程中的物流活动、国民经济中的物流活动、在社会环境中运行的物流以及社会中的物流体系结构及其运行。

企业物流是指以企业生产经营为核心的物流活动，是具体的、微观的物流活动。生产型企业物流是始于生产所需的原材料、零部件和生产设备等要素的采购活动，经过加工、制造活动，制造出新的产品，结束于产品销售的整个社会供应的全过程。生产型企业物流包括原材料、零部件和生产设备供给的供应物流，生产过程中发生的搬运、仓储等生产物流，以及将产成品运送到分销商或直接运送到最终消费者的销售物流三个阶段。此外，由于不合格产品的外流、合理资源的回收利用等原因，生产型企业会产生企业物资的回收活动，即企业的回收物流。图 3-1 是典型的企业物流示意图。

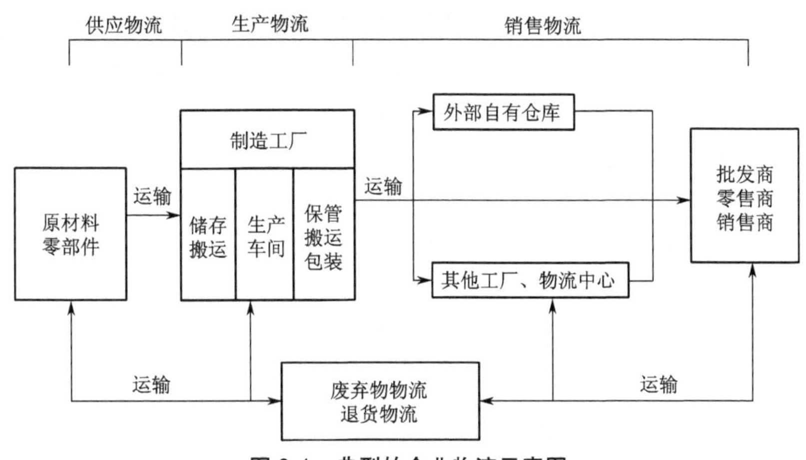

图 3-1　典型的企业物流示意图

3.2　物流量的计算

3.2.1　当量物流量的意义

物流量是指一定时间内通过两物流点间的物料数量。在一个给定的物流系统中,物料从几何形状到物化状态都有很大差别,其可运性或搬运的难易程度相差很大,简单地用质量作为物流量计算单位并不合理。因此,在系统分析、规划、设计过程中,必须找出一个标准,把系统中所有的物料修正、折算为一个统一量,即当量物流量,才能进行比较、分析和运算。

当量物流量是指物流运动过程中,一定时间内按规定标准修正、折算的搬运和运输量。例如,一台载重量为 10 t 的汽车,当其运输 10 t 锻件时, 10 t 锻件的当量质量为 10 t,而其运输 2 t 组合件时,则 2 t 组合件的当量质量为 10 t。在实际系统中,所提及的物流量均指当量物流量。当量物流量的计算公式为

$$f=qn \tag{3-1}$$

式中　f——当量物流量,当量吨 / 年、当量吨 / 月、当量千克 /h;

q——一个搬运单元的当量质量,当量吨、当量千克;

n——单位时间内流经某一区域或路径的单元数,单元数 / 年(月)。

目前,当量物流量的计算尚无统一标准,一般根据现场情况和经验确定。例如,一个火车车皮的载重量为 60 t,装载 12 个汽车驾驶室总成,则每个驾驶室的当量物流量为 5 当量吨。再如,企业中一个标准料箱载重量是 2 t,装载了 100 个中间轴,则每个中间轴的当量物流量为 20 当量千克。当量物流量是物流技术中未能很好解决的问题,有待今后进一步研究。

3.2.2　玛格数

玛格数(Magnitude)起源于美国,是一种不够成熟的当量物流量计算方法。它是为度量

各种不同物料可运性而设计出来的一种度量单位，用来衡量物料搬运的难易程度。将两点之间的流动物料的玛格数乘以单位时间的运输件数，即得到该两点之间的物流量或物流强度。需要注意的是，玛格数有其局限性。因为每一种物料的运输能力会部分地与搬运方法（装载容器及搬运设备）有关，而实际中，玛格数对各种不同的物流、化学状态的物料和搬运方法不能十分准确地描述和度量，因而它是一种近似表述物流量的标准值。对一些特征相差不大的物料搬运，玛格数是比较适用的。但若想将现实中的所有物料都用玛格数来度量，其误差较大，也就是说，物流系统越大、越复杂，玛格数的使用精度越低。玛格数的理论意义是十分重要的，是一种值得借鉴并需要进一步研究和开发的技术方法。

1. 玛格数的定义

一个玛格的物料具有如下特征：

（1）可以方便地拿在一只手中；

（2）相当密实；

（3）结构紧凑，具有可堆垛性；

（4）不易受损坏；

（5）相当清洁、坚固和稳定。

通俗地讲，是一块经过粗加工的 163.9 cm^3（稍大于 5.08 cm × 5.08 cm × 5.08 cm）大小的木块，约有两包香烟大小，叫作一个玛格。应用玛格数时，须将系统中的所有物料换算为相应的玛格数。

2. 玛格数的计算方法

首先，按照物料几何尺寸的大小计算出基本值。

（1）计算物料的体积。度量体积时，采用外部轮廓尺寸，不要减去内部空穴或不规则的轮廓。

（2）查阅图 3-2，得到玛格数基本值 A。图 3-2 反映了部分体积与玛格数基本值的对应关系。曲线反映了体积与基本值的关系：物料体积越大，运输单位体积越容易，玛格曲线变化越缓。

（3）根据物料实际情况查阅表 3-1，确定修正参数。

（4）计算玛格数。根据式（3-2）计算，得到玛格数 M：

$$M=A+A(B+C+D+E+F) \tag{3-2}$$

式中 A——基本值；

B——松密程度或密度；

C——形状；

D——损伤危险程度；

E——状态（化学状态、物理状态）；

F——价值因素，如不考虑则 F=0。

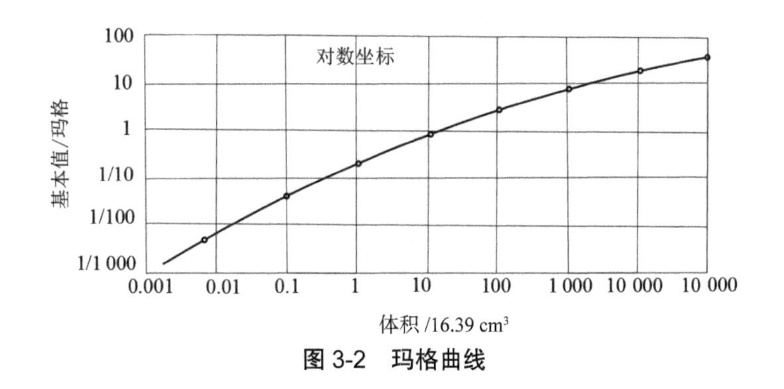

图 3-2 玛格曲线

表 3-1 修正因素和修正数值

数值	修正因素			
	松密程度或密度（*B*）	形状（*C*）	损伤危险程度（*D*）	状态（*E*）
-3	—	十分扁平并且可以叠置或可以套叠（平纸张等）	—	—
-2	非常轻或空的大体积物品	易于叠置或套叠的（纸、簿、汤碗）	不易受任何损坏（废铁屑）	—
-1	较轻和较大的	较易叠置或略可套叠（书、茶杯）	实际上不易受损坏或受损极小（坚实的铸件）	—
0	比较密实的（干燥的木块）	基本上是方形，并具有一些可叠置性质（木块）	略易受损坏（加工成一定尺寸的木材料）	清洁、牢固、稳定的（木块）
1	相当重和密实的（空心铸件）	长的、圆的或有些不规则形状的	易受挤压、破裂、擦伤等损坏	有油的、脆弱的、不稳定的或难于搬运的
2	重及密实的（实心铸件、锻件）	很长、球状或形状不规则的（桌上电话机）	很容易受一些损坏或容易受许多损坏（电视）	表面有油脂、热的、很脆弱或滑溜的、很难搬运
3	非常重和密实的（模块、实心铅）	特别长的、弯曲的或形状高度不规则的（长钢梁）	极易受到一些损坏或易受非常多的损坏（水晶玻璃、高脚器皿）	（发黏的胶面）
4	—	特别长及弯曲的或形状格外不规则的（弯管、木块）	极易受到非常多的损坏（瓶装酸类、炸药）	（烙化的钢）

此外，在应用玛格数衡量物流量时还应当注意以下几方面。

（1）物料的价值价格因素在修正表中未列出，因为通常物料在同一工厂或物流设施中流动或运输时，价值价格因素不会导致运输或物流能力的变动，而且搬运或运输的小心程度已经在“损伤危险程度”这一因素内，如果实际情况确实需要考虑价值价格因素，那就需要自行设立其零点和尺度（用 *F* 表示）。

（2）“扁平”或“可套叠”的物品通常以叠套形式搬运，所以当衡量修正因素时须以一叠或一套而不是一件为单位。

（3）修正因素是一种定性转化为定量的方法，参数值可以考虑使用半级来修正，以提高修正的精度。

3.3 搬运活性指数的计算

物料搬运活性指数是一种量度物料搬运难易程度的指标。物料平时存放的状态各式各样,可以散放在地上,也可以装箱放在地上,或放在托盘上等。由于存放的状态不同,物料的搬运难易程度也不一样。人们把物料的存放状态对搬运作业的方便(难易)程度,称为搬运活性。装卸次数少、工时少的货物搬运活性高。从经济上看,搬运活性高的搬运方法是一种好方法。

搬运活性指数用于表示各种状态下的物品的搬运活性。搬运活性指数的组成如下:最基本的活性是水平最低的散放状态的活性,规定其指数为零。对此状态每增加一次必要的操作,其物品的搬运活性指数加 1,活性水平最高的状态活性指数为 4。散放在地的物品要运走,需要经过集中、搬起、升起、运走四次作业,需要进行的作业次数最多,搬运最不方便,即活性水平最低;而集装在箱中的物品,只要进行后三次作业就可以运走,物料搬运作业较为方便,活性水平高一等级;装载于正在运行的车上的物品,因为它已经在运送的过程中,不需要再进行其他作业就可以运走,活性水平最高,活性指数定为 4。搬运活性指数示意图如图 3-3 所示,活性指数确定原则如表 3-2 所示。

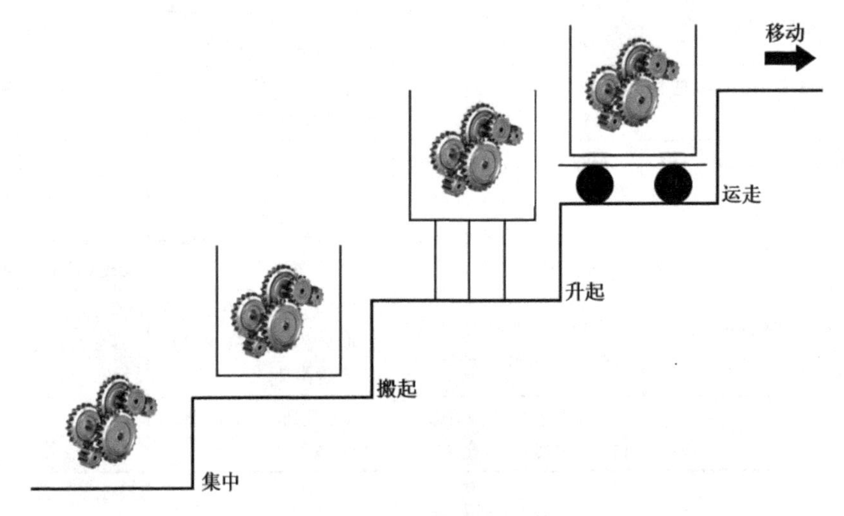

图 3-3 搬运活性指数示意图

表 3-2 活性指数确定原则表

物品状态	作业说明	作业种类				还需要的作业数目	已不需要的作业数目	搬运活性指数
		集中	搬起	升起	运走			
散放在地上	集中、搬起、升起、运走	要	要	要	要	4	0	0
集装箱中	搬起、升起、运走(已集中)	否	要	要	要	3	1	1
托盘上	升起、运走(已搬起)	否	否	要	要	2	2	2
车中	运走(不用升起)	否	否	否	要	1	3	3

续表

物品状态	作业说明	作业种类				还需要的作业数目	已不需要的作业数目	搬运活性指数
		集中	搬起	升起	运走			
运动着的输送机	不要(保持运动)	否	否	否	否	0	4	4
运动着的物品	不要(保持运动)	否	否	否	否	0	4	4

3.4 物流分析的使能工具

3.4.1 物流图

1. 物流路径图

我们用圆圈来表示设备装置,而圆圈间的连线则用来表示流程(图 3-4 和图 3-5)。相邻圆圈间的连线是从一个圆的中心指向另一个圆的中心的,如果我们要跳过某一个环节,就将线画在圆圈的上方,如果流程是回运的,就叫作"回流"(向 R 方向流),流程线则在圆圈下方。物流路径图指出由某些因素引起的问题,如交叉交通、回运和途经距离。

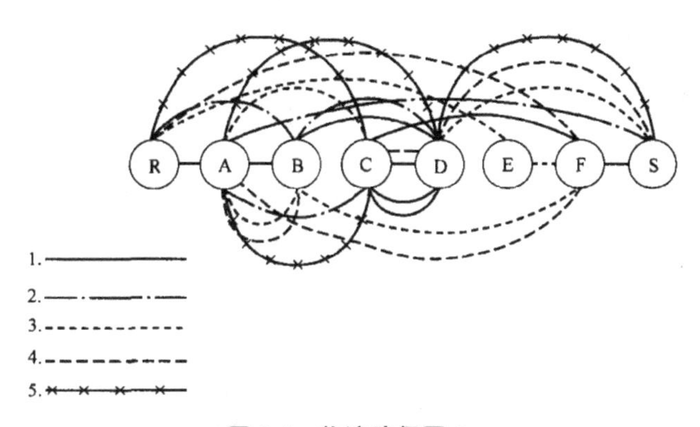

图 3-4　物流路径图 1

A—零件 1;B—零件 2;C—零件 3;D—零件 4;E—零件 5;F—零件 6;R—零件 7;S—零件 8

(1)交叉交通。交叉交通是指物流路径是交叉的。交叉交通是不符合需要的,并且一个更好的布局应该尽可能没有交叉的路径。出于对堵塞和安全因素的考虑,在任何地方交叉交通都是个问题。对设备、服务区和各部门的合理布置能消除大多数的交叉交通。

(2)回运。回运指的是物料回运到工厂。物料通常应由进口运往工厂尽头的出口。如果物料运向进口方向,这种情况即是回运。与正确的物流流程相比,回运将耗费 3 倍的时间。

(3)途经距离。距离消耗运输成本。途经距离越短,消耗成本越少。物流路径图印制在布局图上,而且布局图能很容易地标定比例,这样,途经距离就能被计算出来。通过重新布置机器和部门,我们可以尽可能地减少途经距离。

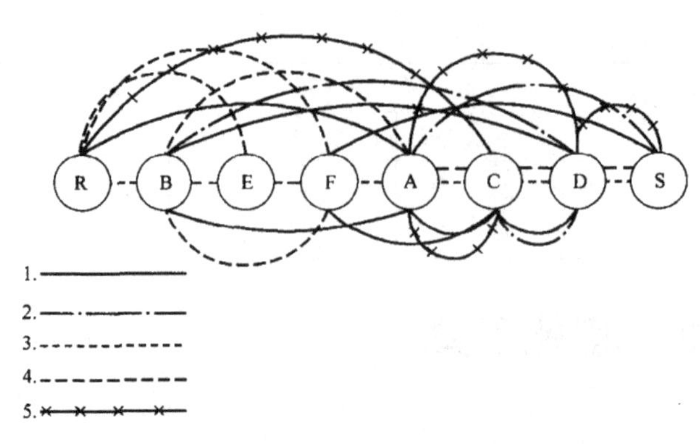

图 3-5 物流路径图 2

A—零件 1;B—零件 2;C—零件 3;D—零件 4;E—零件 5;F—零件 6;R—零件 7;S—零件 8

由于物流路径图是在工厂布局图上制作的,因此不用什么标准的形式,几乎没有什么规矩约束设计者。目的是显示通过每一部分的所有途经距离,并找出减小总体距离的方法。

物流路径图是从货运安排信息表、装配线平衡和蓝图上发展而来的。货运安排表详细指定产品的每个部件的生产顺序。这些步骤的顺序安排既要使每部分符合实际,又要有一定的灵活性。一个步骤可能要在另一步之前或之后——这要视情况而定。各步骤的顺序应修改到符合布局图,因为一旦操作顺序无法修改,并且物流路径图有回运,就需要移动设备。我们的目的是"尽可能以最经济、最高效的方式生产优质的产品"。

2. 物流流程图

物流流程图(图 3-6)显示从收货、储藏、各部件生产、预装配、总装、打包到仓库及运输每个环节所经的路线。这些路线可画在工厂的布局图上。

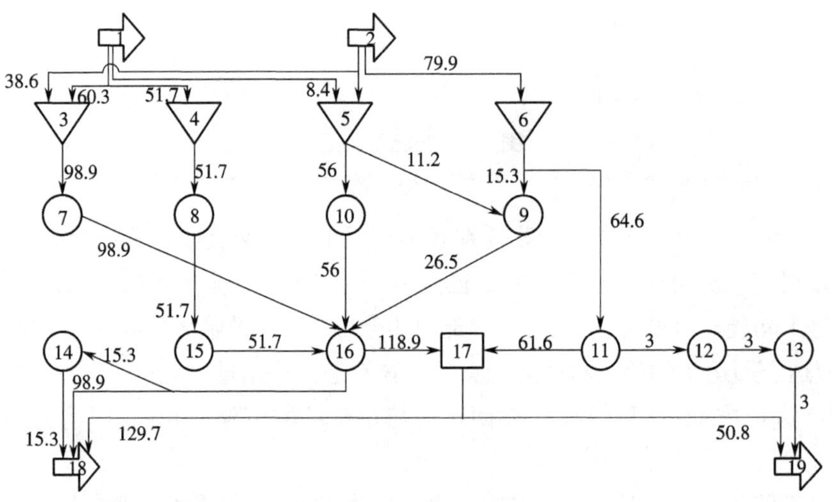

图 3-6 某车间物流流程图

物流流程图的制作步骤如下。

步骤一:物流流程图可从已制好或计划中有标度的平面布局图开始。平面图上各设施、设备、储存地、固定运输设备等要用工业工程(IE)标准符号(国际通用标准)标明,并且用阿拉伯数字编码。常用的 IE 符号主要有以下几种,如表 3-3 所示。系统内每一个与物流作业有关的活动都用上述符号表达,经过标定并编码成平面图。

表 3-3　作业单位工作性质符号

工艺过程图标符号及作用	说明作业单位区域的扩充符号	颜色规范	黑白图纹
操作	成型或处理加工区	绿	
	装配、部件装配拆卸	红	
运输	与运输有关的作业单位/区域	橘黄	
储存	储存作业单位/区域	橘黄	
停滞	停放或暂存或区域	橘黄	
检验	检验、测试、检查区域	蓝	
服务、辅助	服务及辅助作业单位/区域	蓝	
办公、技术部	办公室或规划面积、建筑特区	棕(灰)	

步骤二:得到经过 IE 符号表达并编码的平面图后,根据物料分类和当量物流量,任意一条物流路径均可用编码表示其物流流程路线。如果将表 3-3 中的各类工艺流程绘制在一张图上,则该图即为所研究系统的物流流程图,如图 3-6 所示。该图的画法不受平面图限制,任意物流的起点和终点间的物流量取决于两点间的权数,即通过两点间所有物流量(当量物流量)之和。根据货运表,生产每个部件的每一步都被规划并且和生产线联系,用颜色代码或其他方法来分辨各部分。

步骤三:物流流程图的画法也可不受平面图限制,没有工厂布局图时某拖拉机厂物流流程图的画法如图 3-7 所示。

在装配线上,所有的物流线路汇合在一起,以一个整体传向打包、仓库、装运点。对于工厂布局图来说,一个思考成熟、考虑周全的物流图就是最好的技术资料。而一个周全的工厂布局图又是物流图开发的蓝图。

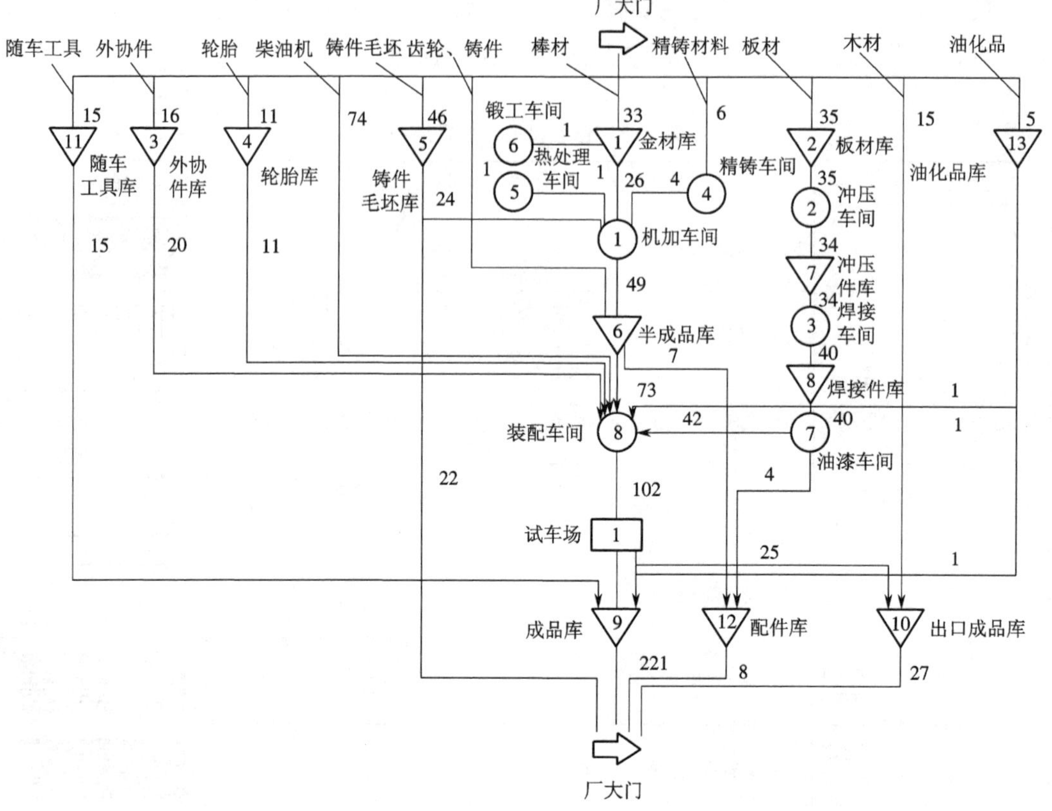

图 3-7 某拖拉机厂物流流程图

3.4.2 操作表

1. 操作表的内容

操作表（图 3-8 和图 3-9）上每个圆圈表示生产、部件装配、总装和打包，直到结束生产的每个必需的操作。在这张表上，每个生产操作、每个工种和每个部分都包括在内。操作表的顶部在一条水平线上（图 3-8）。部件的数目将决定操作表的大小和复杂程度。

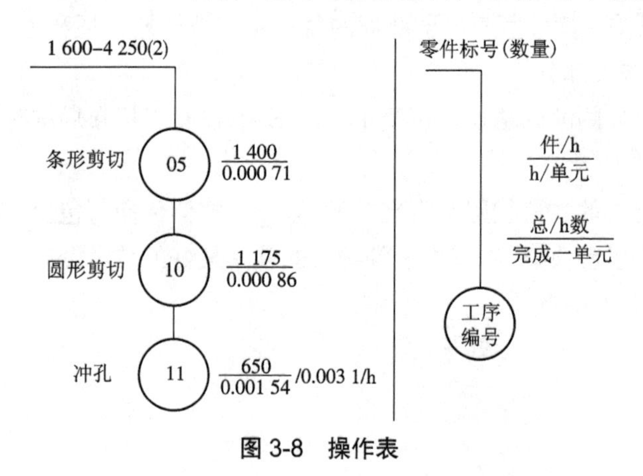

图 3-8 操作表

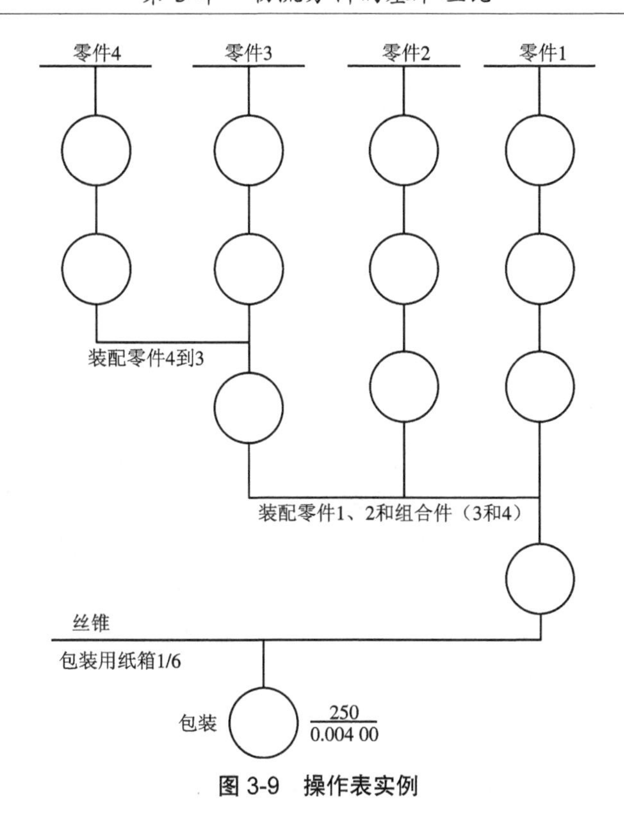

图 3-9　操作表实例

在原材料线下面，用一条垂直线来连接这些圆圈（从原材料生产到部件完成的步骤）。图 3-8 显示出这些点。当生产每个部件的步骤规划好以后，这些部件在装配线集合到一起。通常，开始装配的第一部件在该图的最右侧显示出来，其左边显示第二部件，因此，流动是自右向左的（图 3-9）。有些部件不需要生产步骤，这些部件称为外购件。外购件在它们被用到的操作步骤上方被介绍。在包装操作中，我们把六件产品放入一个纸箱，并用绑带扎好。

操作表在一页纸上显示了很多信息。原材料、外购件、生产顺序、装配顺序、设备需求、时间标准，甚至工厂布局图的一角、劳动力成本和工厂一览表都能从操作表中得出。

2. 操作表的制作步骤

步骤一：确认需要制造和采购的部件。

步骤二：确定生产每个部件所必需的操作以及它们的顺序。

步骤三：确定外购件和需加工部件的装配顺序。

步骤四：找出基本部件，这是装配过程开始的第一步。把这部分放在操作表的右远端的横线上。在横线右端延伸下来的横线上，为每一步操作设置一个圆圈。以第一个操作开始，列出所有操作直到最后一步。

步骤五：在第一部件的左边放置第二部件，在第二部件左边放置第三部件，直到所有需制造的部件以相反的装配顺序在操作表顶部列出。所有的生产步骤都列在这些部件的下面，每个圆圈代表一步操作。

步骤六：在相关部件的最后一步操作之间画一条横线，这条线正好在最后一步生产操作之下、第一步装配操作之上，表示把多少个部件集中在一起。

步骤七：在装配操作圆圈的横线上介绍所有的外购件。

步骤八：把时间标准、操作数目和操作说明相应地填入圆圈内（如前所述）。

步骤九：总计所有单元的小时数，并把这些小时数填在位于底部的最终装配或包装的过程下方。

3.4.3 从至表

当研究的产品、零件或物料品种数量非常多时，用从至表研究物流状态就非常方便了。从至表的画法如下。

从至表是一张方格表，从至表的列为"从"（From）边，用作业单位表示，从上到下按生产顺序排列；行为"至"（To）边，也用作业单位表示，从左到右按生产顺序排列。行、列相交的方格中记录从起始作业单位到终止作业单位的各种物料搬运量的总和，有时也可同时注明物料种类代号。当物料沿着作业单位排列顺序正向移动时，即没有倒流物流现象，从至表中只有上三角方阵有数据，这是一种理想状态。当存在物流倒流现象时，倒流物流量出现在从至表中的下三角方阵中，如表 3-4 所示。

表 3-4 从至表

从＼至	A1	A2	A3	A4	A5	A6	合计
A1		6		2	2	4	14
A2			6	4	3		13
A3		6		6	4	4	20
A4			6		2	4	12
A5				1			1
A6		3	4				7
合计		15	16	13	11	12	67

3.4.4 多种产品工艺过程表

1. 产品初始工艺过程表

1）产品初始工艺过程表的绘制方法

为了表示所有产品的生产过程，就需要为每一种产品绘制一份工艺过程图。但是当产品较多时，各自独立的工艺过程图难以用来研究各种产品生产过程之间的相关部分，这时就需要把工艺过程图汇总成多种产品工艺过程表。

在多种产品工艺过程表中，用行表示工序或作业单位；用列表示某种产品的工艺过程。设 i 为行序号，则 $i=1,2,\cdots,l$；设 A_i 为每 i 道工序或第 i 个作业单位；设 j 为列序号，则 $j=1,2,\cdots,m$；设 P_j 为第 j 种产品，又设 R_{jk} 为 j 种产品的第 k 道工序，则肯定有某一个 i，使得

$R_{jk}=A_i \quad k=1,2,\cdots,n_j$

即 P_j 的第 k 道工序是工序 A_i，那么，在多种产品工艺过程表中，第 i 行、第 j 列的交点应注明 k，并用箭线将同一种产品的多道工序联系起来，沿着箭线的指向，由第一道工序开始到最后一道工序为止，形成该产品的工艺流程。

对于某一产品 P_j，若其任意相邻两道工序分别为 R_{jk} 和 R_{jk+1}，且有

$R_{jk}=A_{i_1}, R_{jk+1}=A_{i_2}$

i_1, i_2 分别为多种产品工艺过程表中的两个工序（作业单位）序号，则有如下几种情况。

（1）若 $i_2=i_1+1$，即产品 P_j 的两道相邻工序 R_{jk} 和 R_{jk+1} 为多种产品工艺过程表中的相邻两行工序，也就是说，R_{jk} 和 R_{jk+1} 由多种产品工艺过程中两个相邻作业单位顺序完成，此时称工序 R_{jk} 直接正向进入下道工序 R_{jk+1}，且由 R_{jk} 和 R_{jk+1} 的物料移动为直接正向移动。这是一种最理想的情况，用权值 $D_{jk}=+2$ 表示。

（2）若 $i_2>i_1+1$，即 R_{jk} 和 R_{jk+1} 在多种产品工艺过程表中不相邻，且 R_{jk+1} 在 R_{jk} 之后，此时称工序 R_{jk} 旁路正向进入下道工序 R_{jk+1}，且由 R_{jk} 和 R_{jk+1} 的物料移动为旁路正向移动。这是一种较理想的情况，用权值 $D_{jk}=+1$ 表示。

（3）若 $i_2=i_1-1$，即 R_{jk+1} 在多种产品工艺过程表中位于 R_{jk} 前一行，则称工序 R_{jk} 原路回退下道工序 R_{jk+1}，且由 R_{jk} 和 R_{jk+1} 发生物料原路倒流现象。这是一种不理想的情况，用权值 $D_{jk}=-1$ 表示。

（4）若 $i_2<i_1-1$，即 R_{jk+1} 在多种产品工艺过程表中位于 R_{jk} 前数行，则称工序 R_{jk} 旁路回退下道工序 R_{jk+1}，且由 R_{jk} 和 R_{jk+1} 发生物料旁路倒流现象。这是一种最不理想的情况，用权值 $D_{jk}=-2$ 表示。

设 W_{jk} 为产品 P_j 的工序 R_{jk}（产品 P_j 的第 k 道工序）与 R_{jk+1}（产品 P_j 的第 $k+1$ 道工序）之间的物流强度。D_{jk} 为顺流权值，则多种产品工艺过程表中物流顺流强度 W 可用下式计算：

$$W=\sum_{k=1}^{n_j-1} D_{jk} W_{jk}$$

式中，j 为产品序号，$j=1,2,\cdots,m$；k 为工序序号，$k=1,2,\cdots,n_j$；n_j 为 P_j 的工序总数。

2）产品初始工艺过程表的绘制程序

作业单位最佳顺序的求解可以应用线性规划等数学方法来实现，也可以采取下列步骤，这是人工近似求解作业单位的最佳顺序。

（1）在绘制初始工艺过程表时，按照各产品的物流强度顺序，在多种产品初始工艺过程表中由左到右排列产品工艺过程，即最左边的产品物流强度最大，由左到右物流强度逐渐递减。对于零件加工生产来说，可以用生产周期内产量与零件质量的乘积作为产品的物流强度。

（2）从各产品的工艺过程图中选出下道工序，若为第一道工序，则将最左边产品的第一道工序安排为多产品工艺过程表中第一道工序行（作业单位）；否则，按同名工序将产品分组，计算各组产品由上道工序到该道工序的物流强度之和，然后按物流强度之和由大到小依

次在多种产品工艺过程表中设置新的工序（作业单位）。若该工序（作业单位）已存在，则不重复设置，此时，凡经过该工序（作业单位）的产品就会出现物流倒流现象。

（3）重复步骤（2），直至所有产品工艺过程均已结束，这样就绘制出了初始产品工艺过程表。

（4）调整工序顺序，得到最佳顺序。通过交换出现倒流情况的两道工序顺序，比较交换前后物流顺流强度 W 的大小。若 W 增加，则保留交换后工序顺序，否则不做交换。经过多次交换就可以得到较佳的工序（作业单位）顺序。

2. 较佳产品工艺过程表

如果在初始产品工艺过程表中作业单位顺序排列合理，表中各产品倒流物流强度最小，就可以按表中顺序布置作业单位，即得到一种理想的作业单位布置方案；如果在初始产品工艺过程表中作业单位顺序排列不合理，表中各产品倒流物流强度较大，可以通过交换初始产品工艺过程表中的工序（作业单位）之间的顺序，使顺流物流强度 $W = W_{max}$，则说明此时初始产品工艺过程表中顺流物流强度最大，倒流物流强度最小，工序（作业单位）排列为最佳顺序，这样就得到了较佳的产品工艺过程表。

3. 多品种工艺过程表的运用

为了较好地理解多品种工艺过程表的制作方法，以表 3-5 给定的多品种工艺过程为例，详细说明多品种工艺过程表的制作过程。

表 3-5 多种产品生产工艺过程

零件名称	凸轮	法兰盘	轴	弹簧套
单件质量 /kg	15	6	3	1
计划班产量 / 件	10	20	60	6
物流强度 /(kg/ 班)	150	120	180	6
工艺过程	①锯床下料； ②车床车外圆、内孔； ③立铣铣外圆； ④热处理； ⑤内圆磨床磨内孔； ⑥外圆磨床磨圆弧； ⑦检验	①锯床下料； ②车床车外圆、内孔； ③钻床钻孔； ④立铣铣边； ⑤检验	①钻床钻中心孔； ②车床车外圆； ③卧铣铣键槽； ④热处理； ⑤外圆磨床磨外圆； ⑥检验	①车床车外圆、内孔； ②钻床钻孔； ③卧铣铣键槽； ④热处理； ⑤外圆磨床磨外圆； ⑥内圆磨床磨内孔； ⑦检验

由表 3-5 可知，4 种零件工艺过程共经过 9 个工位，包括车床、卧铣、立铣、钻床、热处理、内圆磨床、外圆磨床、锯床以及检验，该车间的多种产品工艺过程表中共有上述 9 个工序或作业单位。

（1）计算各产品的物流强度。轴为 180 kg/ 班，凸轮为 150 kg/ 班，法兰盘为 120 kg/ 班，弹簧套为 6 kg/ 班。物流强度大小顺序为轴、凸轮、法兰盘和弹簧套。

（2）按轴、凸轮、法兰盘和弹簧套顺序，找出各零件的第 1 道工序，分别为钻床、锯床、锯床、车床。按物流强度大小顺序，排列出工序为锯床、钻床、车床，并将其排列在表 3-6 产品工艺过程表的第二列。

（3）继续按轴、凸轮、法兰盘和弹簧套顺序排列，取第 2 道工序，分别为车床、车床、车床和钻床。因为这些工序均已经出现在多种产品工艺过程表中，则不再重复。

（4）取第 3 道工序，分别为卧铣、立铣、钻床、卧铣。卧铣组，包括轴以及弹簧套；立铣组只有凸轮一种零件；钻床组也只有法兰盘一种零件。各组物流强度分别是：卧铣组（180+6）kg = 186 kg。立铣组为 150 kg、钻床组为 120 kg，按物流强度大小优先排列卧铣，后排列立铣，最后排列钻床。因钻床已经出现，则不再重复。

（5）取第 4 道工序，分别为热处理、热处理、立铣、热处理。分为热处理组以及立铣组，物流强度分别是 336 kg[（180+150+6）kg = 336 kg] 和 120 kg，优先排列热处理，而后排列立铣，因立铣已经排列，则不再重复。

（6）取第 5 道工序，分别为外圆磨、内圆磨、检验、外圆磨。分成外圆磨组、内圆磨组、检验组，物流强度分别为 186 kg[（180+6）kg = 186 kg]、150 kg 和 120 kg。按大小优先排列外圆磨、内圆磨、检验。

（7）取后面各道工序，因前面均已经出现，则不再重复。至此，已得到初始多种产品工艺过程表，如表 3-6 所示。考虑各产品的各工序之间的物流状况，取得不同的加权值 D_{ij}。经过求和，求出表 3-6 的物流强度 W=2 472 kg。

表 3-6　产品工艺过程表　kg

工序		轴		凸轮		法兰盘		弹簧套	
序号	名称	流程	D_{jk}	流程	D_{jk}	流程	D_{jk}	流程	D_{jk}
1	锯床			①	1	①	1		
2	钻床	①	2			③	1	②	1
3	车床	②	2	②	1	②	−1	①	−1
4	卧铣	③	1					③	1
5	立铣					④	1		
6	热处理	④	2	③	2			④	2
7	外圆磨	⑤	1	⑤	1			⑤	2
8	内圆磨			④	1			⑥	2
9	检验	⑥		⑥	−1	⑤		⑦	
$\sum_{k=1}^{n_j-1} D_{jk}W_{jk}$		8 × 180=1 440		5 × 150=750		2 × 120=240		7 × 6=42	
		2 472							

注：该例子中物流顺流强度的计算没有考虑生产加工过程中材料利用率的问题，实际案例中须加入利用率的计算。

（8）尝试交换存在物流倒流情况的工序顺序，如选择工序 1 和 3、7 和 8 交换顺序。经计算知，均不能增大物流顺流强度。进一步试探，发现物流顺流强度不再增加，于是认为表 3-6 为最佳产品工艺过程表。

3.4.5 相关图

相关图又称相关分析图，如图 3-10 所示，它将系统中所有物流部门与非物流部门均匀绘制在一张表达相互关系的图上，以便分析与设计。图上的每一个菱形框表示相应的两个作业单位之间的关系。上半部用元音字母 A、E、I、O、U 和 X 表示密切程度的六个等级，下半部用数字表示确定密切程度等级的理由。

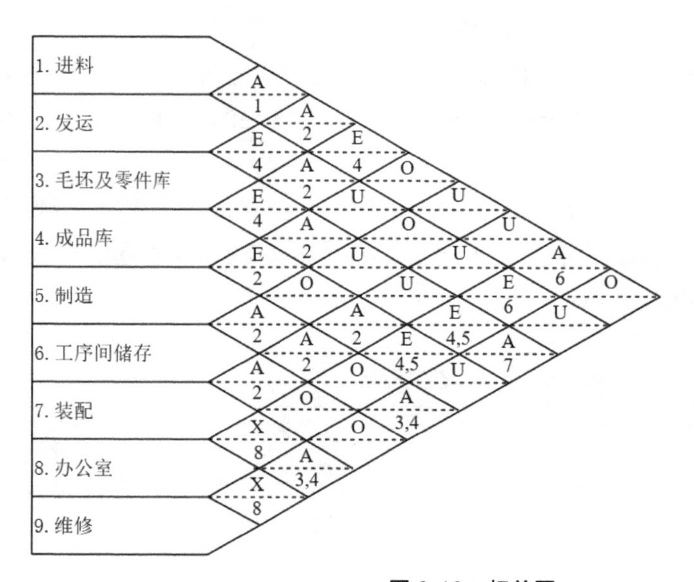

字母	密切程度
A	绝对必要
E	特别重要
I	重要
O	不重要
U	一般
X	不希望靠近

编码	理由
1	使用同一站台
2	物流
3	服务
4	方便
5	库存控制
6	联系
7	零件流动
8	清洁

图 3-10 相关图

3.5 设施规划与物流分析的联系与区别

3.5.1 设施规划与物流分析的相互关系

设施规划与物流分析具有密切的关系。

1. 二者具有共同的目标，其出发点都是力求物流合理化

设施规划重点在于空间的合理规划，使得物流路线最短。在布置时位置要合理，尽可能减少物流路线的交叉、迂回、往复现象。物流分析重点在于搬运方法和手段的合理化。即根据所搬运物料的物理特征、数量以及指运距离、速度、频度等，确定合适的搬运设备，使搬运系统的综合指标达到最优。

2. 设施规划和物流分析具有相互制约、相辅相成的关系

如前所述，良好的设施布置和合理的物料搬运系统相结合才能实现物流合理化。在进行设施布置设计时,必须同时考虑到物料搬运系统的要求。如采用输送带作为主要物料搬运手段,则各种设施应该按输送带的走向呈直线分布;如果采用叉车,则应考虑有适当的通道和作业空间。

在进行设施布置设计时如果对物料搬运系统中的临时储存、中间库、成品包装作业场地等未给予足够的注意,则可能造成投产后生产系统物料拥挤混乱的现象。

总之,设施布置设计是物料搬运系统设计的前提,而前者只有通过完善搬运系统才能显示出其合理性。所以说,设施布置设计和物料搬运系统设计是一对伙伴。

3.5.2　设施规划与物流分析的结合

一般设施规划根据产品的工艺设计进行,即根据产品加工工艺流程的顺序及所选定的加工设备规格尺寸进行布置设计。而物料搬运系统则以布置设计为前提选择适当的搬运设备,以及确定搬运工艺。由于两者之间的相辅相成关系,这两个步骤不应独立进行。必须注意以下两点。

1. 进行设施规划时,尽可能考虑物流分析的需要

设施规划的主要依据虽然是产品加工工艺流程和加工设备的规格尺寸,但是对尚未进行设计的物料搬运系统仍应有相应的估计。例如:

(1)采用连续输送或单元输送;

(2)采用传送带、叉车或其他起重运输机械;

(3)作为物流缓冲环节的临时储存,中间仓库的数量和规模;

(4)进料以及产品包装、存放的场所;

(5)切屑、废料的排除方法等。

要通过对这些因素的考虑尽可能为物流分析创造一个良好的前提条件。

2. 设施规划和物流分析交叉进行、互相补足

设施规划是物流分析的前提。对于大的步骤,设施规划先于物流分析,在设计中可以根据加工设备的规格尺寸和经验数据为物料搬运系统留出必要的空间。但是由于搬运设备尚未选定,还存在一定的盲目性。当物流分析设计之后,可以对设施规划的结果进行修正,相互补足,使这两部分的工作能够得到较为完善的结合,实现比较理想的物流合理化。

思考与练习题

(1)请具体分析物流活动的内容,并在实际生产活动中找出对应的例子。

(2)结合一个具体的企业,分析该企业物流系统的具体组成部分及其相互关系。

(3)什么是物流分析?物流分析的内容和方法有哪些?

(4)简述物流相关图的含义和具体应用。

(5)物流流程分析的具体过程是怎样的?

第 4 章　设施规划选址决策

4.1　设施选址概述

设施选址是指组织出于开拓新市场、提高生产能力或提供更优质的客户服务等目的而决定建造、扩展或兼并一个物理实体的一种管理活动。企业性质不同,物理实体的具体形态也不同。制造型企业可能是工厂、办公楼、车间、设备、原材料仓库等形态,服务型企业可能是配送中心、分销中心、银行、超市等形态。

4.1.1　选址的意义

选址决策就是确定所要分配的设施的数量、位置以及分配方案。这些设施主要指物流系统中的节点,如制造商、供应商、仓库、配送中心等。就单个企业而言,选址决策决定了整个物流系统及其他层次的结构,反过来,该物流系统其他层次(库存、运输等)的规划又会影响选址决策,因此,选址与库存、运输成本之间存在着密切联系。一个物流系统中设施的数量增大,库存及由此引起的库存成本往往会增加,如图 4-1 所示。所以,合并减少设施数量、扩大设施规模是降低库存成本的措施,这也是大量修建物流园、物流中心,实现大规模配送的原因。设施数量和运输成本之间的关系与图 4-1 所示的关系不同。设施数量,如配送中心数量的增加,可以减小运输距离、降低运输成本,但是,当设施数量增大到一定量时,由于单个订单的数量过小,增加了运输频次,从而造成运输成本的增加,如图 4-2 所示。因此,确定设施的合理数量,也是选址规划的主要任务之一。

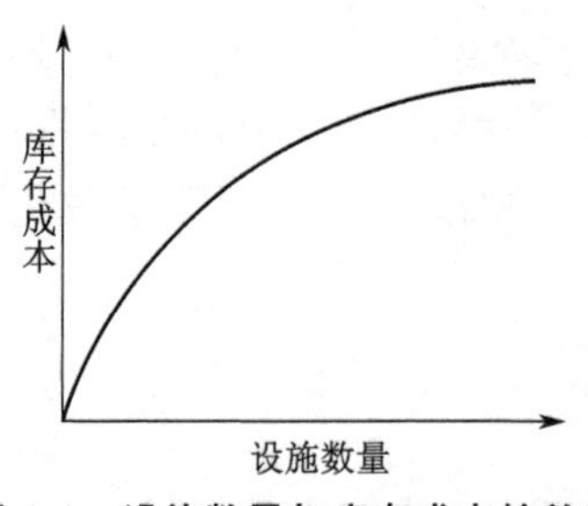

图 4-1　设施数量与库存成本的关系

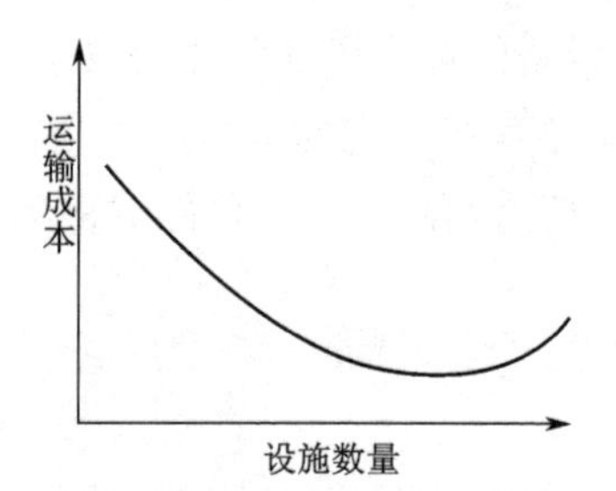

图 4-2　设施数量与运输成本的关系

就供应链系统而言,核心企业的选址决策会影响所有供应商物流系统的选址决策。如摩托罗拉的气体总是由北方气体公司供给,这样,摩托罗拉在天津建立生产基地后,北方气体公司就要相应地建立自己的工厂及销售机构。尽管选址问题主要是一个宏观战略的问题,但它又广泛存在于物流系统的各个层面,如一个仓库中货物存储位置的分配,这一点对于自动化立体仓库中的货物存取效率影响很大。设施选址的程序如图 4-3 所示。

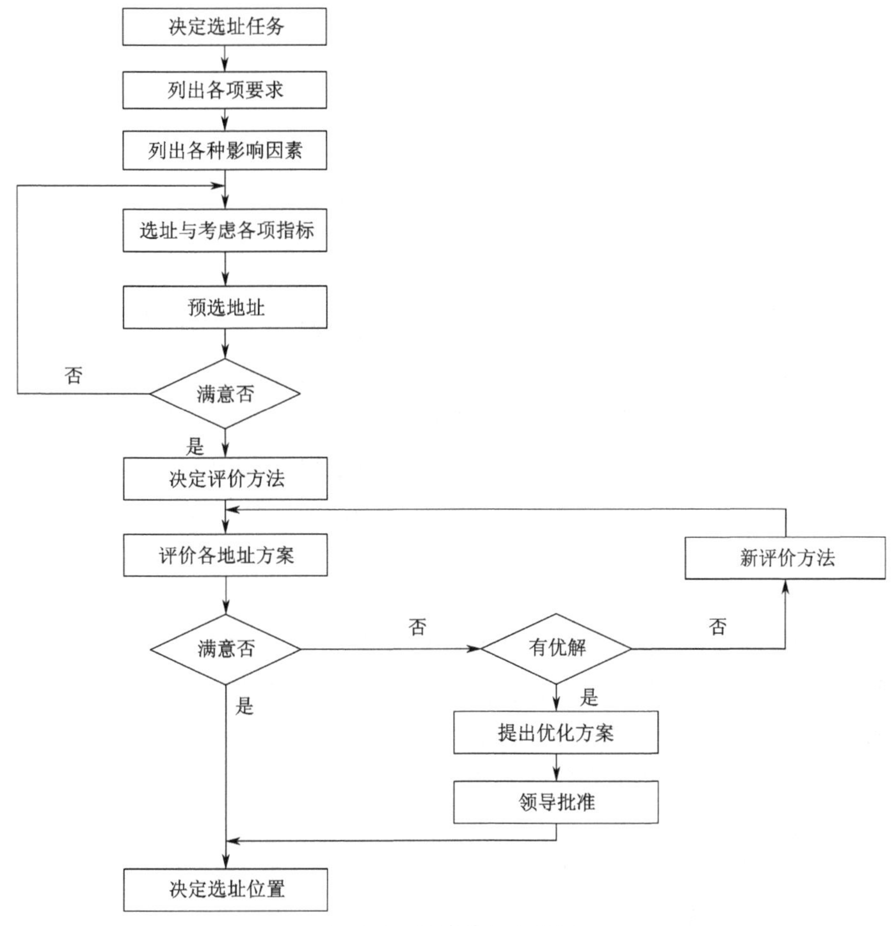

图 4-3　设施选址程序图

选址决策不是每个企业的常态性工作,但它是企业战略计划流程中一个不可分割的部分。设施选址决策(Location Strategies)是新企业与现有企业都要面对的问题,无论对于制造业还是服务业,设施选址对组织的竞争优势都将产生重要影响。选址决策属于长期战略范畴,它直接影响组织的运作成本、税收及后续投资,不当的选址将会导致成本过高、劳动力缺乏、原材料供应不足,甚至丧失竞争优势的后果。因此,组织应该运用科学的方法决定设施的地理位置,使之与组织的整体经营运作系统有机结合,以便有效地达到组织的经营目标。科学选址的重要性体现在以下三个方面:

(1)设施选址影响企业的运营成本,从而影响企业的竞争优势;

(2)设施选址影响企业制订后续经营策略;

(3)设施选址影响设施布置以及投产后的产品和服务质量。

选址问题与企业未来息息相关。著名咨询公司麦肯锡甚至提出:企业选址的好坏决定企业的战略成败。设施选址常见的错误包括:

(1)不能客观地进行科学分析,凭主观意愿做出决定;

(2)对厂(场)址缺乏充分的调查研究和勘察;

(3)忽视不适合设施特点的自然条件、市场条件、运输条件等因素;

(4)缺乏长远考虑,确定的厂(场)址限制了发展。

4.1.2 设施选址的内容

设施选址主要包括以下两个层次和两个方面的内容。

1. 两个层次

1)单一设施的选址

单一设施的选址需要根据企业的生产纲领或服务目标,为一个独立的设施选择最佳位置。单一设施的选址是指独立地选择一个新的设施地点,其运营不受企业现有设施网络的影响。在有些情况下,所要选择位置的新设施是现有设施网络中的一部分,如某餐饮公司要新开一个餐馆,但餐馆是独立运营的,不同于现有的其他餐馆,这种情况也可看作单一设施选址。单一设施的选址通常适用于新成立企业或新增加独立经营单位、企业扩大原有设施和企业迁址。

2)设施网络的选址

设施网络中的新址选择除了要确定新设施的地点,还要考虑添加新设施后整个网络的工作任务重新分配的问题,以使整体运营效果达到最优,而工作任务的重新分配又会影响各个设施的最优运营规模或生产能力。因此,设施网络中的新址选择至少有三个方面必须同时考虑和解决:位置、工作任务的重新分配及生产能力。

2. 两个方面

(1)选位,即选择在什么地区(区域)设置设施或服务网点,在全球经济一体化的大趋势下,或许还要考虑是国内还是国外。

(2)定址,即在已选定的地区内选定一个具体位置作为企业设施或服务网点的具体位置。

决策选位与定址时,通常考虑以下三种方案。

①扩张企业当前的设施。当空间足够,且这个地点相对其他地点具有更多的优势时,采取这种方案是很明智的。

②保留当前设施,同时在其他地方增添新设施。在为了维持市场份额、增强市场竞争力或更好地为顾客服务时,经常采取这种方案。

③放弃现有地点,迁至其他地方。

4.1.3 设施选址的特点

(1)由于选址决策涉及的因素很多,加之一些因素相互矛盾,进而造成不同因素的相对重要性很难度量和确定。

(2)不同的决策部门因其利益不同,追求的目标不同,判别的标准也会发生变化。

(3)如果企业生产多种产品或提供多种服务,它们的原料供应差别较大,市场差别也大,则其难以按某一种产品或服务来确定厂(场)址。

(4)大多数设施选址都有各自的应用背景,所以没有一个通用的模型可以解决所有的选址问题。尤其是大型设施的选址,很难求得选址模型的最优解。即使有一个比较完善的评价模型,由于数据资料不准确,也不会得出正确的结果。选址关系到 10 年、20 年乃至更长时间的决策。由于长期预测的准确性很低,对准确性很低的数据资料用准确的模型进行精确的计算,其结果也是不准确的。

(5)由于计算复杂,很多组合优化问题已被证明是不可能在常规时间范围内找到最优解的。

4.2　选址分类、过程与考虑的因素

4.2.1　不同类型工厂的特点与选址决策

1. 产品型工厂

特点:品种少、大批量生产,只集中生产一种或一个系列的产品。

决策:尽量接近原材料产地或供应者,此外还应使产品的外运成本处于较低水平。

2. 市场地区型工厂

特点:只供应某一特定的市场。

决策:应选在目标市场或需服务的用户附近。

3. 生产过程型工厂

特点:多家分厂供应一个或几个总装厂,如汽车、石化等企业。

决策:新建厂与现有工厂之间的联系应作为相当重要的因素予以考虑。

4. 通用型工厂

特点:生产柔性大,产品及所针对的市场不固定,如装备制造型企业。

决策:综合考虑多方面的因素,而且往往要特别考虑劳动力素质因素。

5. 搬迁厂

首先考虑造成搬迁的因素,其次按照新建厂所需考虑的因素去全面衡量。

6. 扩建厂

特点:这是由于工厂原址没有扩建余地而迫不得已采取的一种措施。

决策:将扩建带来的不便降到最低,以免增加厂内的运输距离,使成本提高。

4.2.2　选址的一般步骤

选址的一般步骤如下。

1. 前期准备

其主要工作内容为明确前期工作中对选址目的提出的要求。这些要求包括:①企业生产的产品品种及数量(生产纲领或设施规模);②要进行的生产、储存、维修、管理等方面的作业;③设施的组成、主要作业单位的概略面积及总平面图草图;④计划供应的市场及流通

渠道;⑤需要资源(包括原料、材料、动力、燃料、水等)的估算数量、质量要求与供应渠道;⑥产出的废物及其估算数量;⑦概略运输量及运输方式的要求;⑧需要员工的概略人数及等级要求;⑨外部协作条件。

规划人员可以根据上述要求列出一些在选择地点时应满足的具体要求,对某些选址需要的技术经济指标应列出具体数值要求,以便进行调查研究。

2. 明确企业选址的目的

制造业选址和服务业选址的目的存在差异。一般而言,制造业选址的目的是成本最小化,而服务业选址的目的是收益最大化。

制造业的选址尽量考虑原材料的可获得性,尽量靠近原材料的供应地;而服务业的选址目的是尽量靠近顾客。

3. 国家、地区及地点的选择

从宏观角度而言,必须先选择好国家,据此再确定所属地区,最终决定选址的具体位置。当选址确定了国家及地区以后,就要考虑是在城市、农村还是城郊。

(1)城市设厂。城市中物资供应便利,资金容易筹集,基础设施齐备,但是高楼林立,地价昂贵,生活水平高,对环境保护要求高。以下情况较适合在城市设厂:①工厂规模不大,需要大量受过良好教育和培训的员工;②服务业,需要与顾客直接接触,因城市人口稠密、人才集中、交通便利、通信发达、各种企业聚集;③工厂占用的空间小,最好能设置于多层建筑内;④对环境污染小。

(2)农村设厂。农村设厂与城市设厂的优缺点相反,以下情况较适合在农村设厂:①工厂规模大,需占用大量土地;②生产对环境污染较严重,如噪声、有害气体或液体等;③需要大量非技术性粗工;④有很多制造机密,需与周围隔离。

(3)城郊设厂。城郊具有城市和农村的优点,且由于现代交通和通信发达,将会有越来越多的工厂设在城郊。

当确定在哪块土地建厂时,还要针对企业的特点,更深入地分析研究各种有关因素。通常要考虑产品的可变成本,如直接人工、物料搬运费和管理费等。具体要求还包括:①确定厂址应考虑厂区平面布置方案,并留有适当的扩充余地;②场地设施与周围环境的成本;③员工生活方便,要考虑员工的住房、上下班交通等问题。

4. 分析选址决策所要考虑的影响因素

选址的第一步就是明确企业选址的目的。在此基础上,根据选址的目的列出评价预选地的影响因素,如政治、经济、社会和自然等因素。

5. 找出可供选择的选址方案

例如,是扩建现有厂(场)址,还是保留现有厂(场)址并增加新的厂(场)址,或是放弃现有厂(场)址而迁至新的厂(场)址。

6. 选择评价方法,评估并做出选址报告

其主要工作内容包括:①对调查研究和收集的资料进行整理;②对技术经济比较和分析统计的成果编制出综合材料,绘制初步总平面布置图;③编写厂(场)址选择报告,对所选厂

（场）址进行评价和论证，供决策部门审批。

4.2.3　影响选址的主要因素

1. 地区选址应考虑的因素

地区选址要从宏观的角度考虑地理位置与设施特点的关系。一般情况下，地区选址应考虑以下基本因素。

（1）市场条件。要充分考虑该地区的市场条件，如企业的产品和服务的需求情况、消费水平及与同类企业的竞争能力。要分析在相当长的时期内，企业是否有稳定的市场需求及未来市场的变化情况。

（2）资源条件。要充分考虑该地区是否可使企业得到足够的资源。如原材料、水、电、燃料等。例如：发电厂、化工厂等需要大量的水；制药厂、电子厂需要高度纯净的水；电解铝厂需要大量的电，最好在电厂附近选址。

（3）运输条件。大型工业企业往往具有运量大、原材料基地多、进出厂货物品种复杂等特点。选择厂址应考虑该地区的交通运输条件、能够提供的运输途径以及运力、运费等条件。铁路运输效率高，但建设费用高；水路运输费用低，但速度较慢。在选择地区时还要考虑是否可以利用现有的运输线路。

（4）社会环境。要考虑当地的法律法规、税收政策等情况，如当前国内很多地区大力开展招商引资活动，对投资的企业有若干年的免税政策。

2. 对地点选择的要求

在完成了地区选址后，就要在选定的地区内确定具体的建厂地点。地点选择应考虑的主要因素有以下几方面。

（1）地形地貌条件。厂址要有适宜建厂的地形和必要的场地面积，要充分合理地利用地形，尽量减少土石方工程。厂址地形横向坡度应考虑工厂的规模、基础埋设深度、土石方工程量等因素。

（2）地质条件。选择厂址应对厂址及其周围区域的地质情况进行调查和勘探，分析获得资料，查明厂址区域的不良地质条件，对拟选厂址的区域稳定性和工程地质条件做出评价。

（3）占地原则。选择厂址应注意节约用地，尽量利用荒地和劣地，位于城市或工业区的厂区、施工区、生活区、交通运输线路、供水及工业管沟、水源地应与城市或工业区的规划相协调，工厂不应设在有开采价值的矿藏上，应避开重点保护的文化遗址。

（4）施工条件。选址要注意调查当地可能提供的建筑材料，如矿石、砖、瓦、钢材等条件。同时，工厂附近应有足够的施工场地。

（5）供排水条件。供水水源要满足工厂既定规模用水量的要求，并满足水温、水质要求。选择厂址要考虑工业废水和场地雨水的排除方案。

以上列出的是选择厂址需要考虑的一些重要因素，设施规划人员应根据设施的特点，具体问题具体分析，因地制宜，不能生搬硬套。

3. 影响设施选址的经济因素

经济因素又称内部因素,主要包括以下五个方面。

1)交通运输的条件与成本

生产活动离不开交通运输(如投入、产出的物料进出,员工上下班,顾客到达)。水运、陆运、空运各有特点和利弊,选址要考虑产品与服务的特点和性质,是接近原材料产地还是接近消费市场。例如,水泥生产、钢铁冶金制造等原料笨重且消耗量大的企业,食品生产等原料易变质的企业,以及易燃、易爆等原料运输不便的企业,要接近原材料产地;而产品运输不便的企业,产品易变化和变质的企业,以及超市、医院、银行等大多数服务型企业,就要接近消费市场,因为要追求生产成本和运输成本最低化。

2)劳动力可获性与成本

对于劳动密集型企业,人工成本占产品成本的大部分,所以必须考虑劳动力的成本。将工厂设在劳动力资源丰富、工资低廉的地区,可以降低人工成本。随着现代科学技术的发展,只有受过良好教育的员工才能胜任越来越复杂的工作任务,单凭体力干活的劳动力越来越需要得少。对于大量需要具有专门技术员工的企业,人工成本占制造成本的比例很大,而且员工的技术水平和业务能力又直接影响产品的质量和产量,此时劳动力资源的可获性和成本就成为选址的重要条件。因此,劳动密集型且需要足够劳动力的企业应该考虑在劳动力充足的地区设厂;知识型、技术型企业则应该在靠近科技中心的地区建设。

3)能源可获性与成本

没有燃料(煤、油、天然气)和动力(电),企业就不能运转。耗能大的企业,如钢铁厂、炼铝厂、火力发电厂等,应该靠近燃料、动力供应地设厂。

4)基础设施

基础设施主要包括电力、煤气、给水排水设施、交通、通信设施等。

5)厂址条件与成本

建厂地点的地势、利用情况和地质条件等,都会影响建设投资。显然,在平地上建厂比在丘陵或山区建厂要容易得多,造价也低得多;在地震多发区建厂,则所有建筑物和设施都要达到抗震要求;在有滑坡、流沙或下沉的地面上建厂,也都要有防范措施,这些措施都将导致投资增加;选择在荒地上还是在良田上建厂,也会影响建设投资。地价也是影响投资的重要因素,一般城市地价高,城郊地价较低,农村地价更低。

4. 影响设施选址的非经济因素

非经济因素又称外部因素,主要包括以下六个方面。

1)政治因素

政治因素是指政治局面是否稳定,法制是否健全,税收制度是否公平等。建厂,尤其是在国外建厂,必须考虑政治因素。

2)社会因素

社会因素是指居民的生活习惯、文化教育水平、宗教信仰和生活水平等。

3)自然因素

自然因素是指土地资源、气候条件、水资源和物产资源等各种自然资源情况。

4)市场因素

市场因素是指该地区现实与潜在的市场需求及销售渠道状况。

5)可扩展的条件

可扩展的条件是指是否存在扩展空间与场地。

6)协作关系

协作关系是指与所有合作伙伴的协作方便性。

4.3 选址的方法

4.3.1 定性分析方法

1. 优缺点比较法

优缺点比较法的具体做法是:列出各方案的优缺点进行分析比较,并按最优、次优、一般、较差、极差五个等级对各方案的各个特点进行评分,对每个方案的各项得分加总,得分最高的方案即为最优方案,如表 4-1 所示。

表 4-1 选址方案的优缺点比较

序号	因素	方案 A	方案 B	方案 C
1	区域位置		★	
2	面积及地形	★		
3	风向、日照			★
4	地质条件		★	
5	与铁路、公路的衔接	★		
6	与城市的距离			★
7	供电供热	★		
8	供水		★	
9	排水			★
10	经营条件			
11	协作条件	★		
12	建设速度			

注:“★”表示此方案中的该因素相对最优。

2. 德尔菲分析模型法

典型的布置分析考虑的是单一设施的选址,其目标有供需之间的运输时间或距离的极短化、成本的极小化、平均反应时间的极短化。但是,有些选址分析涉及多个设施和多个目标，其决策目标相对模糊，甚至带有感情色彩。解决这类选址问题的一个方法是使用德尔菲分析模型。该模型在决策过程中考虑了各种影响因素。使用德尔菲分析模型涉及三个小组，即协调小组、预测小组和战略小组，每个小组在决策中发挥不同的作用。

德尔菲分析模型法的具体步骤如下。

（1）成立三个小组。内外部人员组成顾问团（协调小组），充当协调者，负责设计问卷和指导德尔菲调查工作。从顾问团中选出一部分人成立两个小组：一个小组负责预测社会的发展趋势和影响组织的外部环境（预测小组）；另一个小组确定组织的战略目标及其优先次序（战略小组）。战略小组的成员从组织中各部门的高层经理人员中挑选。协调小组本身是战略小组和预测小组的组合。

（2）识别存在的威胁和机遇。经过几轮问卷调查后，协调小组应该向预测小组询问社会的发展趋势、市场出现的机遇以及组织面临的威胁。这一阶段要尽可能地听取多数人的意见。

（3）确定组织的战略方向与战略目标。协调小组将预测小组的调查结果反馈给战略小组，战略小组利用这些信息来确定组织的战略方向与战略目标。

（4）提出备选方案。一旦战略小组确定了长期目标，就应集中精力提出各种备选方案（备选方案是对工厂现有设施的扩充或压缩，以及对工厂的全部或局部位置进行变更）。

（5）优化备选方案。步骤（4）中提出的备选方案应提交给战略小组中的有关人员，以获得他们对各方案的主观评价。

在考虑组织优势和劣势的基础上，德尔菲分析模型法可以识别出组织的发展趋势和机遇；此外，该方法还考虑了企业的战略目标，在现代企业中作为一种典型的综合性群体决策方法而得到广泛使用。

3. 因素评分法

因素评分法是一种对具有多个目标的决策方案进行综合评判的定性与定量相结合的方法。它通过把多个目标化为一个综合的单目标，据此评价、比较和选择决策方案。

设有 n 个方案 α^i（i=1, 2,⋯, n），其中每个方案都有 k 个目标值，每个目标值的评分记为 u_j（j=1, 2,⋯,k），按目标的重要性，其权重为 ω_j（j=1, 2,⋯,k），则

$$u(\alpha^i)=\sum_{j=1}^{k}\omega_j u_j^i \quad (i=1, 2, \cdots, n)$$

用这个线性加权值作为新的评价准则（目标评价），使 $u(\alpha^i)$ 最大的方案 α^* 就是多目标选址问题的最优决策，即

$$\alpha^*=\max\left[u(\alpha^i)\right] \quad (i=1, 2, \cdots, n)$$

其中，目标权重一般由专家给出。如果有 m 个专家对 ω_j 发表意见，其中第 i 人对 ω_j 估值为 $\omega_{ij}=\{1,2,\cdots,m\}$，则可按下式计算 ω_j，即

$$\omega_j=\frac{1}{m}\sum_{i=1}^{m}\omega_{ij} \tag{4-1}$$

因素评分法的具体步骤如下。

（1）决定一组相关的选址决策因素。根据企业目标为每个因素赋予一个权重，以显示其相对重要性。

（2）对所有因素的评分设定一个共同的取值范围。

（3）对每一个备选地址，对所有因素按步骤（2）所设定的范围评分。用各因素的得分与相应的权重相乘，并把所有因素的加权值相加，就得到每个备选地址的最终得分。

（4）选择总得分最高的地址作为最佳选址。

4.3.2　定量分析方法

1. 本量利分析法

本量利分析是成本 - 产量（或销售量）- 利润依存关系分析的简称，也称 CVP（Cost-Volume-Profit）分析。它是指在变动成本计算模式的基础上，以数学化的会计模型与图文来揭示固定成本、变动成本、销售量、单价、销售额、利润等变量之间的内在规律性联系，为预测决策和选址提供必要财务信息的一种定量分析方法。它着重研究销售数量、价格、成本和利润之间的数量关系。

采用本量利分析法求解的具体步骤如下。

（1）确定每一备选地址的固定成本和可变成本。

（2）在同一张图表上绘出各地点的总成本线。

（3）确定在某一预定的产量水平上，哪一地点的成本最低或哪一地点的利润最高。

这种方法需要以下几种假设：①当产量在一定范围内时，固定成本不变；②可变成本与一定范围内的产量成正比；③能估计出所需的产量水平；④只有一种产品。

【例 4-1】某企业拟在国内新建一条生产线，确定了三个备选厂址。由于各厂址的土地成本、建设成本、原材料成本不尽相同，三个厂址的生产成本如表 4-2 所示，试确定最佳厂址。

表 4-2　不同厂址的生产成本

生产成本 \ 厂址	A	B	C
固定成本 / 元	600 000	1 200 000	3 000 000
可变成本 /（元 / 件）	48	30	12

解：先求 A、B 两个厂址方案的临界产量。设 F_c 表示固定成本，V_c 表示可变成本，Q 为产量，则总成本为 F_c+V_c。

设 Q_1 表示 A、B 点的临界产量，则有下列方程

$$600\,000+48Q_1 \leqslant 1\,200\,000+30Q_1$$

$$Q_1 \leqslant \frac{1\,200\,000-600\,000}{48-30}\text{件}$$

$$Q_1 \leqslant 3.3\text{万件}$$

设Q_2表示B、C两点的临界产量，同理有

$$Q_2 \leqslant \frac{3\,000\,000-1\,200\,000}{30-12} \text{件}$$

$$Q_2 \leqslant 10 \text{万件}$$

结论：以生产成本最低为标准，当产量Q小于3.3万件时，选A厂址为佳；当产量Q为3.3万~10万件时，选B厂址成本最低；当产量Q大于10万件时，则应选择C厂址。因此，要根据不同的建厂规模确定相应的厂址。

2. 线性规划法

如果几个备选方案的影响因素作用程度差不多，可以不予考虑，此时成本就成为选址决策唯一考虑的因素，而线性规划法就成为处理这种选址决策问题的理想工具。

线性规划法是一种被广泛使用的最优化方法，它是在考虑特定约束的条件下，从许多可用的选择中挑选出最佳方案。线性规划法已有成熟的解法，如表上作业法或用Lingo、Excel等软件求解，即目标函数

$$\min \sum_{i=1}^{m}\sum_{j=1}^{n} C_{ij}x_{ij}$$

约束条件

$$\begin{cases} \sum_{i=1}^{m} x_{ij} = b_j \\ \sum_{j=1}^{n} x_{ij} = a_i \\ x_{ij} \geqslant 0 \ (i=1,2,\ldots,m;\ j=1,2,\ldots,n) \end{cases}$$

式中，m表示工厂数；n表示销售点数；a_i表示工厂i的生产能力；b_j表示销售点j的需求；C_{ij}表示在工厂i生产1单位产品并运到销售点j的生产输出总成本；x_{ij}表示从工厂i运到销售点j的产品数量。

【例4-2】已有设在F1、F2的两个工厂，生产产品供应P1、P2、P3、P4四个销售点。由于需求量不断增加，必须另设一个工厂，可供选择的地点有F3和F4，试从中选择一个最佳厂址。

根据资料分析，各厂单位产品的生产成本及各厂至各销售点的运输成本如表4-3所示。

表4-3 生产成本及运输成本

从＼至	P1	P2	P3	P4	年产量/台	单位生产成本/万元
F1	0.50	0.30	0.20	0.30	7 000	7.50
F2	0.65	0.50	0.35	0.15	5 500	7.00
F3	0.15	0.05	0.18	0.65	12 500	7.00
F4	0.38	0.50	0.80	0.65	12 500	6.70
预计年需求量/台	4 000	8 000	7 000	6 000		

可见,每单位产品从 F1 运到 P1 的总成本(单位生产成本加单位运输成本)为 7.50 万元 +0.50 万元 =8. 00 万元。以此类推,可以分别得到从四个厂址运到四个销售点的总成本。约束条件是工厂不能超过其生产能力,销售点不能超过其需求量。

解:假如新厂设在 F3,则如表 4-4 所示列出相应的单位生产和单位运输总成本。

在表 4-4 中,单元格右上角的数字表示该组合单位产品的总成本。各厂年产量的总和等于销售点需求量的总和。

表 4-4　工厂设在 F3 处的单位生产成本和单位运输成本

从 \ 至	P1	P2	P3	P4	年产量 / 台
F1	8.00 万元	7.80 万元	7.70 万元	7.80 万元	7 000
F2	7.65 万元	7.50 万元	7.35 万元	7.15 万元	5 500
F3	7.15 万元	7.05 万元	7.18 万元	7.65 万元	12 500
需求量 / 台	4 000	8 000	7 000	6 000	25 000

根据表 4-4 所列数字,用最少成本分配法进行求解。其程序是:在不超过产量和需求量的条件下,将产品尽可能地分配到总成本最少的组合中去。如果第一次只分配和满足了一部分,就继续进行分配,以此类推,直到需求全部满足、产量全部分配完毕为止。

具体步骤如下。

(1)表 4-4 中 F3-P2 组合的成本最低,为 7.05 万元。但 P2 需求量仅为 8 000 台,可将 F3 的 8 000 台分配给 P2,此时 F3 还有 4 500 台的剩余产量。由于 P2 的需求量已全部满足,这一列可以不再考虑。

(2)其余组合中成本最低的是 F3-P1 和 F2-P4,均为 7.15 万元。可将 F3 的 4 500 台剩余产量中的 4 000 台分配给 P1。这时, P1 的需求已全部满足,这一列可以不再考虑; F3 还有 500 台剩余产量。

(3)其余组合中成本最低的是 F2-P4,可将 F2 的 5 500 台产量全部分配给 P4。这时,F2 的产量已全部分配完毕。

(4)其余组合中成本最低的是 F3-P3,为 7.18 万元。可将 F3 的 500 台剩余产量分配给 P3。这时,F3 的产量已分配完毕。

(5)其余组合中成本最低的是 F1-P3,为 7.70 万元。P3 还需要 6 500 台,可将 F1 产量中的 6 500 台分配给 P3。这时,P3 的需求量已全部满足,这一列可以不再考虑。

(6)最后, P4 还有 500 台的需求量尚未满足,将 F1 的 500 台剩余产量分配给 P4。至此,所有销售点都得到满足,所有产量分配完毕(见表 4-5)。

表 4-5 工厂设在 F3 处的成本分配

至＼从	P1	P2	P3	P4	年产量 / 台
F1	8.00 万元	7.80 万元	(5)7.70 万元 6 500 台	(6)7.80 万元 500 台	7 000
F2	7.65 万元	7.50 万元	7.35 万元	(3)7.15 万元 5 500 台	5 500
F3	(2)7.15 万元 4 000 台	(1)7.05 万元 8 000 台	(4)7.18 万元 500 台	7.65 万元	12 500
需求量 / 台	4 000	8 000	7 000	6 000	25 000

这样，解得工厂设在 F3 处的全部成本为

$$Sum_3=(6\,500\times7.70+500\times7.80+5\,500\times7.15+4\,000\times7.15+8\,000\times7.05+500\times7.18)\text{万元}$$
$$=181\,865\text{ 万元}$$

如果工厂设在 F4 处，用相同的解法，结果如表 4-6 所示。

表 4-6 工厂设在 F4 处的成本分配

至＼从	P1	P2	P3	P4	年产量 / 台
F1	8.00 万元	7.80 万元	(5)7.70 万元 7 000 台	(6)7.80 万元	7 000
F2	7.65 万元	7.50 万元	7.35 万元	(3)7.15 万元 5 500 台	5 500
F4	(2)7.08 万元 4 000 台	(1)7.20 万元 8 000 台	(4)7.50 万元	7.45 万元 500 台	12 500
需求量 / 台	4 000	8 000	7 000	6 000	25 000

因此，解得工厂设在 F4 处的全部成本为

$$Sum_4=(7\,000\times7.70+5\,500\times7.15+4\,000\times7.08+8\,000\times7.20+500\times7.45)\text{万元}$$
$$=182\,870\text{ 万元}$$

比较两个方案的计算结果，工厂设在 F4 处比工厂设在 F3 处每年多花费生产和运输总成本 1 005 万元，因此最终选择工厂设在 F3 处。

3. 重心法

当产品成本中运输成本所占比重较大，企业的原材料由多个原材料供应地提供时，可以考虑用重心法选择运输成本最少的厂（场）址。

求解设施选址问题的模型分为离散型模型和连续型模型两种。重心法是连续型模型。相对于离散型模型而言，在这种模型中，设施地点可以自由选择。但是从另一个方面来看，重心法的自由度过大也是一个缺点，因为由迭代计算求得的最佳地点不一定是合理的地点。

例如,计算出的位置已有建筑物或有河流经过,不能建厂等。重心法的弊病还在于,它将运输距离用坐标(两点之间的直线距离)表示,并认为运输成本是两点间直线距离的函数,这与实际情况并不符合。在实际运用过程中需要对重心法加以修正,才能更好地反映问题本身的特点。重心法求出的解比较粗糙,它的实际意义在于能为选址人员提供一定的参考。例如,如果不同的选址方案其他方面差不多,则可以考虑选择那个与重心法计算结果相近的方案。

采用重心法求解的具体步骤如下。

(1)建立坐标系。

(2)将所有的备选地址绘制在坐标轴上,确定坐标值(见图 4-4)。

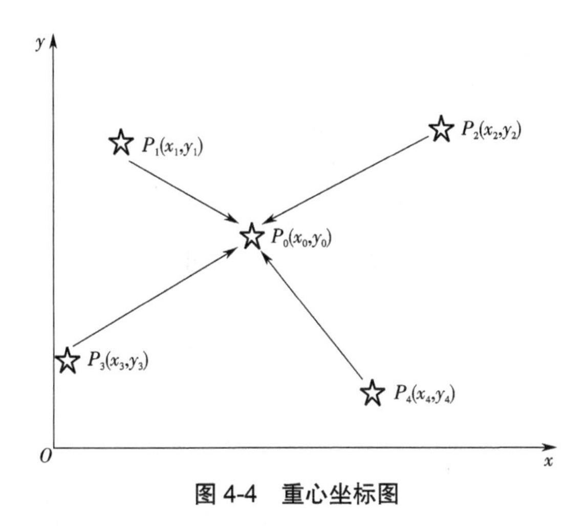

图 4-4　重心坐标图

(3)建立重心模型。假设该城市中物流设施的服务对象数为 n 个,它们的坐标分别为 $(x_j, y_j)(j=1,2,\cdots,n)$,物流设施的坐标为 (x_0, y_0),物流设施到服务点 j 的运费为 C_j,总运费为 A。

$$A=\sum_{j=1}^{n}C_j \tag{4-2}$$

$$C_j=h_jW_jd_j \tag{4-3}$$

式中,h_j 表示 P_0 到运输点 j 的运输费率;W_j 为原材料运输量;d_j 表示 P_0 到运输点 j 的距离。

$$d_j=\sqrt{\left(x_0-x_j\right)^2-\left(y_0-y_j\right)^2} \tag{4-4}$$

$$A=\sum_{j=1}^{n}h_jW_j\sqrt{\left(x_0-x_j\right)^2-\left(y_0-y_j\right)^2} \tag{4-5}$$

$$\frac{\partial A}{\partial x_0}=\frac{\sum_{j=1}^{n}h_jW_j\left(x_0-x_j\right)}{d_j}=0 \tag{4-6}$$

$$\frac{\partial A}{\partial y_0}=\frac{\sum_{j=1}^{n}h_jW_j\left(y_0-y_j\right)}{d_j}=0 \tag{4-7}$$

（4）将距离、质量两者相结合计算重心。计算公式为

$$x_0=\frac{(\sum_{j=1}^{n}h_jW_jx_j)/d_j}{(\sum_{j=1}^{n}h_jW_j)/d_j} \tag{4-8}$$

$$y_0=\frac{(\sum_{j=1}^{n}h_jW_jy_j)/d_j}{(\sum_{j=1}^{n}h_jW_j)/d_j} \tag{4-9}$$

（5）选择求出的重心点坐标值对应的地点作为布置设施的地点。

【例 4-3】某机器制造厂每年需要从 P1 地运来钢材，从 P2 地运来铸铁，从 P3 地运来焦炭，从 P4 地运来造型材料。各地与某城市中心的距离和每年的材料运量如表 4-7 所示。假定以城市中心为原点，各种材料的运输费率相同，试用重心法确定该厂的位置。

表 4-7　厂址坐标及年运输量

原材料供应地	Pl		P2		P3		P4	
供应地坐标 /km	x_1	y_1	x_2	y_2	x_3	y_3	x_4	y_4
	20	70	60	60	20	20	50	20
年运输量 /t	2 000		1 200		1 000		2 500	

解：根据式（4-8）和式（4-9）求解

$$x_0=\frac{20\times2\,000+60\times1\,200+20\times1\,000+50\times2\,500}{2\,000+1\,200+1\,000+2\,500}\text{km=38.4 km}$$

$$y_0=\frac{70\times2\,000+60\times1\,200+20\times1\,000+20\times2\,500}{2\,000+1\,200+1\,000+2\,500}\text{km}=42.1\text{ km}$$

该厂应选在坐标为 x_0 =38.4 km，y_0 =42.1 km 的位置。

4. 启发式方法

启发式方法只寻找可行解，而不是最优解。重心法就是一种启发式方法。有许多计算机化的启发式方法，可解决 n（服务对象个数）高达几百、几千甚至更多的问题。启发式方法适用于多设施选址问题，如多对多，且同时增加多个。

【例 4-4】某公司拟在某市建立两个连锁超市，该市共有四个区，记为甲、乙、丙、丁。假定每个区在其地界内人口为均匀分布，又假定各区可能去连锁超市购物的人口权重如表 4-8 所示，请确定连锁超市设置于哪两个区内，居民到连锁超市购物最方便，即距离 / 人口成本最低。

表 4-8　四个区的距离及各区人口数量和人口权重

各区名称	距离 /km				各区人口数量 / 千人	人口权重
	甲	乙	丙	丁		
甲	0	21	15	22	15	1.4
乙	21	0	18	12	13	1.3
丙	15	18	0	20	28	1.0
丁	22	12	20	0	22	1.2

步骤 1:用四个区的人口数量与人口权重乘以各区之间的距离,得到距离成本,如表 4-9 所示。选定第一个连锁超市在丙区。

表 4-9　连锁超市开在不同区的距离成本

各区名称	甲	乙	丙	丁
甲	0	441	315	462
乙	335	0	304	203
丙	420	504	0	560
丁	581	317	528	0
总计	1 336	1 262	1 147	1 225

步骤 2:甲、乙、丁各列数字与丙列对应数字相比较,若小于丙列同行数字,则将其保留;若大于丙列数字,则将原数字改为丙列数字,并选定第二个连锁超市在丁区,如表 4-10 所示。

表 4-10　选定第二个连锁超市在丁区时各区的距离成本

各区名称	甲	乙	丙	丁
甲	0	315	315	315
乙	304	0	304	203
丙	0	0	0	0
丁	528	317	528	0
总计	832	632	1 147	518

步骤 3:若要建三个连锁超市,还须再选一个场址,则将丙列数字去掉,将甲、乙所在列数字与丁所在列数字相比较,方法同前,选定第三个连锁超市在甲区,如表 4-11 所示。

表 4-11 选定第三个连锁超市在甲区时各区的距离成本

场址	甲	乙	丁
甲	0	315	315
乙	203	0	203
丙	0	0	0
丁	0	0	0
总计	203	315	518

5. 因次分析法

因次分析法是将备选方案的经济因素（有形成本因素）和非经济因素（无形成本因素）同时加权并计算出优异性，再进行比较的方法。

采用因次分析法计算优异性的步骤如下。

（1）列出各方案供比较的有形成本和无形成本因素，对有形成本因素计算出金额贴现值，对无形成本因素评出其优劣等级，按从优到劣的顺序给予 1, 2, 3, 4,…, n 的分值。

（2）根据各成本因素的相对重要性，按重要到不重要的顺序给予 n,…, 4, 3, 2, 1 加权指数。

（3）计算比较值。计算公式为

$$R=\frac{\text{备选地点A的优异性}}{\text{备选地点B的优异性}}=\left(\frac{Q_{11}}{Q_{21}}\right)^{\omega_1}\left(\frac{Q_{11}}{Q_{21}}\right)^{\omega_2}\cdots\left(\frac{Q_{11}}{Q_{21}}\right)^{\omega_n} \tag{4-10}$$

注意：若 $R<1$，则表示地点 A 的成本低于地点 B，即地点 A 优于地点 B。

【例 4-5】表 4-12 列出了备选地点 A 和 B 的有形成本与无形成本的因素值和加权指数。试用因次分析法计算地点 A 和 B 的优异性比值。

表 4-12 A、B 地点的成本因素和加权指数

成本因素		备选地点		加权指数
		A	B	ω_j
有形成本 /（元 / 年）	固定资产折旧	500 000	300 000	4
	管理费	50 000	20 000	4
	燃料动力费	20 000	30 000	4
	合计	570 000	350 000	4
无形成本	发展的可能性	1	2	1
	柔性	2	3	4
	工人技术水准	1	4	3

解：$$R=\frac{\text{备选地点A的优异性}}{\text{备选地点B的优异性}}=\left(\frac{Q_{11}}{Q_{21}}\right)^{\omega_1}\left(\frac{Q_{11}}{Q_{21}}\right)^{\omega_2}\cdots\left(\frac{Q_{11}}{Q_{21}}\right)^{\omega_n}$$

$$R=\left(\frac{570\,000}{350\,000}\right)^4\times\left(\frac{1}{2}\right)^1\times\left(\frac{2}{3}\right)^4\times\left(\frac{1}{4}\right)^3\approx\frac{1}{100}$$

显然，地点 A 远优于地点 B。但如果只用有形成本计算地点 B 的比较值，则比较值约为 7[(570 000/350 000)^4]，地点 B 优于地点 A。这说明有形成本与无形成本合并比较的结果，显示了无形成本因素的影响超过了有形成本因素的影响。

【例 4-6】某公司准备从 A、B、C 三个地点中选择一个建厂地点，各地点每年的经营成本预计如表 4-13 所示。设有形成本的加权指数为 4，三个地点的非经济因素的优劣程度及各因素的加权指数如表 4-14 和表 4-15 所示。试用因次分析法加以比较，选出最适宜的地点。

表 4-13　每年的经营成本预计

地点	劳动力成本 / 万元	运输成本 / 万元	当地税收 / 万元	动力成本 / 万元	其他 / 万元
A	180	100	170	210	16
B	220	80	200	290	110
C	240	70	250	250	120

表 4-14　非经济因素

地点	当地欢迎程度	可利用的劳动力情况	运输情况	生活条件
A	很好	好	较好	可以
B	较好	很好	很好	好
C	好	可以	特别好	很好

表 4-15　有形因素、无形因素和加权指数

地点	有形因素	无形因素			
		1	2	3	4
A	820	2	3	4	5
B	900	4	2	5	3
C	930	3	5	1	2
权数	4	3	2	4	1

$$R_{AB}=\left(\frac{820}{900}\right)^4\times\left(\frac{2}{4}\right)^3\times\left(\frac{3}{2}\right)^2\times\left(\frac{4}{5}\right)^4\times\left(\frac{5}{3}\right)^1\approx 0.132,\ \text{A优于B}$$

$$R_{AC}=\left(\frac{820}{930}\right)^4\times\left(\frac{2}{3}\right)^3\times\left(\frac{3}{5}\right)^2\times\left(\frac{4}{1}\right)^4\times\left(\frac{5}{2}\right)^1\approx 41.26,\ \text{C优于A}$$

因此，地点 C 最适宜。

6. 加权因素比较法

加权因素比较法是指把布置方案的各种影响因素（定性和定量）划分成不同等级，并赋予每个等级一个分值,以此表示该因素对布置方案的满足程度。同时,根据不同因素对布置方案影响的重要程度设立加权值,计算出布置方案的评分值,并根据评分值的高低来评价方案的优劣。

加权因素比较法的计算公式为

$$Z = \sum_{i=1}^{n} W_i f_{ij} \tag{4-11}$$

式中,Z 表示方案的总分;f_{ij} 表示第 i 个因素对方案 j 的评价等级分值;W_i 表示第 i 个因素的加权系数。

加权因素比较法计算表如表 4-16 所示。

表 4-16 加权因素比较法计算表

序号	因素	权数	各方案的等级及分数			
			A	B	C	D
1	位置	8	A 32	A 32	I 16	I 16
2	面积	6	A 24	A 24	U 0	A 24
3	地形	3	E 9	A 12	I 6	E 9
4	地质条件	10	A 40	E 30	I 20	U 0
5	运输条件	5	E 15	I 10	I 10	A 20
6	原材料供应	2	I 4	E 6	A 8	O 2
7	公用设施条件	7	E 21	E 21	E 21	E 21
8	扩建可能性	9	I 18	A 36	I 18	E 27
合计(Z)			163	171	99	119

注:A = 4 分,E = 3 分,I=2 分,O=1 分,U=0 分。

采用加权因素比较法求解的具体步骤如下。

(1)评价因素的确定。根据设施选择的基本要求,列出所要考虑的因素。

(2)确定加权值。按照各因素的相对重要程度,分别赋予相应的权数。

(3)评价因素、评价等级确定。对每个备选方案进行审查,并按每个因素由优到劣的顺序排出各个备选方案的排队等级分数。

(4)评价结果。用每个因素中各方案的排队等级分数乘以该因素的权数,所得分数放在每个小方格的右下方,再把每个方案的分数相加,得出的总分就表明了各备选方案相互比较时的优劣程度。

（5）最佳方案的确定。得分高的方案为备选方案。

加权因素比较法的优点是可以把提供的各项因素进行综合比较，是一种比较通用的方法，其缺点是往往带有评分人的主观性。

【例 4-7】某汽车公司计划在某城市建一个新厂，已经选出 A 和 B 两个备选地址。公司管理层决定使用如表 4-17 所示标准进行最后的选址决策，并已经根据各标准相对于公司选址决策的重要程度，赋予每个因素一个权重，给出了两个备选地址每个因素的评分值（见表 4-18）。请采用加权因素比较法求出 A 和 B 哪个备选地址应为某汽车公司的最后选址地。

表 4-17　打分标准列表

因素	权重	打分	
		方案 A	方案 B
区域内的能源供应情况			
动力的可得性与供应的稳定性			
劳动力环境			
生活条件			
交通运输情况			
供水情况			
供应商情况			
气候			
税收政策与有关法律法规			

表 4-18　两个备选地址每个因素的评分值

因素	权重	打分		总分	
		方案 A	方案 B	方案 A	方案 B
区域内的能源供应情况	0.3	100	90	30	27
动力的可得性与供应的稳定性	0.25	80	90	20	22.5
劳动力环境	0.1	85	90	8.5	9
生活条件	0.1	90	80	9	8
交通运输情况	0.05	80	90	4	4.5
供水情况	0.05	70	80	3.5	4
供应商情况	0.05	80	70	4	3.5
气候	0.05	70	90	3.5	4.5
税收政策与有关法律法规	0.05	100	80	5	4
合计				87.5	87

采用加权因素比较法，经过对 A 和 B 两个备选地址的各项分值进行计算，得出 A 方案

为 87.5 分,B 方案为 87 分。由此可知,A 备选地址应为某汽车公司的最后选址地。

思考与练习题

(1)一个企业的厂(场)址选择对其经济效益有什么影响?

(2)地区选择的目的是什么?它与地点选择的要求有什么区别?

(3)一个地区确定后,如何确定各种不同的厂(场)址地点需要哪些数据资料?

(4)某市想为废品处理总站找一个适当的地方,目前已有的四个分站的坐标和废品数量如表 4-19 所示。目前有两个方案 A(25, 25)和 B(70, 150),选哪个方案比较好(运输费率相等)?

表 4-19 废品处理分站的坐标和废品数量

处理分站	一站		二站		三站		四站	
坐标 /km	x_1	y_1	x_2	y_2	x_3	y_3	x_4	y_4
	40	120	65	40	110	90	10	130
年运输量 /t	300		200		350		400	

(5)某公司筹建一家玩具厂,合适的地点有甲、乙、丙三处。各种生产成本因厂址的不同而有所区别,每年的成本归纳如表 4-20 所示。在决策之前,该公司还考虑了一些主观因素,如当地的竞争能力、气候变化和周围环境是否适合玩具生产等。各主观因素的重要性指数依次为 0.6、0.3、01,试用因次分析法选出最适宜的地点。

表 4-20 甲、乙、丙的每年成本

成本因素	每年成本		
	甲	乙	丙
工资	250	230	248
运输成本	181	203	190
租金	75	83	91
其他成本	17	9	22
竞争能力	良	良	优
气候	良	中	优
环境	中	优	良

第 5 章　设施需求测算

5.1　工艺流程分析

对于工厂物流而言，要进行有效的物流分析，必须要了解工厂产品的工艺流程信息，工艺设计师和工艺设计人员的一个重要职责是了解企业产品的工艺流程，从而决定产品是如何加工和生产的。作为决策的一部分，工艺设计人员应该明确由谁来负责处理和完成这些加工工艺过程，也就是说，一个特别的产品、零部件是不是应该自己制造或者通过转包合同由其他的承包商来生产、提供。自制或外购（“Make-or-Buy”）的决策也是工艺设计过程的一个部分。

工艺设计师除了要做出一个零件是自制或外购决策外，同时还要确定该零件是如何生产的，哪些设备将会被使用，这些加工要持续多久的时间。最后的工艺设计结果与产品设计和流程设计的结果有很大的关系。

5.1.1　工艺分析

确定一个设施布置的范围是最基本的决策。一个制造型企业的设施布置范围必须建立在企业要进行哪些加工工艺的基础上。一个完整的制造型企业设施布置，可以包括从原材料的购进并经过一系列加工、装配，到完成最终产品，也可以包括从购进零部件经过装配到完成最终产品的一个纵向的集成过程所需要的一切设备。一个产品的设计，可以包括几个、几十个甚至成百上千个零部件。所有这些零部件都要做出是自制还是外购的决策。因此，一个制造企业的设施范围和企业纵向的集成水平密切相关。这些决策经常被称作“自制或外购”决策。

大型公司一般可以将整个设施布置分解成具有最经济运行规模的小部门，每个小部门以极低的管理费用、简单的组织关系运作。这种类型的组织形式可以使管理、办公等疏散，可以将工艺的分析具体到每一个部门，降低工艺分析和设置布置的工作量。自制或外购的决策是典型的管理决策，它以一般企业运营的成本为主要衡量标准，同时还考虑了工业工程、市场、工艺、外购，甚至包括人力资源等方面。自制或外购决策要考虑的一系列问题，见图 5-1，图中还标明了一个零件是自制还是外购决策的一般流程。另外，在决策过程中，不能完全地生搬硬套决策流程图，而要根据具体的项目和工程实践灵活安排和考虑。例如，对于一些笨重部件，考虑到搬运困难，即使有现成的产品，也可能会放弃外购的考虑。同时，随着供应链管理思想的发展，企业需要不断增强自己的核心竞争力，可能会逐渐地放弃一些利润十分薄弱的环节，转而投资和开发自己占有优势的方面。

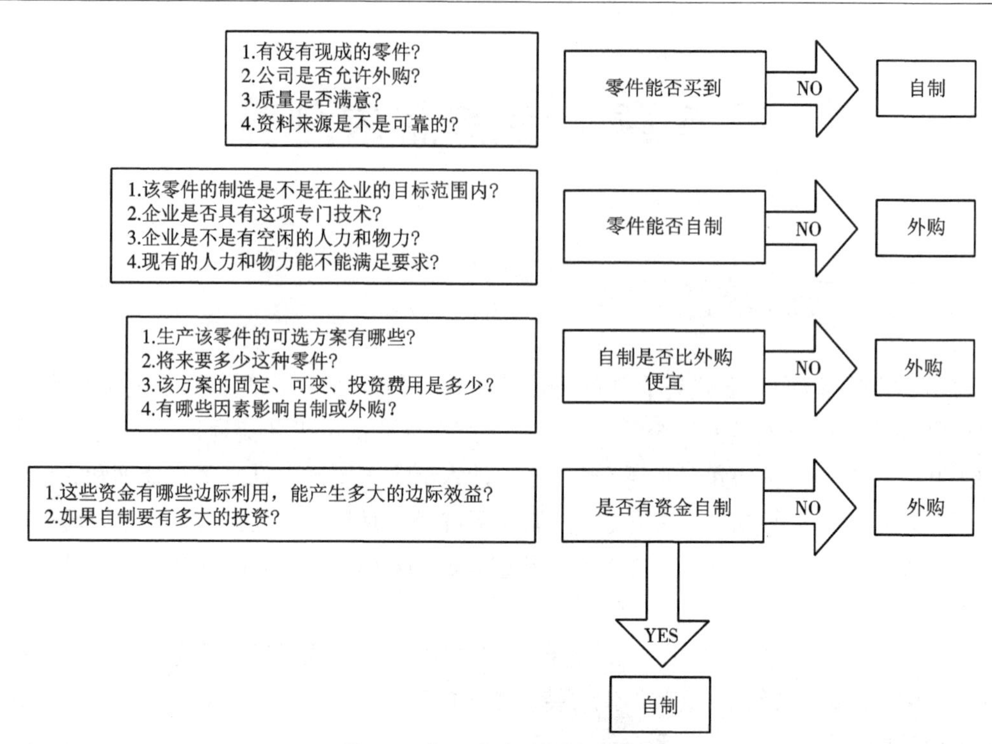

图 5-1　自制或外购决策流程图

自制或外购的决策研究的对象,就是产品设计中装配图中的所有零件,对于每个零件我们都要求对它进行自制或外购的决策,并且为了方便进行设施规划,可以将对自制或外购的结果也作为明细表的一项。表 5-1 就是一个气阀的明细表,在明细表中列举了一个产品的所有零件,最后一项就是进行自制还是外购的决策结果。

表 5-1　气阀明细表

公司名称:T.W.Inc　　设计者:Robbie King
产品名称:气阀　　设计时间:2001/4/25

零件编号	零件名称	图号	数量产品	材料	尺寸 /mm	自制或外购
1050	管子插销	4006	1	钢	0.50 × 1.00	外购
2200	阀体	1003	1	铝	2.75 × 2.50 × 1.50	自制
3250	座环	1005	1	不锈钢	2.97 × 0.87	自制
3251	O 形密封圈	—	1	橡胶	0.75	外购
3252	活塞	1007	1	黄铜	0.812 × 0.715	自制
3253	弹簧	—	1	钢	1.40 × 0.225	外购
3254	活塞体	6001	1	铝	1.60 × 0.225	自制
3255	O 形密封圈	—	1	橡胶	0.925	外购
4150	活塞固定器	1011	1	铝	0.42 × 1.20	自制
4250	锁定螺钉	4007	1	铝	0.21 × 1.00	外购

除了用零件的明细表来表述一个产品的组成零件信息外,还可以用 BOM 表来表达。

通常认为 BOM 表包括产品的结构信息。典型的产品信息就是一个与产品装配顺序相关的层次关系。Level 0 经常是指最后的成型产品；Level 1 指装配成最后的产品的各个部件、组件、零件；Level 2 用来表示直接装配成 Level 1 层次的各个部件、组件、零件，以此类推。表 5-2 就是一个典型的 BOM 表，它与表 5-1 的零件明细表相对应。图 5-2 是用一个结构树来说明 BOM 表所表达的层次关系。

表 5-2　气阀的 BOM 表

公司名称：T.W.Inc　　设计者：Robbie　King
产品名称：气阀　　设计时间：2001/4/25

层次	零件编号	零件名称	图号	数量 / 产品	自制或外购	备注
0	0021	气阀	6660	1	自制	产品
1	1050	管子插销	4006	1	外购	零件
1	6023	主装配	—	1	自制	
2	4250	锁定螺钉	4007	1	外购	零件
2	6022	阀体装配	—	1	自制	
3	2200	阀体	1003	1	自制	零件
3	6021	活塞装配	—	1	自制	
4	3250	座环	1005	1	自制	零件
4	3251	O 形密封圈	—	1	外购	零件
4	3252	活塞	1007	1	自制	零件
4	3253	弹簧	—	1	外购	零件
4	3254	活塞体	6001	1	自制	零件
4	3255	O 形密封圈	—	1	外购	零件
4	4150	活塞固定器	1011	1	自制	零件

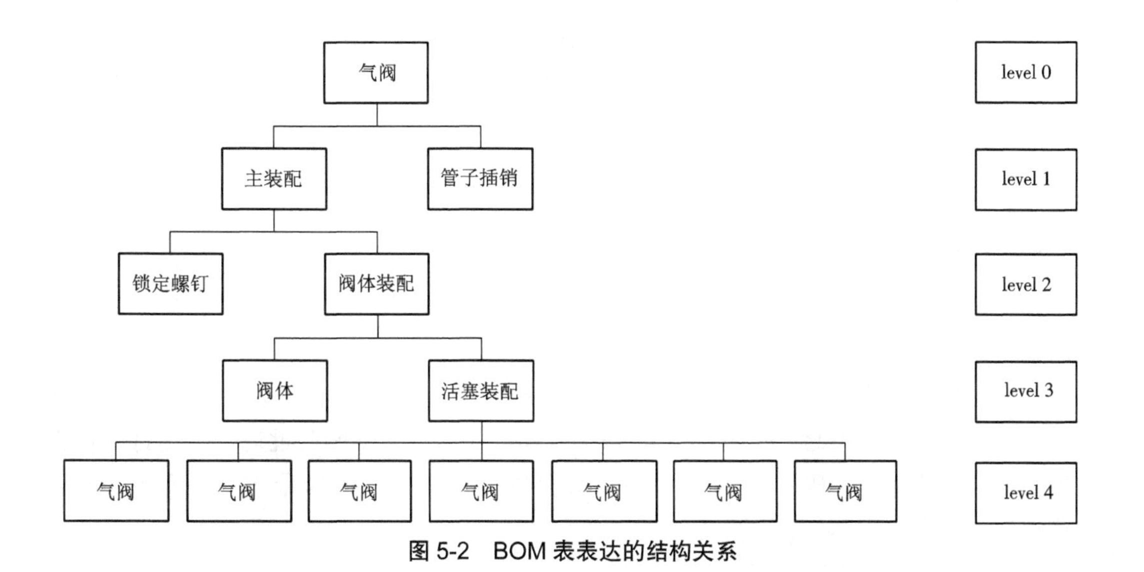

图 5-2　BOM 表表达的结构关系

随着计算机技术的应用,在产品设计过程中,大量采用了计算机辅助设计(CAD),产品的设计结果一般都是一个电子化的产品模型。例如在Pro/ENGINEER中,生产的产品模型就是一个三维的实体模型,它包含了一个产品的组成结构、产品包含的所有零件的基本信息等。所以在生产BOM表时,可以直接提取实体中的元素属性,通过计算机自动生成。这个功能在Pro/ENGINEER 2000I中已经实现了,只要选择一条命令就完成了BOM表的生成,大大提高了设计的效率。

5.1.2 工艺选择

既然做出了产品或零件的自制决策,接下来需要解决的问题就是如何制造或加工自制的零件和产品,也就是说,要先确定或选择自制零件的加工工艺方法,然后再确定加工所需要的机器、设备。工艺设计需要具有丰富生产实践经验的工艺工程师,因为工艺工程师熟知企业的生产情况、各种工艺方法和加工设备、加工能力和水平、各种管理规章制度等。

工艺选择应该将质量和成本作为考虑的主要因素。如果采用的工艺能够保证质量但是成本很高,或者工艺十分现代化但企业效益不高,这种工艺就不可取。相反,如果成本很低但不保证质量,也不是恰当的选择。

工艺选择的主要原则有以下几方面。

(1)质量方面的要求。采用的工艺方法要满足客户对产品的技术条件和质量要求,包括产品的复杂程度、精度和表面质量等要求。

(2)工艺方法的成熟性要求。采用的工艺方法应该既先进又成熟,符合当时国内的客观条件,而且所采用的工艺方法最好是本企业已有的,这样可以保证产品质量的稳定。

(3)工艺规模的考虑。采用的工艺和设备,应与生产纲领规定的产量相适应,根据批量和生产类型的不同而采用不同的自动化、机械化水平,以在保证质量的前提下提高设备的利用效率,降低生产成本。

(4)环境因素的考虑。生产采用的工艺应该是对环境没有污染的。

(5)采用的工艺要有一定的柔性,以便工艺能够适应产品的更新和发展,在企业改进时最大限度地减少损失。

一般情况,用不同的设备和采取不同的加工工艺来完成同一系列的加工操作是十分平常的。然而,作为工艺选择的一般过程却应该是一样的。工艺选择流程的输入叫作工序辨识。工序辨识是对应该完成什么加工的一个描述组成。对一个制造型企业,工序辨识由指明下一个要求制造、加工和生产的产品列表,以及描述每组零件的零件图和要生产的数量组成。

计算机辅助工艺过程设计(Computer Aided Process Planning, CAPP)是通过向计算机输入被加工零件的几何信息(形状、尺寸等)和工艺信息(材料、热处理、批量等),由计算机自动输出零件的工艺路线和工序内容的过程。计算机辅助工艺过程设计无论是对单件小批量生产还是大批量生产都有重要意义。

(1)可以减轻工艺工程师的劳动强度。

（2）提高工艺过程设计的质量。

（3）缩短生产准备周期，提高生产率。

（4）减少工艺过程设计费用及制造费用。

（5）在计算机集成制造系统中，计算机辅助工艺过程设计是连接计算机辅助设计与计算机辅助制造的桥梁。

计算机辅助工艺过程设计是在现有技术的基础上，以高质量、高生产率、低成本和规定的标准化程度来拟定一个最佳的制造方案，从而把产品的设计信息转化为制造信息。根据当前机械制造工程知道零件加工工艺的实际情况，可将零件的工艺分为标准工艺、典型工艺和生成工艺 3 种类型。

（1）标准工艺。工艺人员经过多年实践，发现有不少零件，其工艺常年不变，形成了标准工艺。如果某零件的工艺与某代号标准工艺相同，则不必编制工艺过程、填写工艺过程卡片，只要标明采用的标准工艺代号即可。

（2）典型工艺。虽然零件的种类繁多、数量很大，但可以利用相似性原理将它们分组分类，形成零件族或零件组。同一类的零件工艺过程虽有差异，但是基本上相同，因此对每个零件族设计出一个具有代表性的零件及其工艺，称为典型零件。一个零件根据其组成分类编号，先查询出属于哪个零件族，再找出该零件族的典型工艺，根据特殊零件的结构，对典型工艺进行修订，最终得到该零件的加工工艺过程。

（3）生成工艺。对于既不属于标准工艺，又不属于典型工艺的工艺过程，就可以直接用计算机进行工艺决策，设计出工艺过程，这种工艺又称作生产工艺或创成工艺。

对整个工艺设计过程的理解提供了设施规划的基础。流程的第 1 步要求决定每一个零件的加工步骤。为了做出合理的决策，对原材料的性能和对基本加工操作类型等都应该是事先确定和了解的。第 2 步是对各种不同设备的加工能力的了解。人力、机械化、自动化等设备都应该考虑第 3 步。第 3 步要确定每种产品的单位生产时间和所选用方案的设备的利用率，这些都要在第 4 步进行标准化中用到。第 5 步是对各种可选方案进行经济评价。经济评价的结果和其他的一些模糊因素，如生产柔性、通用性、可靠性、可维护性、可维修性、安全性等因素，都是第 6 步进行选择的参考依据。计算机还可以对不同的工艺组合执行时间和成本的双重评价，提供一个综合的评价指标。图 5-3 是 6 步工艺选择流程图。

工艺选择的输出结果包括自制零件的所需原材料、设备、加工工艺过程等。输出的结果一般可以用一个工艺路线卡（Route Card）来表示。一个工艺路线卡至少要包括以下信息。

（1）零件名称和编号。

（2）加工说明和编号。

（3）所需要使用的设备信息。

（4）使用的时间。

（5）原材料的信息。

表 5-3 就是一个气阀中活塞体的工艺路线卡的例子，它包含了上面介绍的所有信息。

表 5-3 气阀活塞体的工艺路线卡

工艺路线卡

公司名称:A.R.C.Inc

产品名称:气阀　　编制人:Robbie King

零件名称:活塞体　　编制时间:2001/4/26

零件号:3254

操作号	操作说明	机器类型	工具	部门	调整时间 /h	作业时间 /h	零件材料	
							说明	数量
0104	成型钻切断	自动车床	ϕ0.5 mm 弹簧夹头、圆形成型刀具、ϕ11.43 mm 中心钻、ϕ3.276 6 mm 麻花钻、扩孔钻、切断刀片		5	0.005 7	ϕ40.64 mm × 3 657.6 mm	80
0204	加工槽螺纹	转塔车床	1.143 mm 锯片、转塔用切槽附件、76.2 mm/8-32 螺纹梳刀		2.25	0.006 7	—	1
0304	钻 8 孔	自动钻床	ϕ1.981 2 mm 麻花钻		1.25	0.003 8	—	1
0404	去毛刺吹净	压力钻机	去毛刺工具,带导向		0.5	0.003 1	—	1
SA-1	部件装配	轴向液压机	无		0.25	0.010 0	—	1

5.1.3 工艺排序

工艺路线卡提供了各个零部件加工方法方面的信息,如何将这些零部件组装起来,需要查阅装配表。某种气阀的装配表(Assembly Chart),如图 5-4 所示。建立这样一个装配表最简单的方法是从完整的产品开始,追溯到装配前的零部件。比如,图 5-4 中气阀的装配表应该从右下角开始。第一步是拆调节阀,拆阀之前是监测该阀的工作情况。圆圈里表示的是装配操作,方框里表示了指导内容。虽然路线卡提供了加工方法方面的信息,装配表说明了各个部件是怎样组装起来的,但其中的任何一个都没有提供在各个设备中的流程情况。但是通过综合这两张表格可以得到一个完整的结果。这张表就称作加工工艺过程表(Operation Process Chart),图 5-5 就是一张标准的加工工艺过程表。建立这样一张加工工艺过程表,应该从右上角中最先装配的部件做起。如果这些部件是购买的,它们应该在水平方向上适当的位置表示出来;如果是加工得到的,则应该从其中分出来,在垂直方向上适当的装配操作中表示出来。继续这些操作直到产品已经可以送到库房为止,你就能得到一张加工工艺过程表。

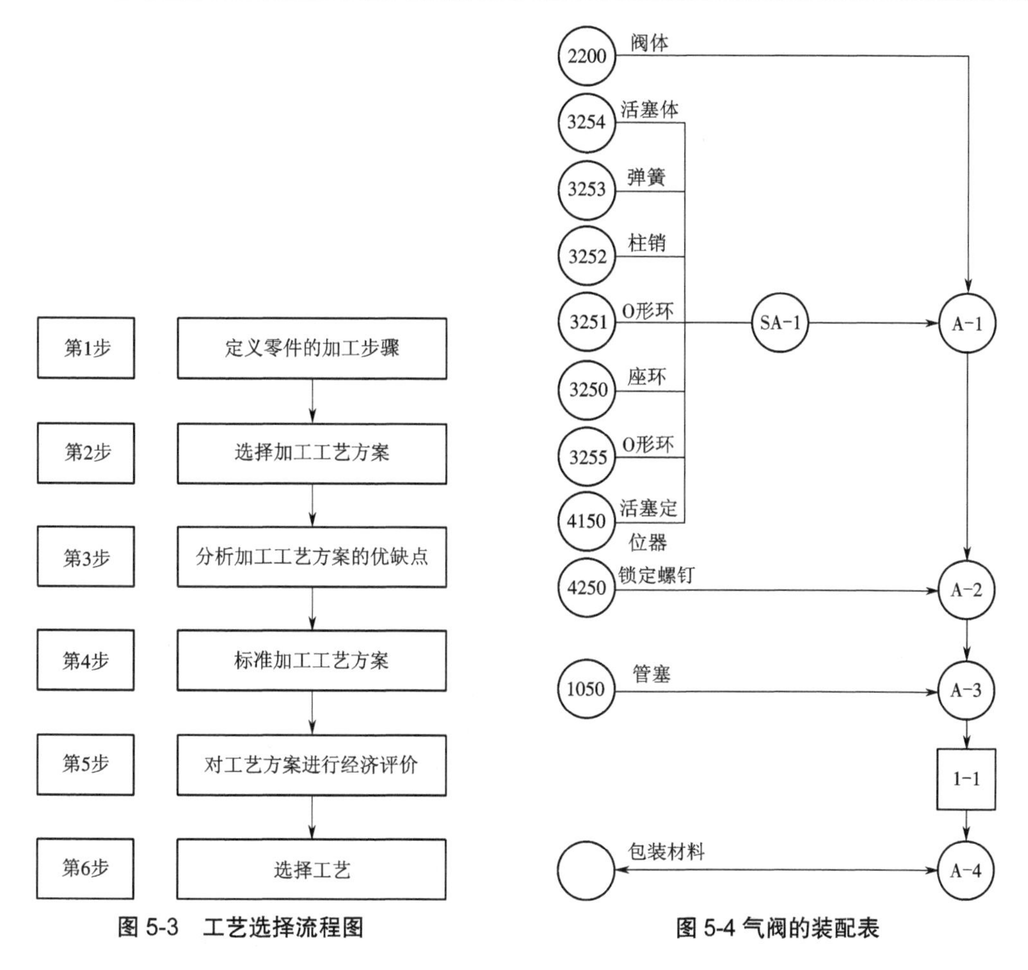

图 5-3　工艺选择流程图

图 5-4 气阀的装配表

加工工艺过程表中也可以包括用来加工、制造的材料。这些信息可以放到相应部件名称的下方。而且表中应该包括操作次数,并将其放置到操作指示的左边。在表的下方可以列出一个操作指示和操作次数的总说明。当相关信息能获取的时候,加工工艺过程表上还可以补充加上运输、存储和延期情况(包括距离和时间)。装配表和加工工艺过程表可以分别看作装配过程和全部加工过程的模拟模型。在产品的装配过程中,圆圈和方框代表时间,水平连线表示的是依次的步骤。

在气阀的装配表中,所有的零件都用一个 4 位的数字进行了编码,它们分别以 1、2、3、4 开头。而且所有的部装(Subassemblies)和装配(Assemble)过程也都用字母和数字进行了编码。同样的标记方式也在加工工艺过程表中采用,在加工工艺过程表中的所有的操作中进行了数字的编码,每一个加工操作步骤都用一个以 0 开头的 4 位数字组合来表示。

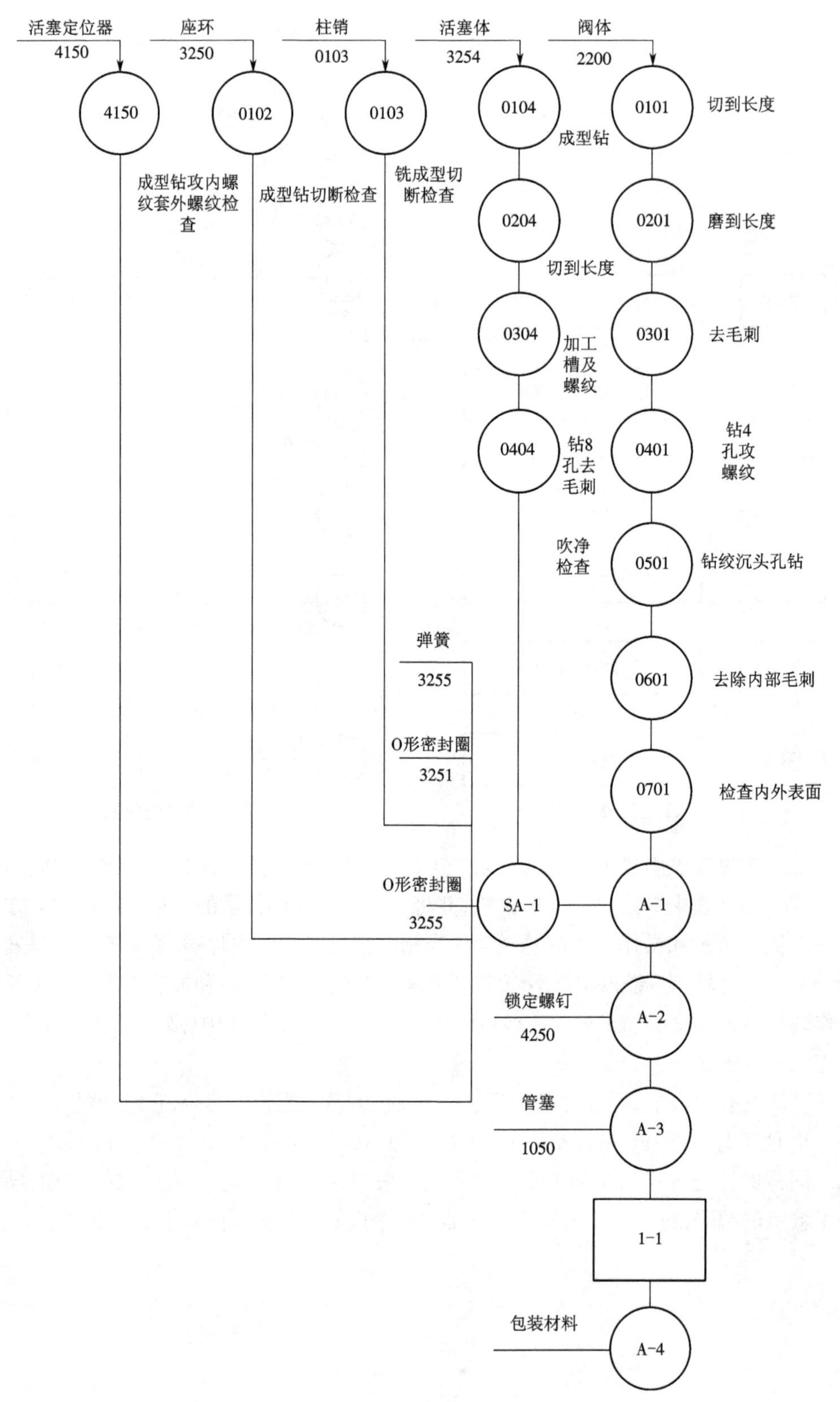

活塞定位器
4150
座环
3250
柱销
0103
活塞体
3254
阀体
2200
4150
0102
0103
0104
0101
切到长度
成型钻
成型钻攻内螺纹套外螺纹检查
成型钻切断检查
铣成型切断检查
0204
0201
磨到长度
切到长度
0304
加工槽及螺纹
0301
去毛刺
0404
钻8孔去毛刺
0401
钻4孔攻螺纹
吹净检查
0501
钻绞沉头孔钻
弹簧
3255
0601
去除内部毛刺
O形密封圈
3251
0701
检查内外表面
O形密封圈
3255
SA-1
A-1
锁定螺钉
4250
A-2
管塞
1050
A-3
1-1
包装材料
A-4

图 5-5 加工工艺过程表

另一种观点是从网络概念上理解表格,更准确地说是将其理解成产品加工的树形结构。与之不同的是还有人认为将装配表理解成一个更普遍的模型——优先图(Precedence Diagram)的具体情形。优先图是一个直接的网络结构,经常在项目规划中使用, PERT 表就是优先图的一个应用,对优先图方法的应用请参考其他资料。

加工工艺选择的标准化可以大大降低工作量和缩短从订货到交货的时间,但是工艺选择的标准化也会给流程设计和设施规划带来许多不便。当形势发生变化时,机械装置必须要适应意外的情形。设施规划人员必须关心和参与工艺过程选择决策,以保证工艺选择的结果与设施规划的限制不发生冲突。加工工艺过程的选择可能会受到设施规划人员在设计过程中的许多自由程度等影响。

5.2 典型的布置形式

5.2.1 生产设施的四种布置形式

1. 按产品原则布置

按产品原则布置(Product Layout),又称流水线布置或对象原则布置,当产品品种很少而生产数量又很大时,按照产品的加工工艺过程顺序来配置设备,形成流水线生产的布置方式(见图 5-6),能最大限度地满足固定品种产品的生产过程对空间和时间的客观要求。例如,鞋、化工设备和汽车的制造等。

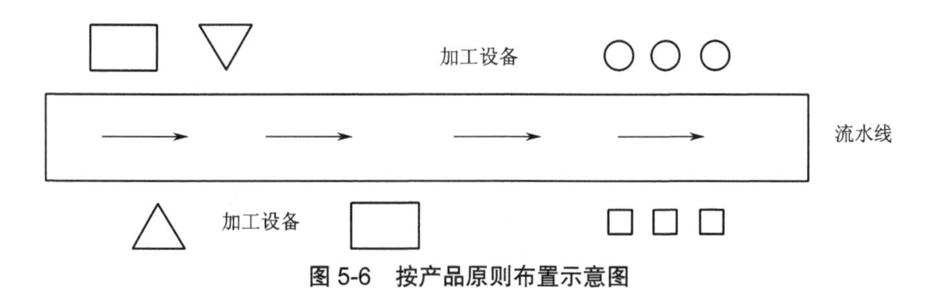

图 5-6　按产品原则布置示意图

按产品原则布置的特点是:产品产出率高,单位产品成本低,加工路程最短,生产管理相对简单,设备的利用率相对较低,对市场的柔性反应较差,对设备故障的响应较差。

2. 按工艺原则布置

按工艺原则布置(Process Layout)又称集群式布置或功能布置,是指一种将功能相同或相似的一组设施排布在一起的布置方式。例如,将所有的车床放在一处,将压力机放在另一处。被加工的零件根据预先设定好的流程顺序从一个地方转移到另一个地方,每项操作都是由适宜的机器来完成的(见图 5-7),医院是采用工艺原则布置的典型。

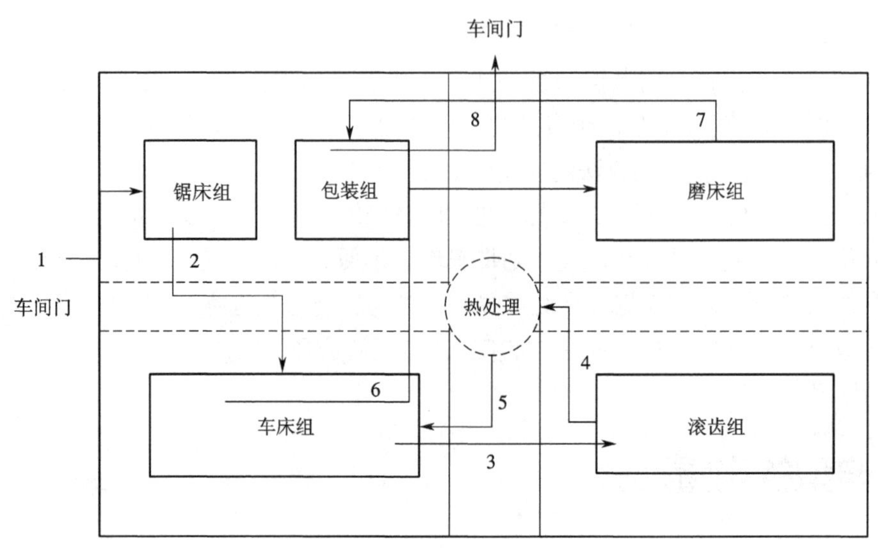

图 5-7 按工艺原则布置示意图

按工艺原则布置的特点是:具有较高的柔性,设备的利用率较低,在制品的数量较多,成本高,生产周期长,物流比较混乱,对工人的技术水平要求高,组织和管理比较困难。这种布置形式通常适用于单件生产。

3. 按成组制造单元布置

按成组制造单元布置(Layouts Based on Group Technology)又称混合原则布置,就是先根据一定的标准将结构和工艺相似的零件组成一个零件组,确定零件的典型工艺流程,再根据典型工艺流程的加工内容选择设备和工人,由这些设备和工人组成一个生产单元(见图 5-8)。现代成组原则布置包括柔性制造单元(Flexible Manufacturing Cells, FMC)和柔性制造系统(Flexible Manufacturing System,FMS)两种方式。

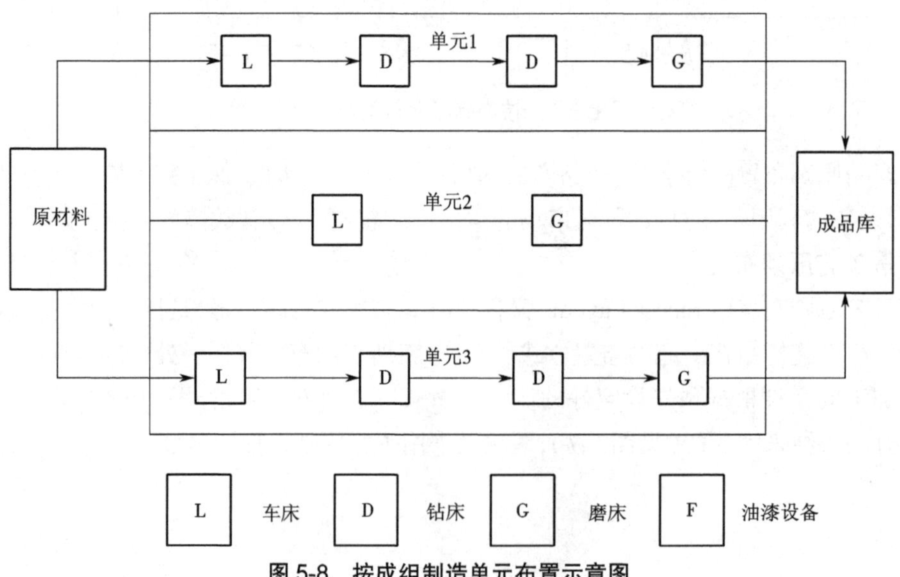

图 5-8 按成组制造单元布置示意图

按成组制造单元布置的特点是:设备利用率较高,流程顺畅,运输距离较短,搬运量较少,有利于发挥班组合作精神和拓展工人的作业技能,兼有产品原则布置和工艺原则布置的优点等。

4. 固定式布置

固定式布置(Fixed-Position Layout)又称项目布置,主要是工程项目和大型产品生产所采用的一种布置形式(见图 5-9)。

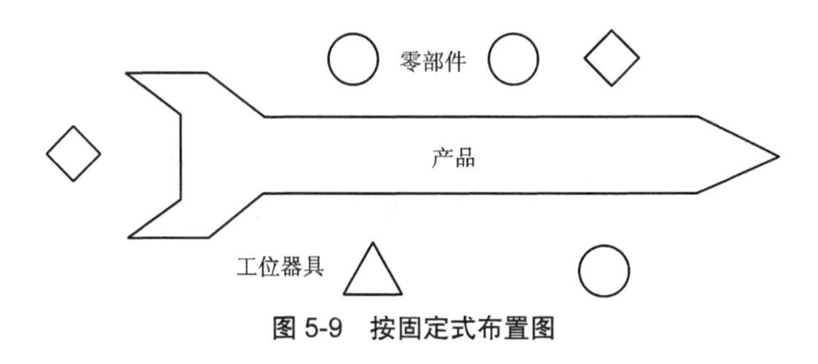

图 5-9　按固定式布置图

固定式布置的特点是:场地空间有限;不同的工作时期,物料和人员需求不一样;生产组织和管理困难较大;物料需求量是动态的。

5.2.2　四种布置形式的比较

按工艺原则布置适合处理小批量、定制化程度高的生产与服务。其优点是:设备和人员安排具有灵活性。其缺点是:设备使用的通用性要求劳动力具有较高的熟练程度和创新,在制品较多。

按产品原则布置适合大批量的、高标准化的产品的生产。其优点是:单位产品的可变成本低,物料处理成本低,存货少,对劳动力标准要求低。其缺点是:投资巨大,不具备产品弹性,一处停产会影响整条生产线。

按工艺原则布置与按产品原则布置的区别就是工作流程的路线不同。按工艺原则布置,物流路线是高度变化的,因为用于既定任务的物流在其生产周期中要多次送往同一加工车间;按产品原则布置,设备或车间服务于专门的产品线,采用相同的设备能避免物料迂回,实现物料的直线运动。只有当给定产品或零件的批量远大于所生产产品或零件的种类时,采用产品原则布置才有意义。

按成组制造单元布置则是将不同的机器分成单元来生产具有相似形状和工艺要求的产品。其优点是:改善人际关系,增强参与意识;减少在制品和物料搬运及生产过程中的存货;提高机器设备的利用率,减少机器设备的投资,缩短生产准备时间等。其缺点是:需要较高的控制水平以平衡单元之间的生产流程,若流程不平衡,需要中间储存,增加物料搬运;班组成员需要掌握所有的作业技能;减少使用专用设备的机会等。

固定式布置适合加工对象位置、生产工人和设备都随产品所在的某一位置而转移的情形,如飞机和船舶等制造。

制造业布置、办公室布置与零售 / 服务业布置强调的重点不同。制造业布置强调的是物料的流动，而办公室布置强调的是信息的传递，零售 / 服务业布置则追求的是单位面积产生的利润最大。

5.3 物料流动模式

5.3.1 基本流动模式

对于生产、储运部门来说，物料一般沿通道流动，而设备一般也是沿通道两侧布置的，通道的形式决定了物料、人员的流动模式。选择车间内部流动模式的一个重要因素是车间入口和出口的位置。常常由于外部运输条件或原有布置的限制，需要按照给定的出入口位置来规划流动模式。此外，流动模式还受生产工艺流程、生产线长度、场地、建筑物外形、物料搬运方式与设备、储存要求等方面的影响。基本流动模式有五种，如图 5-10 所示。

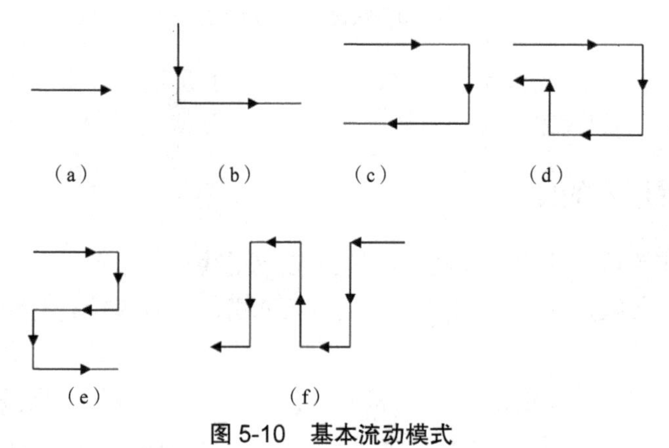

图 5-10 基本流动模式

(a)直线形 (b)L 形 (c)U 形 (d)环形 (e)S 形一 (f)S 形二

(1)直线形。直线形是最简单的一种流动模式，入口与出口位置相对，建筑物只有一跨，外形为长方形，设备沿通道两侧布置。

(2)L 形。适用于现有设施或建筑物不允许直线流动的情况，设备布置与直线形相似，入口与出口分别处于建筑物两相邻侧面。

(3)U 形。适用于入口与出口在建筑物同一侧面的情况，生产线长度基本上相当于建筑物长度的两倍，一般建筑物为两跨，外形近似于正方形。

(4)环形。适用于要求物料返回到起点的情况。

(5)S 形。在一固定面积上，可以安排较长的生产线。

实际流动模式常常是由五种基本流动模式组合而成的。新建工厂时可以根据生产流要求及各作业单位之间物流关系选择流动模式，进而确定建筑物的外形及其尺寸。

5.3.2 工作站内的流动

动作研究和人因工程对工作站内流动模式的建立很重要。例如，工作站内的流动主要是操作者的个人动作,这些动作应当是同时的、对称的、自然的、有节奏感的和习惯性的。同时这些动作要求手、手臂和脚的协调使用。手、手臂和脚的动作应当同时开始,同时结束,一个动作中间不应有停顿。对称动作是指以人体轴线为中心的动作协调,左右手和手臂应当协调配合。自然动作是指人可以脱离传统的工具,以不需要特定的设备,甚至不需要所谓视觉注意力更多参与,就可以进行交互界面、交互命令的表达。节奏感和习惯性的动作能减少神经、眼睛和肌肉的受力并缓解疲劳。

5.3.3　部门内的流动

部门内的流动模式取决于部门的类型。对于产品型或产品族型部门,工作流伴随着产品流。产品流一般有五种模式:前流(End-to-End)、背流(Back-to-Back)、折返流(Front-to-Front)、环流(Circular)和角流(Odd-Angle),如图 5-11 所示。对于一个操作者一个工作站的情况可以采用前流、背流和角流模式;对于一个操作者看管两个工作站的情况宜采用折返流模式,而对于一个操作者看管多个工作站的情况宜采用环流模式。

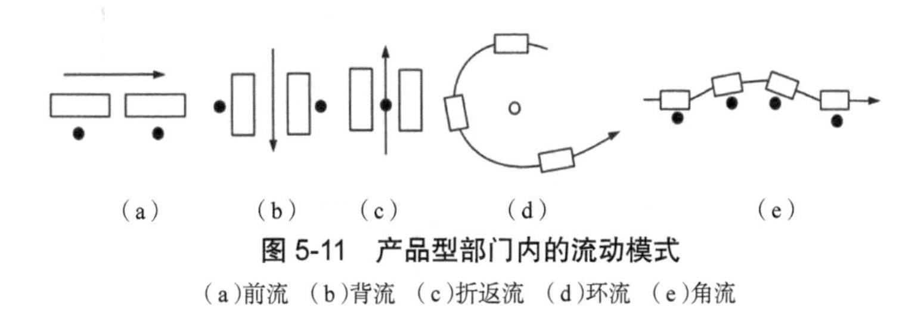

图 5-11　产品型部门内的流动模式

(a)前流　(b)背流　(c)折返流　(d)环流　(e)角流

对于工艺型部门,部门内各工作站之间的流动应当尽量少。流动一般应发生在工作站和通道之间。流动模式取决于工作站相对于通道的方向。图 5-12 显示了三种工作站与通道的取向及相应的流动模式。具体的工作站与通道取向安排和流动模式取决于各工作站的交互作用、可用空间以及要搬运物料的大小。

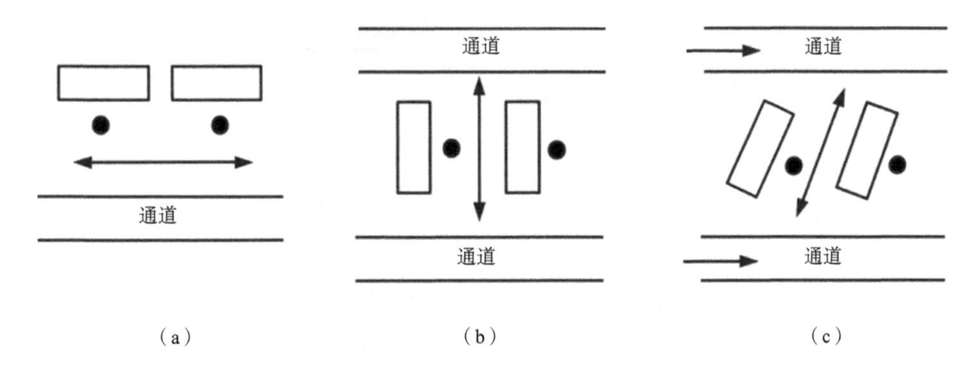

图 5-12　工艺型部门内的流动模式

(a)平行式　(b)垂直式　(c)斜角式

斜角式流动模式一般与单向通道联用。支持斜角式流动模式的通道通常比平行和垂直的工作站与通道取向安排更能节省空间,但是单向通道的灵活性不足。因此,斜角式流动模式用的并不多。

工作站内的流动和部门内的流动应当形式多样，以便操作者既可以用体力也可以用脑力来考虑流动问题。多能的操作者可以在必要时看管多台机器，也可以支持和参与设备连续改进功能，从而提高生产质量、团队绩效等。这就是说，应当将流动问题与物料、工具、文档和质量检验设备的位置一起考虑。

5.3.4 部门间的流动

部门间的流动常常作为评判设施整体流动情况的依据。部门间的流动一般是图 5-10 所示的五种基本流动模式的组合。基本流动模式组合中最重要的因素是出入口的位置，对于建筑设计来说，入口（收货部门）和出口（发货部门）的位置通常是固定的，厂（库）房内的流动要受到它们的限制。图 5-13 中给出了几个例子，显示如何规划厂房内的流动状况，以符合出入口的要求。

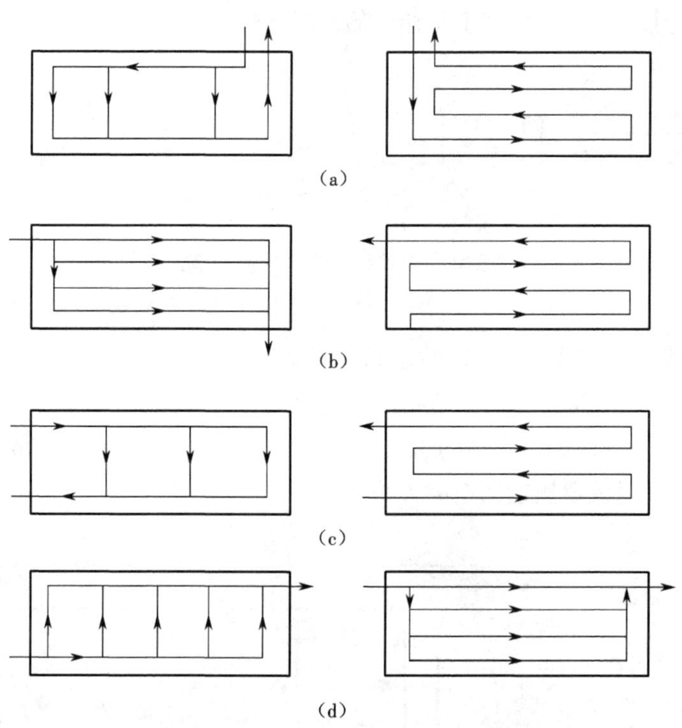

图 5-13 考虑出入口位置的设施内流动情况

（a）同一位置 （b）相邻边 （c）同一边两端 （d）相对边

在准时制设施设计中一个重要的问题是确定合适的收发站台数量和分散存储区面积及位置。这时，应当详细考虑收发站台数量与分散存储区面积及位置的每一种可能组合，以取得综合布置和搬运的不同方案，再考虑流动、时间、成本和质量的影响。

5.4 部门划分

5.4.1 部门划分概述

为简化物流、空间和作业关系，进行部门划分是很有必要的。在部门这一级别的设施规划过程中，我们不必过分关心企业本身，而要关心如何形成要规划设计的部门。部门划分可能依据生产、支持、管理和服务等职能，与这些职能相关的部门可分别称为生产型部门、辅助型部门、管理型部门和服务型部门。

设施布置过程中要确定各生产部门究竟包含哪些工作站，在确定企业组织机构时就要确定这些生产部门的组成。如果有些工作站的归属背离了企业的组织目标，企业就应当予以修改，以方便后面的布置。

一般的原则是将有“相似”功能的工作站归并在同一个生产型部门中，但这样做的困难是如何认定“相似”，相似可以是产品或零部件的相似，也可以是工艺的相似。

根据产品的产量和品种变化两者的不同，生产部门可以按产品、料位固定、产品族和工艺过程四种类型来划分，见图 5-14。按产品分类的生产型部门是将加工相似产品或零部件的工作站划在一起，例如将发动机缸体生产线作为一个部门，类似的还有飞机机身装配线部门和制服金属饰物生产部门等。按产品分类的生产型部门还可以按要生产产品的特征来进一步细分。

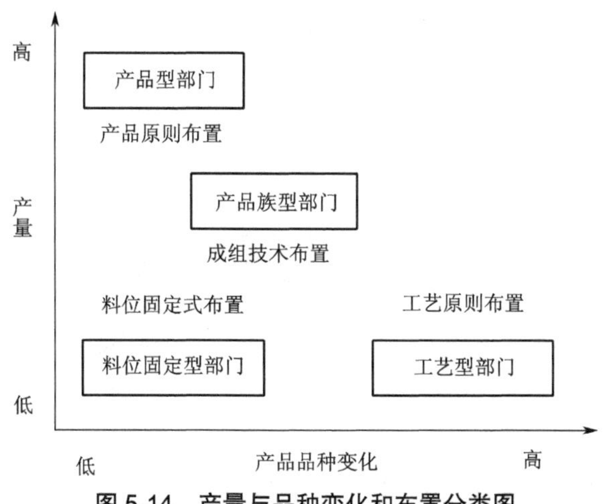

图 5-14　产量与品种变化和布置分类图

假设要生产像缸体这样的需求量大且稳定的标准产品，就要将生产该产品所需的所有工作站划分为一个部门，这就是产品型部门(Product Line Department)。

而对像飞机机身这样的需求量低且不稳定的、难以移动的产品，生产部门就要包括生产该产品的所有工作站和暂存区，这种类型的生产部门就称作料位固定型部门(Fixed Material Location Department)。

第三类产品部门是由中等数量的相似零部件且需求量中等的产品生产所涉及的工作站

组成，这些相似零件形成一个零件族，以成组技术原理可以在成组的工作站上生产，这些成组的工作站就形成产品族型部门（Product Family Department）。

而将有"相似"工艺的工作站组织在一起的部门划分方式就是工艺型部门（Process Department），例如金属切削部门、齿轮切削部门和铣齿部门。

工艺型部门划分的难题是对"相似"的理解。例如，对专门生产齿轮的设施，铣齿、齿轮成型和车削齿轮轴等工艺不算是相似的，应将它们划分为不同的部门。但是对生产变速箱的设施，同样的工艺则是分成2个而不是3个部门，即齿轮切削部门和车削部门，前者包括相似的铣齿和成型。再如家具厂，所有的金属加工都可划分到金属加工部门。因此，同是这三种工艺，却分别划分到1个、2个或3个部门。确定工作站的相似性，不仅要看工作站本身，而且要看工作站之间的相互关系，以及工作站与整体设施的关系。

大多数设施是以综合产品和工艺过程两种形式来划分部门的。例如，对一个工艺型部门生产大量互不相关的产品时，那么在此工艺型部门内的各个工作站可能要按产品型部门的方法来布置。例如，所有涂装作业分类集中起来时形成涂装工艺型部门。但是，该涂装部门的布置可以按产品型部门的布置原理由一条涂装生产线组成。相反，对产品型部门生产几种产量大的标准产品时，存在几个专门的工艺型工作区也不足为怪。

如何划分部门、确定加工工作站的归属是一项综合性的工作，应当采用系统的方法。要仔细研究每种产品和零部件，确定其所用工作站在部门划分时的最佳归属。表5-4总结出了部门划分和工作站归属的基本原则。

表5-4 部门划分和工作站归属的基本原则

产品特性	划分部门类型	工作站归属
标准化产品，需求量大而稳定	生产型部门、产品型部门	包括生产此产品的所有工作站
体量大、难以移动且为零星需求	料位固定型部门、产品型部门	生产此产品的所有工作站和产品暂存区
可归入相似零件族并可用工作站群来生产	产品族型部门、产品型部门	生产此产品族的所有工作站
以上皆不是	工艺型部门	将相同、相近工作站划分在一起

辅助型、管理型和服务型部门有办公室、存储区、质量控制、维修、现场管理、餐饮、厕卫等。一般来说，这些部门常按工艺型部门处理，因为它们都是将相似作业集中在一定区域内进行的。

采用现代制造技术的企业组织是将生产、支持、管理和服务型部门结合起来形成综合的连贯型部门。例如，生产某种零件族的专门制造单元内也包括相应的支持、管理和服务功能（即维修、质控、物料、工程、工具、采购、管理、自动售货机和厕卫等）。

许多公司对操作工人在大多数辅助、管理和服务职能上进行培训，使他们成为多面手，这样，操作工人（应当称为技工或准技工）加上设施协调人员就可以管理并运作制造单元，很少需要公司其他的支援。

从作业关系和流动与空间需求来看，有自我管理团队的设施与划分为生产、辅助、管理和服务等部门类型的传统设施有很大的不同，前者对物料、人员、工具和文档流动的需求减少了很多,空间面积需求也更少。

许多采用现代制造技术的公司都将设施转换为产品型与产品族型相结合的部门。单元式制造采取成组技术与准时制生产相结合的方式。

5.4.2 制造单元

产品族型部门按照相似的制造工艺或设计属性将产量与品种变化幅度为中等的零件归并为相应零件族,这样,制造零件族所需的机器设备就形成一个制造“单元”。

单元制造就是采用这种制造单元的生产方式。制造单元可以通过多种方法形成,最常见的方法就是将生产同一零件族的机器、人员、物料、工具和物料搬运及存储设备分组。单元制造在 20 世纪 90 年代后期非常流行,并常与准时制(JIT)、全面质量管理(TQM)、精益制造的概念和方法联系在一起。

制造单元的成功实现需要解决选择、设计、运作和控制等方面的问题。单元选择是指确定某一特定单元的机器和零件类型。单元设计是指设计符合生产和物料搬运要求的布置形式。单元运作则需要确定生产批量、时间进度安排、操作工人数量与类型和生产控制类型(推式还是拉式)等问题。单元控制指的是用于度量制造单元绩效的方法。

人们已经提出多种方法来解决制造单元的选择问题,最常用的方法有分类编码法、生产流程分析法、簇聚法、启发式方法和数学模型法。

在分类编码法中,分类是指按设计特性将零件或零件族分门别类;而编码是指对这些特性采用数字或符号来表示。

生产流程分析法是指通过分析零件或部件在工厂内加工的顺序和路线来划分零件族。

簇聚法也用于零件分组,以便按零件族来加工。它的具体做法是将零件作为行、机器作为列填入矩阵,然后按相似系数等条件来换位,最终使相似零件及对应加工机器聚集在一起。例如直接簇聚算法(DCA)就是将行、列交错移位,在左上角形成簇聚组。

设施规划人员很少考虑单元形成问题,这一问题通常是由制造工程师和生产计划人员共同来考虑的。单元形成、库存控制、需求预测、生产线平衡等一系列问题对设施规划都有重要意义,但很少纳入设施规划人员考虑的范围。因此这里有必要进行介绍。

因为单元制造的重要性越来越突出,应用也更广泛,而且它对设施布置有着显著的影响,所以通过下面的例子来详细介绍。为了便于说明问题,这里采用的方法是 Singh 和 Rajamani 提出的直接簇聚算法(DCA)。DCA 法采用一种机器 - 零件矩阵,其中矩阵元素为 1 表明某零件需要某机器加工;矩阵元素为空格表明零件不需要某机器加工。DCA 法的步骤如下。

第一步,将行、列排序。将机器 - 零件矩阵每行、列的 1 相加。各行以行总和递减的方式从上到下排列,各列以列总和递增的方式从左到右排列。如果行或列的总和相同,再以零件号或机器号递减方式排列。

第二步,列移动。从矩阵的第一行开始,将第一行有 1 值的各列移到矩阵左边。对下面各行重复上述过程,直到不能再移动。

第三步,行移动。从矩阵的最左列开始,如果有可能形成由 1 组成的集中块,就将行向上移动,对后面各列重复上述过程。(可以采用 Excel 等电子表格软件来进行此种行、列排序。)

第四步,形成单元。查看是否有单元形成,每个零件的所有加工都在该单元内进行。

【例 5-1】考虑图 5-15 所示的 6 个零件 5 种机器的机器-零件矩阵。如上所述,矩阵元素为 1 表明某零件需要某机器来加工。例如零件 1,需要机器 1 和 3 来加工。

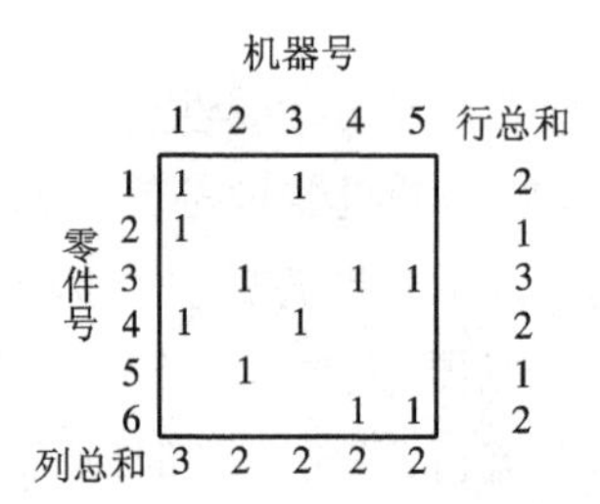

图 5-15 例 5-1 的机器-零件矩阵

采用直接簇聚法的第一步,各行按行总和的降序从上到下排列,总和相同的再按零件号降序排列,因此零件号排序是 3,6,4,1,5,2。同理,各列按列总和的降序排列,结果为 5,4,3,2,1。如图 5-16 所示。

第二步是将第一行有 1 的所有列向左移,在这里是移动零件 3 的所在列。因为机器 5 和 4 已经在矩阵的左边,所以只有机器 2 所在列可以移动,它与机器 3 交换后的结果如图 5-17 所示。

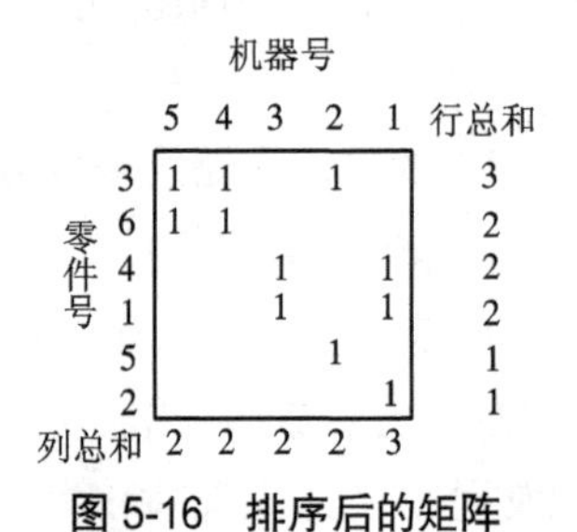

图 5-16 排序后的矩阵

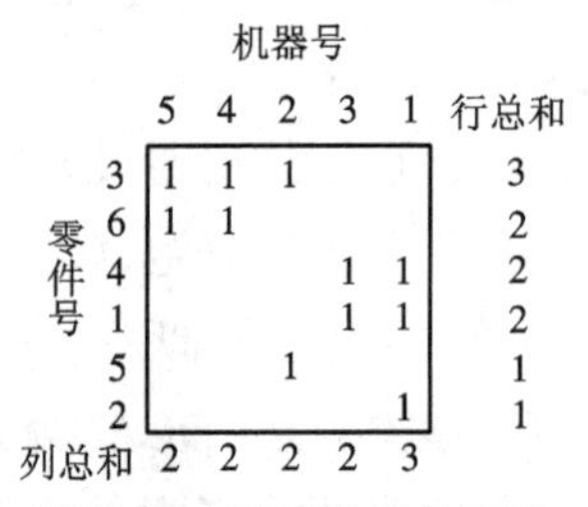

图 5-17 列调整后的矩阵

第三步是将第一列中有 1 的行尽可能往上移。因为对机器 5 和 4 的行不可能再移,要移动的行只有零件 5 的,它由机器 2 加工。移动后的结果如图 5-18 所示。

此时 5 台机器可以分为 2 个单元,如图 5-19 所示。零件 3、5 和 6 由机器 2、4 和 5 组成的单元加工,零件 1、2 和 4 由机器 1 和 3 组成的单元加工。遗憾的是,并不是所有情况下都可以形成没有冲突的单元,例如例 5-2。

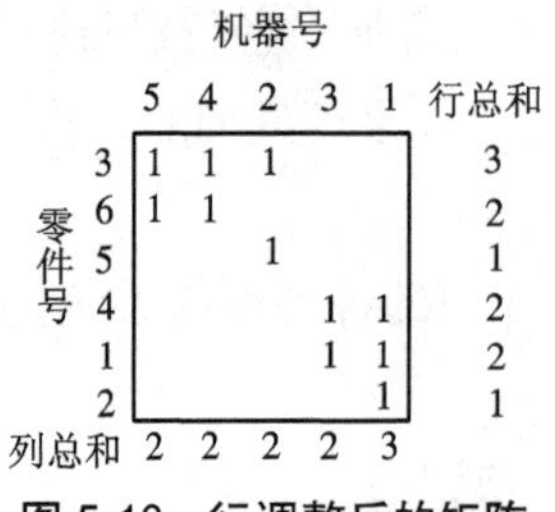

图 5-18 行调整后的矩阵

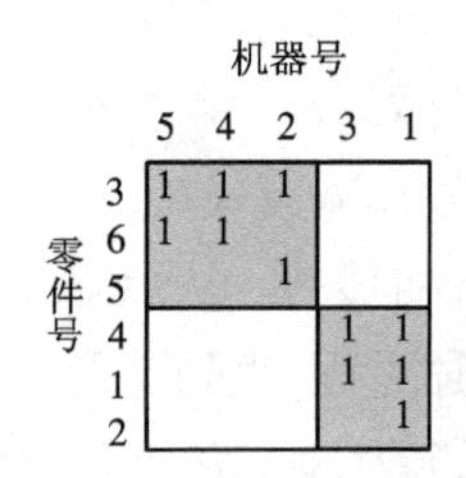

图 5-19 形成两个制造单元

【例 5-2】考虑如图 5-20 所示的机器 - 零件矩阵。采用 DCA 法得到排序后的机器 - 零件矩阵见图 5-21。注意，进行第二步和第三步对此也没有什么改善。而且零件 3 和 5 都需要机器 2，存在冲突。或者说，零件 5 既需要机器 2 又需要机器 3，存在冲突。如图 5-22（a）所形成的两个单元，机器 4 和 5 为一个单元，机器 1、2 和 3 为另一个单元。此时需要解决零件 3 在机器 2 上加工的问题。或者如图 5-22（b）所示，机器 2、4 和 5 形成一个单元，机器 1 和 3 形成另一个单元，此时需要解决零件 5 在机器 2 上加工的问题。最后如图 5-22（c）所示，采用了与图 5-22（b）一样的机器单元，但是零件 5 分配给机器 2、4 和 5 组成的单元，此时需要解决零件 5 在机器 3 上加工的问题。

仔细观察图 5-22（a），可以找到一种解决办法。如果机器 2 和 3 的位置相对靠近，虽然分属不同单元，但零件 5 可以置于两单元的边界处，方便由两机器加工。

图 5-20　例 5-2 的机器 - 零件矩阵　　**图 5-21　排序后的机器 - 零件矩阵**

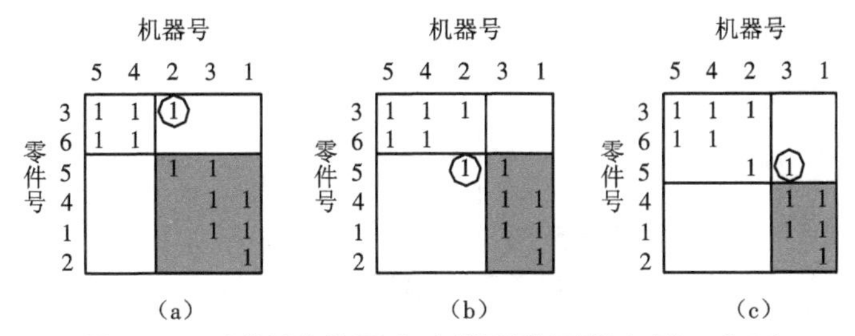

图 5-22　形成制造单元，但有“瓶颈”机器（机器 2 或 3）

（a）零件 3 在机器 2 上有生产瓶颈　（b）零件 5 在机器 2 上有生产瓶颈　（c）零件 5 在机器 3 上有生产瓶颈

另一种解决方法是采用两台机器 2，每一个单元里都放一个，如图 5-23（a）所示。同样，也可以用两台机器 3，每个单元一台，如图 5-23（b）所示。那么究竟是采用零件穿行于两个单元，还是多置一台机器取决于许多因素，不仅仅是该机器的总体利用率要翻番的问题。如果零件 3 和 5 的加工需求大，需要多台机器 2，那么单元形成的冲突就不再存在或降到最低。同理，零件 5 的加工量需要机器 3 满负荷工作，那么为零件 2 和 4 的加工提供另一台机器 3 就解决了冲突问题。

例 5-2 的情况指出了几种单元形成算法的一个弱点，即这些简单方法没有考虑机器利用率的问题，也没有考虑采用多台同种机器的情况。

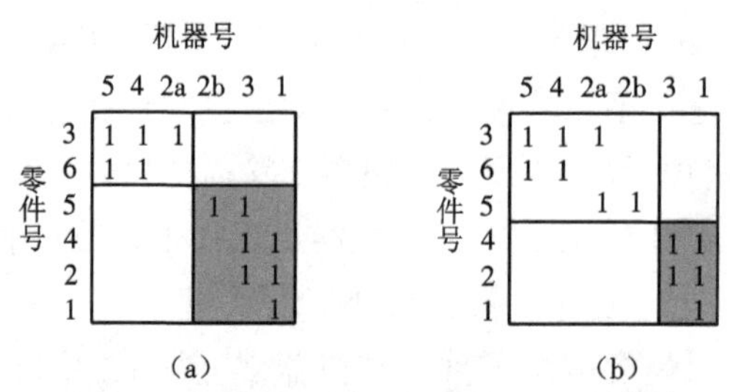

图 5-23　增加一台机器后形成的不同制造单元

(a)增加机器 2 (b)增加机器 3

【**例 5-3**】考虑如图 5-24 所示的涉及 13 个零件和 26 台机器的情况,采用 DCA 法得到的结果分别如图 5-25、图 5-26 和图 5-27 所示。与上例一样,它也不需要第三步,因为行移动不会改善单元的形成。从图 5-27(a)看,因为机器 1 和 3,只形成两个"纯"单元。但是,如果需要多台机器,则图 5-27(c)的情况是可行的,形成 3 个"纯"单元。和上例一样,还有一种方法就是形成如图 5-27(b)所示的单元并将机器 1 和 3 放在单元 A 和 B 的边界处,使得单元间的物料搬运工作量最少。

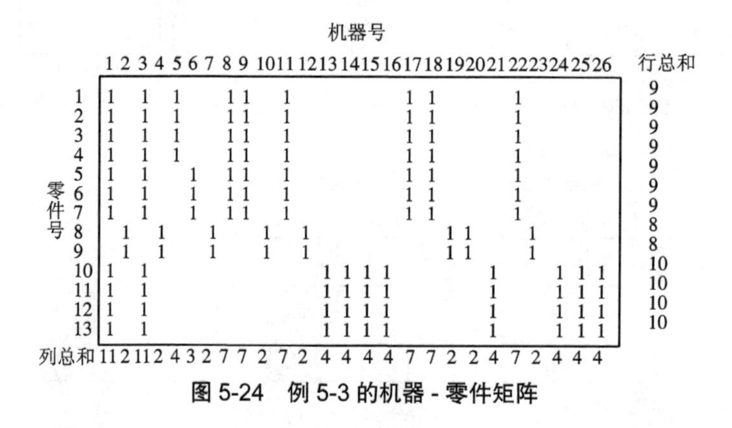

图 5-24　例 5-3 的机器 - 零件矩阵

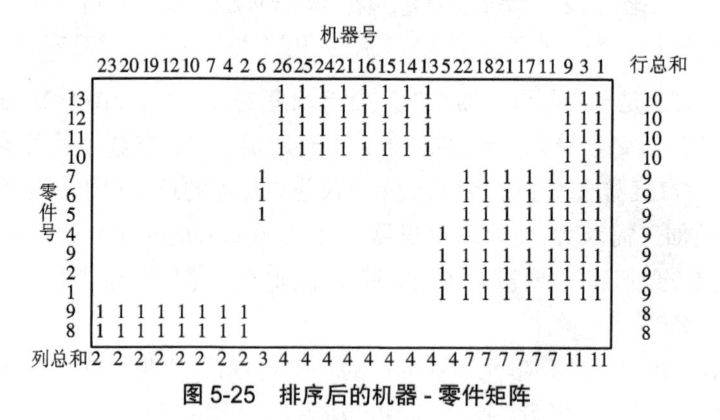

图 5-25　排序后的机器 - 零件矩阵

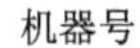

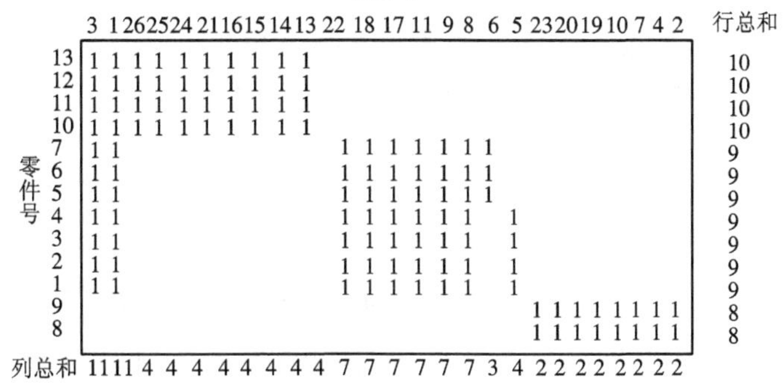

图 5-26　列调整后的机器 - 零件矩阵

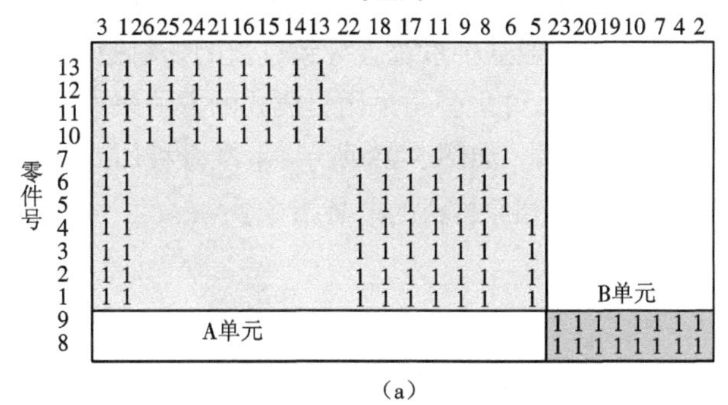

(a)

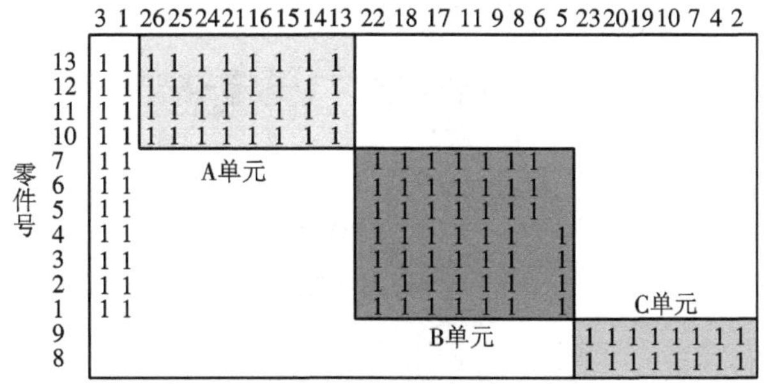

(b)

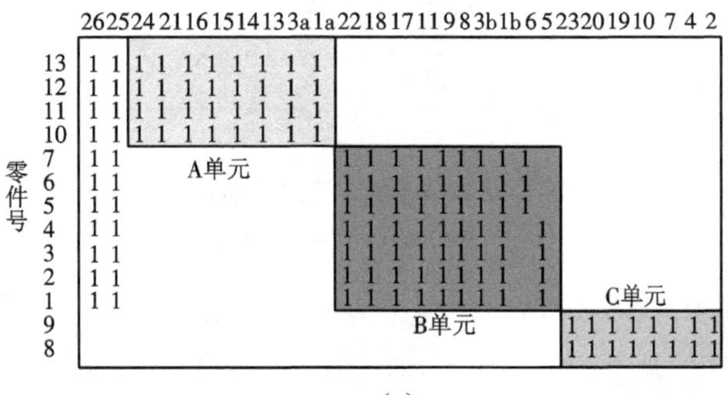

(c)

图 5-27　例 5-3 最终的解决方案

(a)以机器 1 和 3 为基准划分单元　(b)独立机器 1 和 3 另外划分单元　(c)有多个机器 1 和 3 时划分单元

按单元制造的专业术语，机器1和3被称为“瓶颈”机器，因为它们将两个单元绑在一起。当存在瓶颈时，如前所述，可以将“瓶颈”机器置于单元间的边界处，以减少零件从一个单元到邻近单元的不便之处。或者重新考察需要由“瓶颈”机器加工的零件，看看是否能由其他的方法代替。也许可以重新设计零件，以便采用其他机器来加工。最好重新设计该零件，使得它能由该单元内的机器进行加工。如果没有其他好的解决方法，还可以考虑将零件外协加工。

对那些都要在第一、二个单元内加工的零件，如果重新设计零件不能解决问题，将零件的一些加工外协也不能解决冲突，这时只能通过增加机器1和3的台数来解决问题。

单元形成后，就可以设计单元制造系统。单元制造系统有分离式和集成式两种。分离式单元制造系统完成零件加工后，采用单独的存储区来存储同类零件。不管另一个单元或部门何时需要加工这些零件，都要从存储区提取这些零件。因此，存储区作为一个分离器，使得不同单元或部门互相独立。但这种系统会导致过量的物料搬运且反应迟缓。

为消除这种效率低下的设计，许多公司采用集成式的方法来设计和布置单元制造系统，单元和部门之间通过看板相联系。如图5-28所示，生产看板（POK）用作零部件的生产指令，取货看板（WLK）用作零部件和原材料的取货指令。

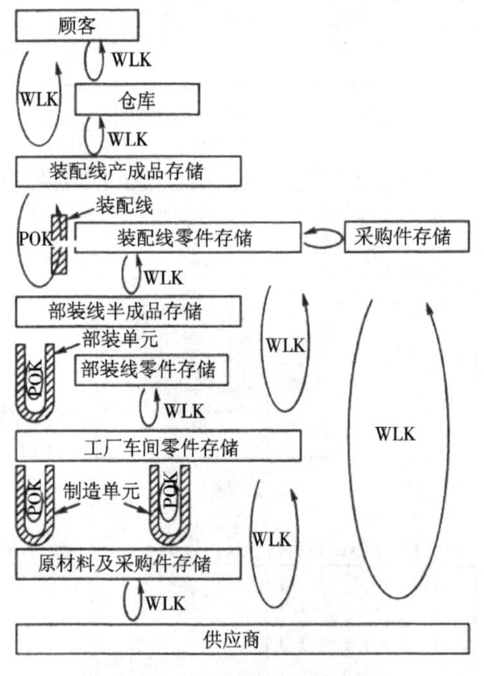

图5-28 集成的单元式制造系统

（POK—生产看板；WLK—取货看板）

要理解看板的概念，就需要理解开发它的动机。过去，当一个工作站完成它的一套工艺加工，就将完成的零件推到下一个工作站，而不管下一个工作站是否需要这些零件。这就是“推式”生产控制。如果前一个工作站的加工速度更快，那么零件会在后一个工作站前堆积起来，造成该工作站不堪重负。

为防止这种现象发生，要求前一个工作站只有在后一个工作站真正需要时才生产。这就是“拉式”生产，它的控制方式一般称为看板。看板是写在普通卡片上的信号，指挥前后工作站的生产。

单元制造系统设计的下一步工作是每一个单元的具体布置。图 5-29 显示了 HP 公司 Greely 柔性磁盘驱动器生产线。分部的一个装配单元布置 4。工作站采用 U 形安排显著提高了可视性，工人可以看到发生在单元内的任何情况。其中的任务安排板，使得所有的工人都知道该单元每天的生产需求。从工作站到工作站间的物料流动是通过看板指挥的。而且，只要一个工作站出现问题，就可以用红黄灯来停止生产。出现的问题会列表出现在“问题”显示屏上，以帮助工人查找问题的根源。

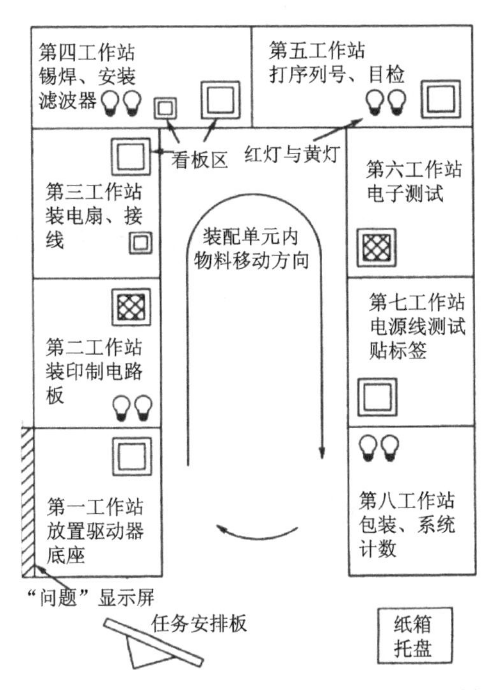

图 5-29 由 HP 公司 Greely 分部工人设计的磁盘驱动器装配单元

5.5 各类设施需求测算

5.5.1 设施容量规划

设施需求预测的分类如下。

（1）即期预测：涵盖期间通常少于一个月，适用于企业中低阶层管理单位。

（2）短期预测：涵盖期多为 1~3 个月，适用于以一个月到一个季节为基础的需求预测。

（3）中期预测：涵盖期通常为 1~2 年，适用于公司内部各种资源的分配。

（4）长期预测：涵盖期一般为 3 年以上，适用于企业高层的策略性计划基础，如厂址选择、工厂扩充、产品发展、资金规划等问题。

预测方法如下。

定性法:

(1)想象法;

(2)市场调研法;

(3)历史类比法;

(4)小组意见法;

(5)德尔菲法。

定量法:

(1)时间序列分析法(移动平均法、指数平滑法、趋势投射法等);

(2)因果分析法(回归分析法、投入产出模式);

(3)模拟法。

5.5.2 物料需求估算

物料需求计划 MRP:是利用主生产计划(MPS)、物料清单(BOM)与其他存货相关资料,经计算而得到各种物料零部件的需求变化,并提出各种新定购量或修正各种已开出定购量的技术。如图 5-30 所示。

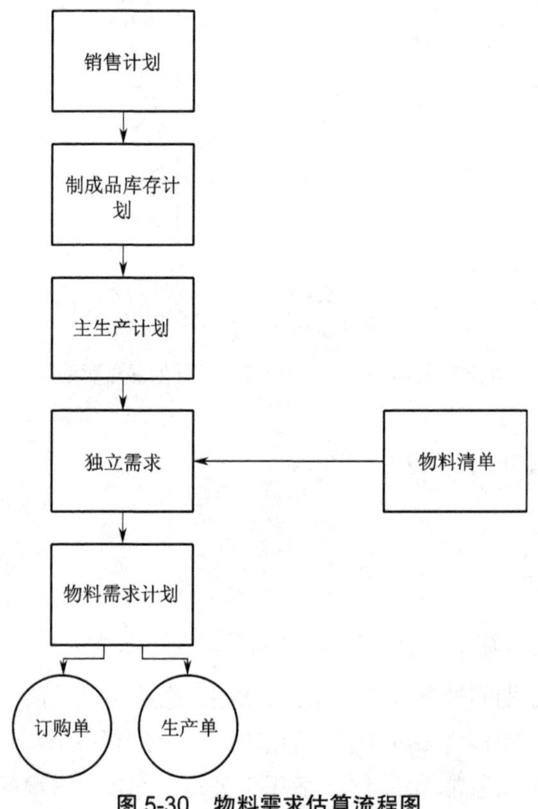

图 5-30 物料需求估算流程图

【例 5-4】已知一零件物料清单如图 5-31 所示,A、B、C、D、E 的库存分别为 10、15、5、

10、5，若欲生产 20 件 A 物料，则各物料需求计算如表 5-5 所示，即 A、B、C、D、E 的需求量分别为 10、5、35、35、75。

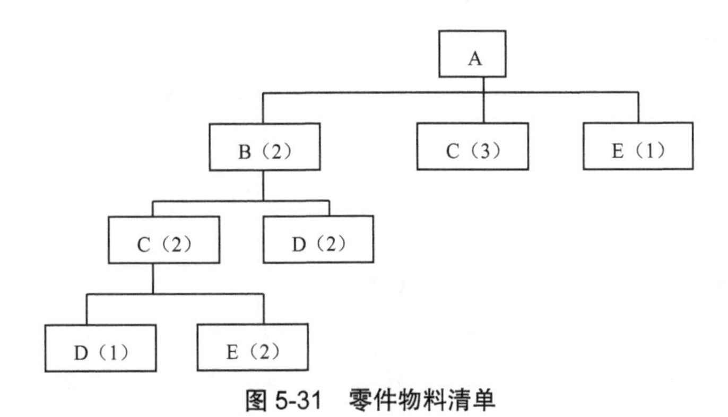

图 5-31　零件物料清单

表 5-5　物料值

品种	相依关系	物料需求
A	—	A=20-10=10
B	B=2A	B=2×10=20，20-15=5
C	C=3A+2B	C=3×10+2×5=40，40-5=35
D	D=2B+1C	D=2×5+1×35=45，45-10=35
E	E=1A+2C	E=1×10+2×35=80，80-5=75

5.5.3　容器需求

$$N=\frac{D\times T\times(1+X)}{C} \tag{5-1}$$

式中　N——容器数目；

D——零部件使用率，个 / 单位时间；

T——容器的平均生产周期时间；

X——容器使用效率因子；

C——标准容器容量。

注：D 和 T 必须使用相同的时间单位。

【例 5-5】若一容器完成生产周期的时间（包含移动、等待、取空、返回、填补）是 120 分钟，而一标准容器可储备 50 个零件，目前所使用的效率因子是 0.2，则适合于每小时使用 100 个零部件的容器数目为

$$N=\frac{100\times\frac{120}{60}\times(1+0.2)}{50}=4.8\approx 5$$

5.5.4 设备需求估算

决定设备所需数量的计算方法说明如下。

（1）（单位时间生产需求量）/（可利用的生产时数）= 每单位时间所需生产的合格数量。

（2）（每单位时间所需生产的合格数量）/[1-（废品率）]=100% 生产效率的单位时间生产总数。

（3）（100% 生产效率的单位时间生产总数）/（该设备的生产效率）= 该设备单位时间所需生产总数。

（4）（该设备单位时间所需生产总数）/（单位时间该设备的产量）= 该设备所需数量。

【例 5-6】假设油压控制器每年的生产量为 134 000，每年可利用的生产时间为 2 000 小时，由作业 1~5 的期望废品率分别为 4%、5%、2%、3% 及 2%，其系统生产效率为 90%，则操作作业 1 所需的设备数量计算说明如下，并整理如 5-6 表所示。

① 134 000/2 000=67 件

② 67/（1-4%）/（1-5%）/（1-2%）/（1-3%）/（1-2%）≈78.9 件

③ 78.9/90%≈87.7 件

④ 87.7/60=1.46 台（理论上所需的设备数量）。

重复上述计算，可求得如表 5-6 所示的设备需求数量。

表 5-6 设备数值

操作号码	机器功能	每小时机器产量	实际开始件数	废品率	所需合格件数	设备与人力基准	机器数量
1	机力车床	60.0	78.9	4	75.8	87.7	1.46
2	转塔车床	23.8	75.8	5	72.0	84.2	3.54
3	钻床	83.4	72.0	2	70.5	80.0	0.96
4	钻床	238.0	70.5	3	68.3	78.3	0.33
5	钻床	65.4	68.3	2	67.0	75.9	1.16
6	检测	55.5	67.0	0	67.0	74.5	1.34
7	除油	143.0	67.0	0	67.0	74.5	0.52

若是估算所得机器数为非整数，则加入下列考虑以决定机器需求数目，实际上，这些决策都建立在过去的经验与对工厂情况的详细了解方面。

在工作周期里人所能控制的比率为多少，是否能得到更高的效率及更低的废品率；是否能改变工作方式以降低标准作业时间；加班的成本是否低于增加机器设备的成本；一件机器的损坏是否妨碍整条生产线的生产。

如何增加机器数目以减轻负荷？如以 1 部机器做 1.25 部机器的工作较以 6 部机器做 6.42 部机器的工作困难。前者此部机器多负担 0.25 的工作，后者每部机器的超负荷为 0.42/6=0.07 的工作。

5.5.5 人员需求测算

人员需求估算得考虑要素：人员安全因素，如何预备安全的作业环境，制订必要的劳力需求量，为提高操作人员的流动率，减少人员需求量，管理者需研究消除多余的动作，以及取得的作业均衡。其他注意事项，如员工心理（喜欢单独工作或是多人工作）等。

人员需求量的确定：

$$\text{人员需求量}=\text{所需直接人工}\times\frac{1}{\text{直接率}}$$

$$=\frac{\text{标准工时}\times\text{每月生产量}}{\text{每日上班时数}\times\text{每月上班天数}}\times\frac{1}{\text{出勤率}}\times\frac{1}{\text{直接率}}$$

$$\text{出勤率}=\frac{\text{出勤工作人员}}{\text{所有工作人员}}$$

$$\text{直接率}=\frac{\text{直接人工}}{\text{直接人工}+\text{间接人工}}$$

$$\text{作业效率}=\frac{\text{标准工时}}{\text{实际工时}}$$

$$\text{经营效率}=\frac{\text{支薪工时}-\text{停工工时}}{\text{支薪工时}}$$

【例 5-7】某厂月产量 10 万打，每打标准工时 10 分钟，该厂每日工作 8 小时，每月工作 25 天，员工出勤率 90%，工厂直接人工占总员工的 70%，试问：该工厂需要多少人？

$$\text{需求人数}=\frac{100\,000\times10}{8\times60\times25\times0.9\times0.7}=132.27\approx133\text{人}$$

同上例，若知产品不合格率为 5%，作业效率为 80%，经营效率为 85% 的情况下，工厂员工所需人数为多少？

$$\text{需求人数}=\frac{100\,000\times10\div0.95}{8\times60\times25\times0.9\times0.7\times0.8\times0.85}=204.76\approx205\text{人}$$

思考与练习题

（1）什么是物流分析？物流分析的内容和方法有哪些？

（2）物流分析所得到的是定量的相互关系，非物流分析研究的是哪些内容？具有什么意义？

（3）物流流程分析的具体过程是怎么样的？

（4）设施布置设计的内容是什么？设施布局原则有哪几种？简述产品布置原则和工艺布置原则的区别。

（5）什么是工艺分析？

（6）某厂月产量 12 万打，每打标准工时 12 分钟，该厂每日工作 9 小时，每月工作 20 天，员工出勤率 85%，工厂直接人工占全体员工的 60%，试问：该工厂需要多少人？

（7）一家木材厂想从工艺原则布置转换到成组单元式布置，在各单元间安装传送带来传送零件，并限制单元间的移动。该厂的机器 - 零件矩阵如图 5-32 所示。请采用直接簇聚算法构造制造单元。如果有问题，提出可以解决问题的其他方法。

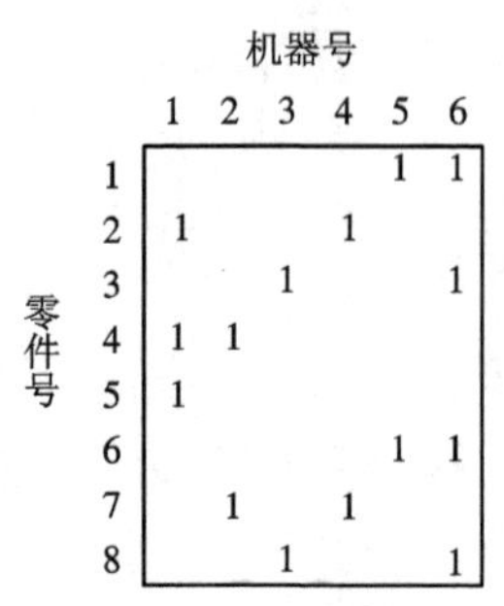

零件号 \ 机器号	1	2	3	4	5	6
1					1	1
2	1			1		
3			1			1
4	1	1				
5	1					
6					1	1
7		1		1		
8			1			1

图 5-32　机器 - 零件矩阵图

第6章　设施布置与设计

6.1　设施布置与设计概述

系统化设施布置方法(Systematic Layout Planning, SLP)是由美国的理查德•缪展(Richard Muther)于1961年提出的,针对设施布局设计的一套有条理的、对各种设施布置项目均适合的方法。自SLP诞生以来,设施规划设计人员不但把它应用于各种机械制造厂的设计中,而且还不断探索该方法在其他领域,如物流中心、仓库等物流设施和服务设施的应用前景。这一套对设施布置系统化的设计方法,对整个世界设施规划领域产生了深远的影响,也使得设施布置真正从定性设计阶段发展到定量设计阶段。

6.1.1　系统化设施布置

1. 设施布置的目标

在设施布置和规划中,一个设施系统是一个有机的整体,是由相互联系的子系统(或子设施)组成的。因此,布置和规划活动的目标就是使得被规划的设施系统能够高效且低成本的运作。具体地讲,设施布置的总目标是使人力、财力、物力和人流、物流、信息流得到最合理、最经济和最有效的配置与安排。从不同的角度考虑,设施布置(不论是新设施的规划还是旧设施的再规划)的典型目标有:①简化加工流程;②有效利用设备、空间、能源和人力资源;③最大限度地减少物料搬运;④缩短生产周期;⑤力求投资最低;⑥为职工提供方便、舒适和安全的工作环境。但是,在设施布置实践中,以上目标之间往往存在冲突,必须要用适当的指标对设施布置的结果进行综合评价,以实现总体目标最优。

2. 设施布置所需的数据

如前所述,一个良好的设施布置设计应当使得设施布置的总目标最优、物流量最小、搬运距离最短、工作效率最高、工作环境最舒适安全等。然而,良好的设施布置也必须立足于实际,必须符合实际情况,并具备较为完备和翔实的数据:①设施的形状尺寸;②有效的空间;③设施之间的相互关系(物流及非物流);④设施布置和布局中的受限和限制条件等。以工业设施为例,设施布置的基本数据分为如下几个方面。

1)流动模式

设施规划在开始时就要决定通过系统的原材料、零部件、在制品的总体流动模式。所谓总体流动模式就是指产品从原材料转换成半成品(制造阶段),再到成品(装配阶段)的自始至终的流动模式。如设施场地面积有限,那么从中选择流动模式的方案也有限,此时可以选用U形、S形、Z形等较为简单的流动模式。图6-1所示为一大型发动机工厂的流动模式,因受地面形状和面积的限制,故采用E形流动模式。此外,物料总体流动的模式还有很多,不管采用哪种模式,都必须充分考虑空间的利用和流动的效率。

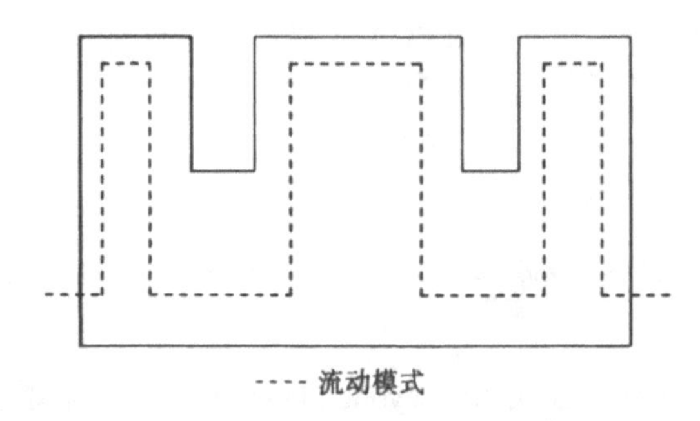

图 6-1 大型发动机工厂的流动模式

2)生产流程卡

生产流程卡记载了从收原材料开始到发货装运全过程的各阶段的操作。生产流程卡用标准的符号表示各种相应的操作,并包括每一操作的时间定额、加工批量以及物料、搬运方式。此卡还可以增加下列内容:操作人员、工作部门、所需物料搬运设备的类型和数量等。此卡可作为布置规划设计的基本依据,有时也称为布置规划卡。生产流程卡的主体即为零部件的工艺过程卡。我国企业目前尚未使用这类工艺文件,但是工艺过程卡已普遍使用,企业可在此基础上补充增加上述相关内容形成生产流程卡。

3)流动数据

要进一步讨论设施之间的关系就必须计量和分析设施之间人或物的流动数据,这些数据可以通过客观的计量或主观地评价获取。

(1)定性流动数据。对于一些中小型企业,尤其是小公司来说,要为布置设计生成所有需要的定量数据是困难的。原因有很多方面,如公司产品尚未系列化、信息尚未计算机化或没有人力去收集数据等。在这种情况下,设施设计人员必须想出可代替的办法,用定性数据代替定量数据。这就是 Muther 在 1973 年提出的主观性评价的作业单位关系图法,即非物流相互关系分析。但这不是说数据不重要,完备、详细和可靠的数据是设计完美的设施布置方案的基础。

(2)量化的流动数据。将流动数据进行量化可以说明每对设施相互影响的程度和范围。显然,一对有重要相互影响的设施比相互影响不大者应该靠得更近一些。当然,用相互影响作为处理设施相对位置的原则时,规划人员必须将设施对面积、形状和空间的要求记在心头。规划人员经常用到的量化的流动数据是运输行程频率(Frequency of Trips)。当设施间用物料搬运系统运送物料时,运输行程频率即物料搬运系统在一定时间内所作运输的行程数,通常可以用行程从至频率表或矩阵来表示。此外,在物流设施规划中就流动数据的计量还有两个重要的概念,即当量物流量和玛格数。

4)距离的计量

因为设施有不同的形状,通常用设施中心的距离来表示设施之间的距离,这是最简单的方法。然而,由于实际上受到有不合格测量人员、收集数据时间是否充裕、所用的物料搬运设备优劣性的影响而有相当的差别。例如，通过自动导引车（AGV）搬运物料，过道距离可能是合适的计量单位，而悬挂式垂直移动的物料搬运装置则以直线为计量标准，当然从一个设施装料点到另一个设施的卸料点计算距离更为准确。在实际工作中，距离有两种，一种是直线距离；另一种是折线距离，也叫城市距离（图 6-2）。

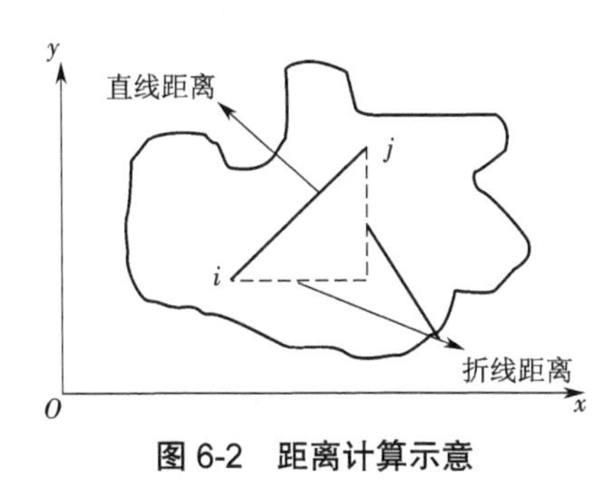

图 6-2 距离计算示意

（1）直线距离。直线距离是指平面上两点间的距离。平面上的两点（x_i, y_i）距离采用式（6-1）计算：

$$d_{ij}=\sqrt{(x_i-x_j)^2+(y_i-y_j)^2} \tag{6-1}$$

直线距离也就是欧几里得距离，通常适用于实际路线接近直线或者直线距离是可以接受近似值的场合，也有另外一些场合可以用直线距离乘以一个适当的系数来得出实际路线的近似距离。

（2）折线距离。折线距离采用式（6-2）计算：

$$d_{ij}=|x_i-x_j|+|y_i-y_j| \tag{6-2}$$

折线距离一般可用于在道路较规则的城市内或设施内进行布局设计及搬运路径设计。

6.1.2 系统化设施布置的阶段结构和分析模式

1. 系统化设施布置的阶段结构

理查德 • 缪瑟曾指出，设施布置“有一个与时间有关的阶段结构”（图 6-3），并且各阶段是依次进行的，阶段与阶段之间应互相搭接，每个阶段应有详细进度，阶段中自然形成若干个审核点。这种结构形成了从整体到局部、从全局到细节、从设想到实际的设计次序。即前一阶段工作在较高层次上进行，而后一阶段工作以前一阶段的工作成果为依，在较低层次上进行；各阶段之间相互影响，交叉并行进行。各阶段所处理的具体工作如表 6-1 所示。

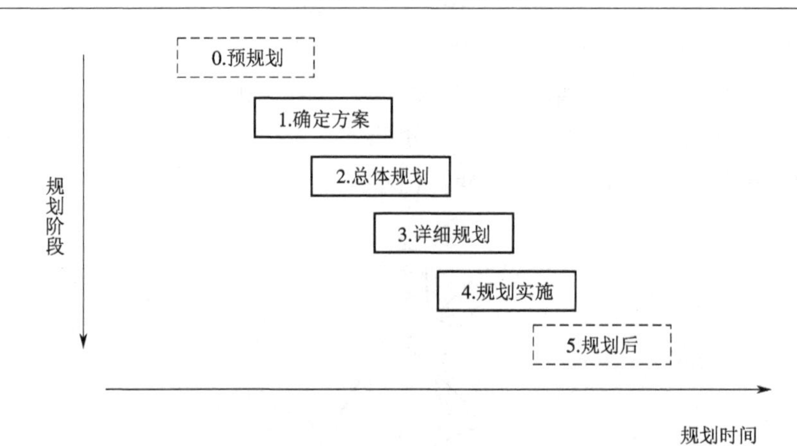

图 6-3 系统化设施布置的阶段结构

表 6-1 系统化设施布置的阶段结构

阶段	0	Ⅰ	Ⅱ	Ⅲ	Ⅳ	Ⅴ
名称	预规划	确定方案	总体规划	详细规划	规划实施	规划后
成果	确定目标	分析并确定位置及其外部条件	总体规划	详细规划	设施实施计划	竣工试运转
主要工作内容	制订设施要求预测、估算生产能力及需求量	确定设施要求、生产能力及需求量	按规划要求作总体规划及总布置图	按规划要求作详细规划及详细布置图	制订进度表或网络图	项目管理(施工、安装、试车及总结)
财务工作	财务平衡	财务再论证	财务总概算比较	财务详细概算	筹集资金	投资

2. 系统化设施布置的分析模式

系统化设施布置中,把产品 P、产量 Q、生产路线 R、辅助服务部门 S、时间 T 作为设施布置的基本要素(原始资料)和基本出发点。产品 P 是指待布置工厂将生产的商品、原材料或加工的零件、成品等。产品这一要素影响着生产系统的组成及其各作业单位间的相互关系、生产设备的类型、物料搬运方式等。产量 Q 是指所生产的产品的数量,也由生产纲领和产品设计提供,可用件数、质量、体积等来表示,同时这一要素影响着生产系统的规模、设备的数量、运输量、建筑物面积等。生产路线 R 是为了完成产品的加工必须制订加工工艺流程,形成生产路线,可用工艺过程表(卡)、工艺过程图、设备表等表示,它影响着各作业单位之间的关系、物料搬运路线、仓库及堆放地的位置等。辅助服务部门 S 是在实施系统布置工作以前,必须对生产系统的组成情况有一个总体的规划,可以大体上分为生产车间、职能管理部门、辅助生产部门,生活服务部门及仓储部门等。除生产车间以外的所有作业单位统称为辅助服务部门 S,包括工具、维修、动力、收货、发运、铁路专用路线、办公室、食堂等,这些作业单位构成生产系统的生产支持系统部分,在某种意义上加强了生产能力。时间 T 是指在什么时候,用多少时间生产出产品,包括各工序的操作时间、更换批量的次数等。工艺过程设计根据时间因素确定生产所需各类设备的数量、占地面积和操作人员数量。

设施布置主要是确定设施内部子设施的相对位置，它的合理与否对设施运作效率和成本的高低起着至关重要的作用。系统化设施布置（SLP）中，把 P、Q、R、S、T 作为基本要素，并以此为基础按照严密的程序和模式（图 6-4）进行分析并最终得到相对合理的设计和布局方案。

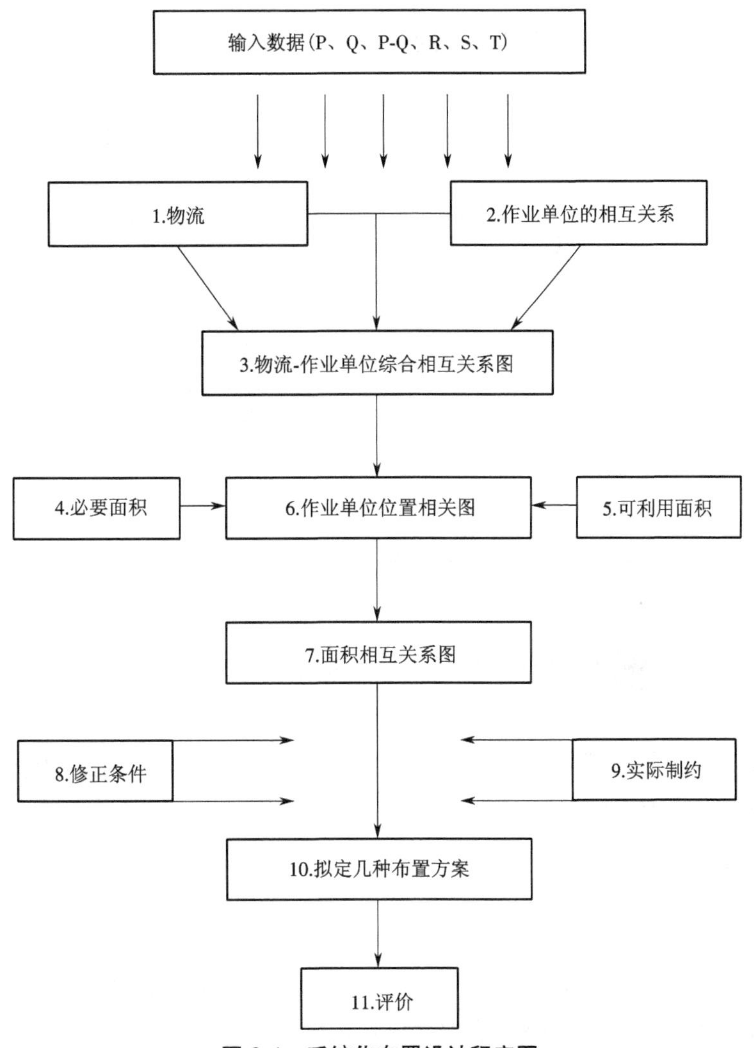

图 6-4　系统化布置设计程序图

6.1.3　系统化设施布置的图例符号

系统化设施布置采用一套多年来发展形成并在实际工作中广泛应用或有关专业学会规定的图例符号。这套图例符号用于记录、评定，既是节省时间的简写工具，又是同别人交流的手段；既可给规划人员提供统一的语言工具，又便于相关人员理解问题。这套图例符号包括以下两个部分。

1)流程和作业区类型图例符号

这类图例符号表示流程、功能、作业和作业区。其中,流程类型的图例符号采用美国机械工程学会(American Society of Mechanical Engineers, ASME)标准,颜色和图纹采用国际物料管理协会标准(表 3-3)。在设施布置设计的过程中,需要对流程、作业、功能或作业区进行描述或分析时,就用相应的图例符号去表示相应的功能或作业。

2)评级和评价类型图例符号

这类图例符号用于评定等级和优劣的评价,在系统化设施布置方法中用符号、系数值、图例和颜色规范表示(表 6-2)。其中,颜色标志采用国际物料管理协会审定的标准。

表 6-2 评级和评价类型图例符号

评价等级和评价尺度	符号	系数值	图例	颜色规范
绝对必要,近乎完美,特优	A	4		红
特别必要,特别好,优	E	3		橘黄
重要,获得重要效果,良	I	2		绿
一般,获得一般效果,中	O	1		蓝
不重要,获得不重要的结果,劣	U	0		不着色
不能接受,不令人满意,不希望	X	-1		棕
	XX	-2,-3,-4		黑

6.2 系统化设施布置设计方法(SLP)

系统化设施布置方法可划分为四个步骤:基本要素分析,作业单位相互关系分析,平面布局设计和设施布置方案评价择优。

6.2.1 基本要素分析

1. P-Q 分析

企业生产的产品品种的数量及每种产品的产量,决定了工厂的生产类型,进而影响着工厂设备的布置形式。如表 6-3 所示,表中列出了大量生产、成批生产及单件生产情况下的生产特点及设备布置类型。

产品品种的多少、产量的高低直接决定了设备布置的形式。因此,只有对产品(P)- 产量(Q)的关系进行深入分析,才能产生恰当的设备布置方式。但是,不同类型的产品、不同的行业其大小批量含义也有所不同,详见表 6-4 和表 6-5。

表 6-3　生产类型特点

项目		大量生产（流水线生产）	成批生产	单件生产
需求条件	品种	品种较少，产品的品种、规格一般由企业自己决定	品种较多，产品品种、规格由企业或用户决定	品种较多，产品品种、规格多由用户决定，产品功能有某些特殊要求
	质量	质量变动小，要求有互换性	要求质量稳定，但每批质量可以改进	每种产品都要求有自己的规格和质量标准
	产量	产量大，可以根据国家计划或市场需求预测，预先确定销售（出产）量	产量较小，可以分批轮番生产，可以根据市场预测和订货确定出产量	产量小，由顾客订货时确定产量
技术特点	设备	多采用专用设备	部分采用专用设备	采用通用设备
	工艺装备	专用工艺装备	部分专用工艺装备	通用工艺装备
	工序能力	通过更换程序能够生产多种规格产品，各工序能力要平衡	通过更换程序，能够生产许多品种，主要工序能力要平衡	通过更换程序，能够生产许多品种，各工序能力不需要平衡
	运输	使用传送带	使用卡车、吊车	使用吊车、手推车
	零件互换性	互换选配	部分钳工修配	钳工修配
	标准化	原材料、零件工序和操作要求标准化	对规格化，通用化零件要求标准化	对规格化、通用化零件要求标准化
生产管理特点	设备布置	产品原则（对象原则）	混合原则（成组原则）	工艺原则
	劳动分工	分工较细	一定分工	粗略分工
	工人技术水平	专业操作	专业操作多工序	多面手
	计划安排	精确	比较细致	粗略，临时派工
	库存	用库存成品调节产量	用在制品调节生产	用库存原材料、零部件调节生产
	维修、保养	采用强制的或预防修理保养制度	采用预防修理保养制度	关键设备采用计划维修制，一般设备可采用事故维修
	生产周期	短	较短	长
	劳动生产率	高	较高	低
	成本	低	中	高
	生产适应性	差	较差	强

表 6-4　零部件轻重型划分　kg

产品类型	零件质量		
	轻型零件	中型零件	重型零件
电子工业	<4	4~30	>30
机床	<15	15~50	>50
重型机械	<100	100~200	>200

表 6-5 批量划分标准

<table>
<tr><td rowspan="3">产品类型</td><td colspan="5">年产量 / 件</td></tr>
<tr><td rowspan="2">大量生产</td><td colspan="3">成批生产</td><td rowspan="2">单件生产</td></tr>
<tr><td>大批</td><td>中批</td><td>小批</td></tr>
<tr><td>重型零件</td><td>>1 000</td><td>300~1000</td><td>100~300</td><td>5~100</td><td><5</td></tr>
<tr><td>中型零件</td><td>>5 000</td><td>500~5 000</td><td>200~500</td><td>10~200</td><td><10</td></tr>
<tr><td>轻型零件</td><td>>50 000</td><td>5 000~50 000</td><td>500~5 000</td><td>100~500</td><td><100</td></tr>
</table>

随着社会的进步,消费需求正向着多样化发展。因而,工厂的生产类型也趋向多品种、中小批量方向发展,只生产单一品种产品的工厂不再具有竞争力。对于一个工厂来说,不同产品的生产也是不均衡的,往往 30% 的产品品种占了 70% 的产量,而 30% 的产量却分散在 70% 的产品品种中。准确地把握产品 - 产量(P-Q)的关系是工厂布置的基础。

一般来讲, P-Q 分析分为三个步骤,即:①将各种产品、材料或有关生产项目分组归类;②统计或计算每一组或类的产品的数量;③绘制 P-Q 图(图 6-5),并进行分析。需要说明的是,产量的计算单位应该反映出生产过程的重复性,如件数、质量或体积等。

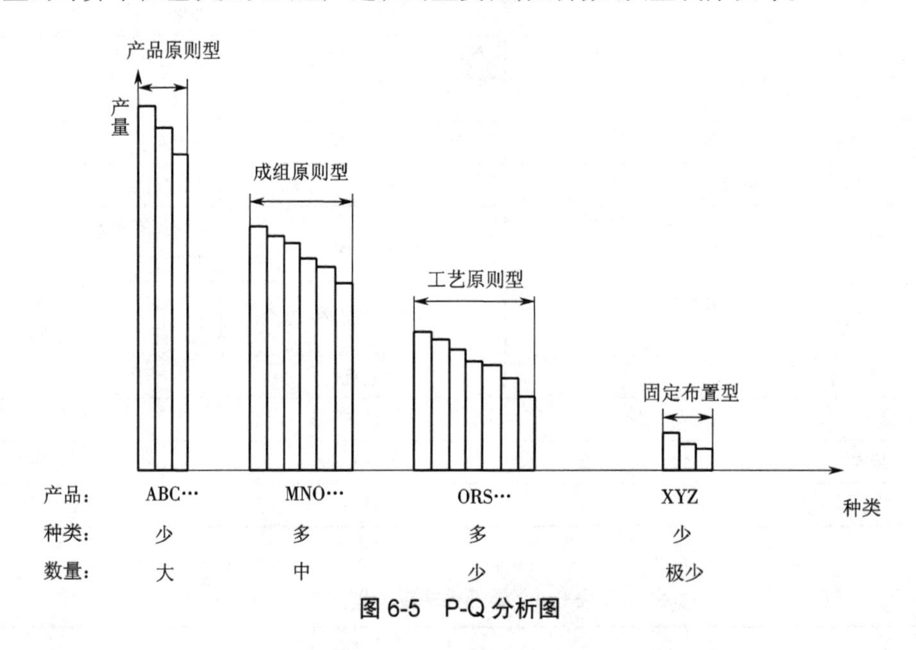

图 6-5 P-Q 分析图

2. R 分析

如前所述,不同的生产类型应采取不同的设备布置形式:对于大量生产,多采用专用设备及专用工艺装备,按工艺过程顺序排列设备,形成高效的流水生产线;对于单件小批量生产,设备按其类型及功能集中布置,以获得较好的适应性,工厂生产车间的划分也是在此基础上实现的;对于成批生产,特别是按成组方式组织生产的情况,设备布置相当复杂,与产品生产工艺过程——零部件加工、装配工艺过程密切相关。此外,工厂生产的产品在多数情况下,都是经网络状的多条工艺制造出来的,各工艺往往互不相干,因此常由不同的生产车间来完成。也就是说，工艺过程决定了生产车间的划分状况，其他辅助服务部门的设置也大多受生产工艺过程的影响。

产品的工艺过程是由产品的组成、零件的形状与加工精度要求、装配要求、现有加工设备与加工方法等因素决定的，只有深入了解产品组成和各部分加工要求，才能制订出切实可行的加工工艺过程。

1）产品组成分析

在机械制造业中，产品大多是机器设备，这样的产品组成是很复杂的，一般一个产品由多个零部件构成，因此产品生产的工艺过程也因其组成的不同而千变万化。

对于每一种产品，都应由产品装配图出发，按加工、装配过程的相反顺序，对产品进行分解。完整的产品可以按其功能结构分解成数个部件（或组件），每个部（组）件又由多个零件组成。有些零件可能需要自制，而另一些零件甚至部件可能直接外购，只有需要的零部件才需要编制加工、装配工艺过程。

2）工艺过程分析或设计

产品的工艺过程与产品的类型密切相关，不同的产品其工艺过程存在着极大的差别。因此，工艺过程的设计需要由专业技术人员来完成。

制订出工艺过程后，须填写工艺路线卡，其中要注明每道工序的名称、设备、标准作业时间及计算产量等。

3）设备选择

在制订工艺过程时，必须选择加工设备。设备的类型及功能对工艺过程有很大影响，如加工中心可以将分散在多台通用机床上的加工工序集中在一起，大大简化工艺过程。设备选择是建厂工作中极其重要的一个组成部分，而且设备又是企业的一项长期投资，受到企业的普遍重视。设备选择一般应考虑以下因素。

（1）可行性。所选择的设备必须满足生产需要。根据工艺过程设计要确定工厂所需设备的加工范围、加工精度等级及生产能力要求，这些都是设备选择的基本要求。在满足这些基本要求的前提下，适当考虑生产发展的需要选定设备型号及规格。

（2）经济性。在满足生产需要的前提下，经济性是设备选择的一个重要因素，应在适当考虑技术发展趋势下，以较低资金投入，购买一定性能的设备，以减少设备投资。

（3）可维护性。企业使用的设备具有较低的故障率，一旦出了故障，应能尽快发现故障原因，并进行维修。另外，设备的生产厂家应能提供完善的技术服务。

设备类型确定后，应按式（6-3）计算所需设备数量，即

$$\text{设备数量}=\frac{\text{计划产量}}{\text{负荷率}\times\text{成品率}\times(1-\text{故障率})\times\dfrac{\text{工作时间}}{\text{单件工时}}} \tag{6-3}$$

式中，计划产量为计划周期内计划产量，如（件 / 班）或（件 / 日）等；单件工时为设备生产一件工件所需时间；工作时间是计划周期内开机时间。考虑负荷率、成品率及故障率后计算出所需设备数量，将所有采用同一设备写成的工序所需设备数量累加后，得出实际所需设备数量。

3. 作业单位的划分

任何一个企业都是由多个生产车间、仓储部门、辅助服务部门和职能管理部门组成的，通常企业的各级组成统称作业单位。每一个作业单位又可以细分成更小一级的作业单位，如生产车间可细分成数个工段，每个工段又由多个加工中心或生产单元构成，那么生产单元就是更小一级的作业单位。在进行工厂总平面布置时，作业单位是指车间、科室一级的部门。

1）生产车间

生产车间也称生产部门，直接承担着企业的加工、装配生产任务，是将原材料转化为产品的部门。生产车间是企业的基本组成部分。

采用 SLP 法进行工厂总平面布置，需要估算出每个作业单位的占地面积。对于生产车间来说，明确了工艺过程后，要考虑各项因素并估算出其占地面积。

2）仓储部门

仓储部门包括原材料仓库、标准件与外购件库、半成品中间仓库及成品库等，是企业生产连续进行的保证。

3）辅助服务部门

辅助服务部门一般可分为辅助生产部门（如工具、机修车间）、生活服务部门（如食堂）及其他服务部门（如车库、传达室等）。

4）职能管理部门

职能管理部门包括技术、质检、人事、供销等部门，负责生产协调与控制工作。对于大、中型企业来说，职能管理机构通常是非常庞大的。在工厂布置设计过程中，必须给各职能管理部门的办公室安排出合理的占地面积，一般考虑办公室人员多少，办公用具，如写字台、文件柜等因素，估算出办公室占地面积。

工厂的办公室一般都集中安排在同一个多层办公楼内，这样有利于减小占地面积且方便人员联系。

6.2.2 作业单位相互关系分析

作业单位相互关系分析是 SLP 将 PQRST 各种要素综合后转变成平面布局的重要技术。物流状况是设施布局的重要依据，尤其是对制造型企业来讲。当然，非物流因素的影响也不能忽视，尤其是在物流对生产或企业运作影响不大或没有固定物流时。因此，在设施布置的过程中，既要分析作业单位的物流相互关系又要分析非物流相互关系。

1. 物流关系分析

据资料统计分析，产品制造费用的 20%~50% 是在物料搬运过程中消耗的，而物料搬运工作量直接与工厂布置情况有关，有效的布置大约能减少 30% 的搬运费用。工厂布置的优劣不仅直接影响整个生产系统的运转，而且通过对物料搬运成本的影响，成为决定产品生产成本的关键因素之一。

1)分析物流路径统计物流量

(1)工艺过程图。在大批量生产中,产品品种很少,用标准符号绘制的工艺流程图直观地反映出工厂生产的详细情况,此时,只要在工艺过程图上注明各道工序之间的物流量,就可以清楚地表现出工厂生产过程中的物料搬运情况。另外,对于某些规模较小的工厂,不论产量如何,只要产品比较单一,都可以用工艺过程图进行物流分析。

为了表示物料移动过程中各工序间相互关系及物流量,应按照图 6-6 所示图例绘制工艺流程图。

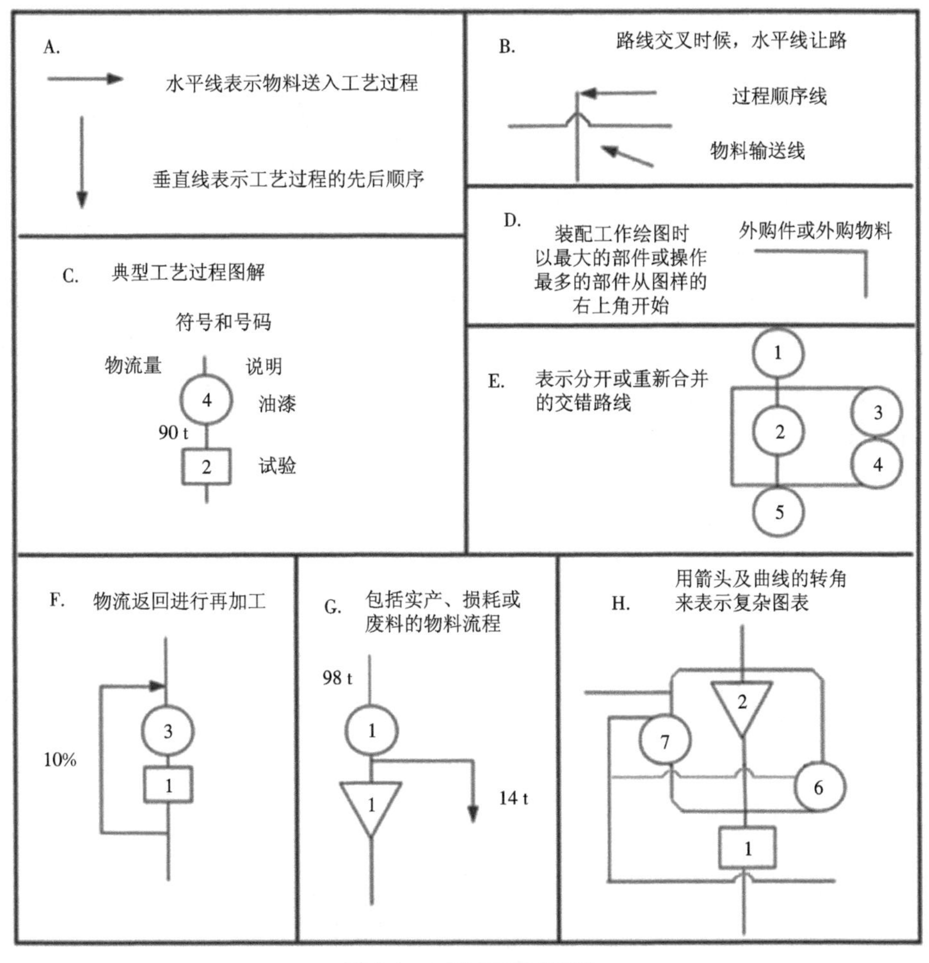

图 6-6　工艺流程图图例

绘制工艺流程图时,首先要将作业单位用标准符号表示,并给予编号。以下以某电瓶叉车厂为例进行分析,该厂作业单位情况见表 6-6。例如,在变速箱的加工与组装中,变速器由箱体、轴类零件及其他杂件和标准件组成。变速器的制作工艺过程分为零件制作、组装两个阶段。轴类及齿轮类零件经过备料、退火、粗加工、热处理、精加工等工序;箱体毛坯由协作厂制作,经机加工车间加工后送变速器组装车间;杂件的制作经备料、机加工两个阶段。整个变速器成品重 0.31 t,其中标准件重 0.01 t,箱体、齿轮、轴及杂件总重 0.30 t,加工过程中金属利用率为60%，即毛坯总重为0.30/0.60=0.50 t。其中，需经退火处理的毛坯质量为0.20 t，机加工中需返回热处理车间再进行热处理的质量为0.1 t，整个机加工过程中金属切削率为40%，则产生的铁屑等废料重0.50 × 0.40=0.20 t。其工艺过程图如图6-7所示。

表6-6 电瓶叉车厂作业单位情况

序号	作业单位名称	用途	序号	作业单位名称	用途
1	原材料库	存储原材料	8	总装车间	总装
2	油料库	存储油漆、油料	9	工具车间	随车工具箱制造
3	标准、外购件库	存储标准件、半成品	10	油漆车间	车身喷漆
4	机加工车间	零件的切削加工	11	试车车间	试车
5	热处理车间	零件热处理	12	成品	存储叉车产成品
6	焊接车间	车身焊接	13	办公、服务楼	办公室、生活服务
7	变速器车间	变速器组装	14	车库	车库、停车场

用上述方法对每一个零部件的加工过程进行工艺流程图的绘制，绘制完毕以后将所有零部件的加工工艺过程合并到总装或组装成品的工艺过程中，对于电瓶叉车的例子，最终可以得到如图6-8所示的总体工艺过程图。根据总体工艺过程图，我们可以对每一个作业单位之间的物流量进行统计，如作业单位2和作业单位11之间的年物流量为0.06 t × 年产量。

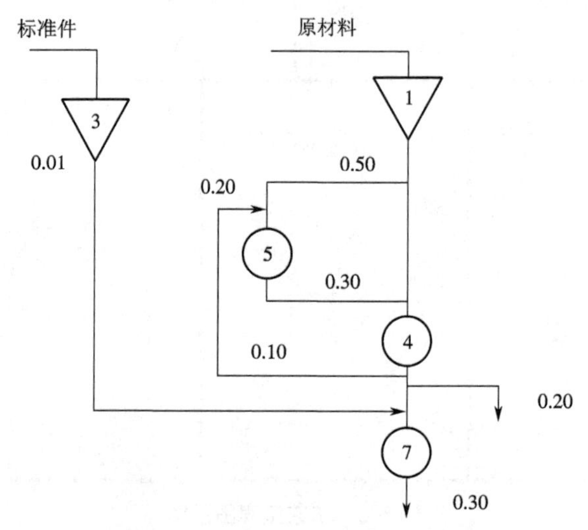

图6-7 变速器工艺流程图(单位:t)

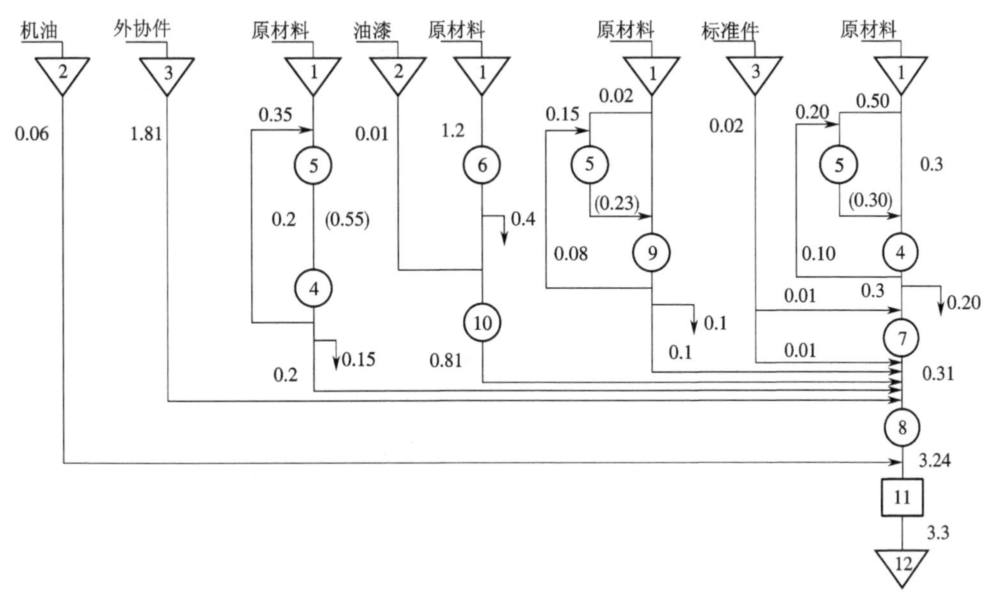

图 6-8　叉车厂工艺流程图(单位:t)

(2)多种产品工艺过程表。在多品种且批量较大的情况下,如产品品种为 10 种左右,将各产品的生产工艺流程汇总在一张表上,就形成了多种产品工艺过程表。在这张表上将各产品工艺路线并列绘出,可以反映出各个产品的物流途径,其形态如表 3-6 所示。

(3)从至表。当产品品种很多、产量很小,且零件、物料数量又很大时,可以用一张方格表来表示各作业单位之间的物料移动方向和物流量。表中,方格的列表示物料移动的源,称为从;行表示物料移动的目的地,称为至;行列交叉点标明由源到目的地的物流量,这就是表 3-5 中凸轮的从至表(表 6-7),从中可以看出各作业单位之间的物流状况。当物料沿着作业单位排列顺序正向移动时,即没有倒流物流时,从至表中只有上三角方阵有数据,这是一种理想状态。当存在物流倒流现象时,倒流物流量出现在从至表中的下三角方阵中,此时,从至表中任何两个作业单位之间的总物流量(物流强度)等于正向物流量与逆向(倒流)物流量之和。

表 6-7　某厂从至表

从＼至	锯床	钻床	车床	卧铣	立铣	热处理	外圆磨	内圆磨	检验
锯床									
钻床									
车床	150								
卧铣									
立铣			150						
热处理					150				
外圆磨								150	

续表

从＼至	锯床	钻床	车床	卧铣	立铣	热处理	外圆磨	内圆磨	检验
内圆磨						150			
检验							150		

2）物流强度汇总和分析

（1）物流强度汇总。对上述工艺流程图或从至表进行分析汇总，将各物流路线物流量进行汇总计算。对于前述电瓶叉车厂的实例可以得到如表6-8所示物流强度汇总表。

表6-8 物流强度汇总表

序号	作业单位对（物流路线）	物流强度	序号	作业单位对（物流路线）	物流强度
1	1-4	0.3	10	6-7	0.3
2	1-5	0.7	11	6-8	0.2
3	1-6	1.2	12	5-9	0.31
4	1-9	0.05	13	6-10	0.8
5	2-10	0.01	14	7-8	0.31
6	2-11	0.06	15	8-9	0.1
7	3-7	0.01	16	8-10	0.81
8	3-8	1.82	17	8-11	3.24
9	6-5	1.15	18	11-12	3.3

（2）物流强度等级划分的标准。由于直接分析大量物流数据比较困难，而且也没有必要，SLP中将物流强度用A、E、I、O、U五个等级表示，其物流强度逐渐减小，对应着超高物流强度、特高物流强度、较大物流强度、一般物流强度和可忽略物流强度。作业单位对应物流路线的物流等级，应按照物流路线的比例或承担的物流量的比例来确定，可参考表6-9。

表6-9 物流强度等级划分表

物流强度等级	符号	系数值	图例	颜色规范	物流路线比例/%	承担物流量比例/%
超高物流强度	A	4	≣	红	10	40
特高物流强度	E	3	≡	橘黄	20	30
较大物流强度	I	2	=	绿	30	20
一般物流强度	O	1	—	蓝	40	10
可忽略物流强度	U	0				

（3）物流强度分析。将各物流线路按照物流强度的大小从大到小排序（注意要用统一的计量单位），用标度尺来表达物流量，用线段的长度来表示物流量的大小，并参考表 6-9 标准对物流强度等级进行划分，可得到物流强度分析图，如图 6-9 所示。

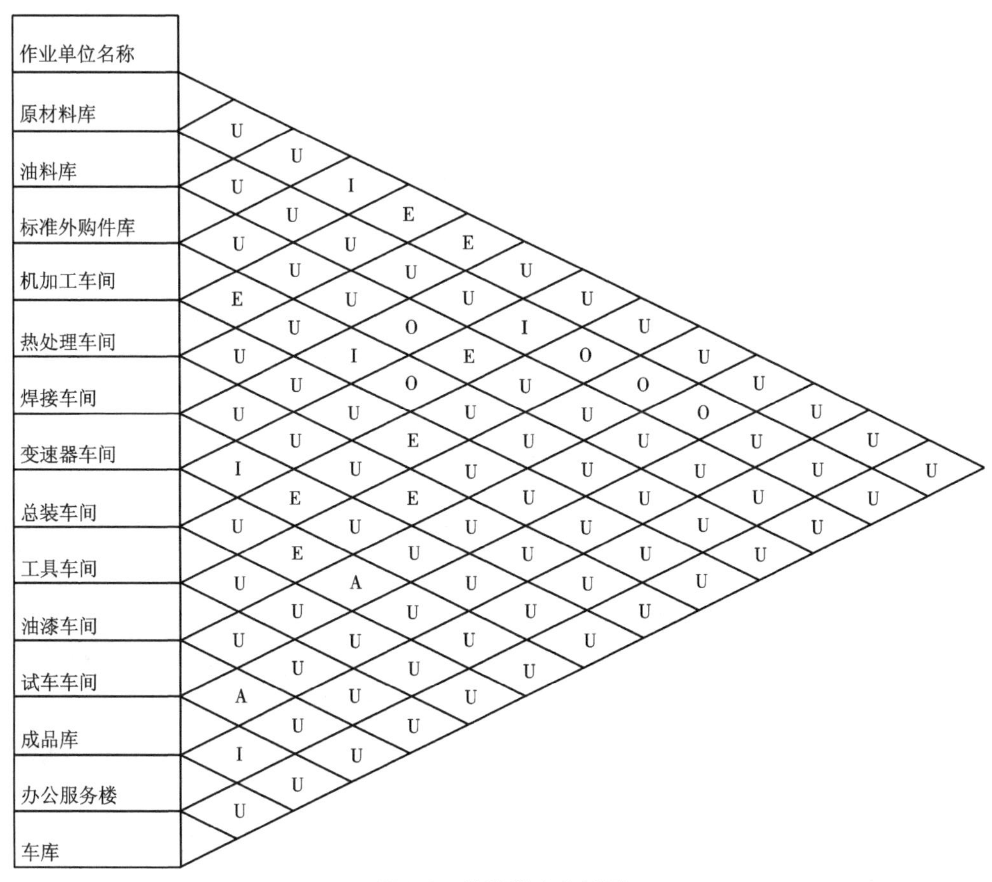

图 6-9　物流强度分析图

（4）绘制物流相关表。为了能够简单明了地表示所有作业单位之间的物流相互关系，SLP 用相关表作为表达工具，针对前述电瓶叉车厂的例子，将相应作业单位对之间的物流关系填入相应的位置，可以得到物流相关表（表 6-10）。

表 6-10 电瓶叉车厂作业单位物流相关

序号	作业单位对(物流路线)	物流强度	物流强度等级
1	11-12		A
2	8-11		A
3	3-8		E
4	1-6		E
5	4-5		E
6	8-10		E
7	6-10		E
8	1-5		E
9	5-9		I
10	7-8		I
11	1-4		I
12	4-7		I
13	4-8		O
14	8-9		O
15	2-11		O
16	1-9		O
17	2-19		O
18	3-7		O

2. 作业单位非物流关系分析

当物流状况对企业的生产有重要的影响时,物流分析就是工厂布置的重要依据。但是,非物流因素的影响也不能忽视,尤其是当物流对生产影响不大或没有固定的物流时,如办公室等服务设施,设施的布局就不能依赖物流分析,而应当考虑其他因素对各作业单位的影响。

在 SLP 中,产品 P、产量 Q、工艺过程 R、辅助服务部门 S 及时间安排 T 是影响工厂布置的基本要素;P、Q 和 R 是物流分析的基础;P、Q 和 S 则是作业单位相互关系分析的基础。同时,T 对物流分析与作业单位相互关系分析都有影响。

作业单位间相互关系的影响因素与企业的性质有很大关系,不同的企业,作业单位的设置是不一样的,作业单位间的相互关系的影响因素也是不一样的。作业单位间相互关系密切程度的典型影响因素,一般可以考虑:①物流;②工作流程;③作业性质相似;④使用相同的设备;⑤使用同一场地;⑥使用相同的文件档案;⑦使用相同的公用设施;⑧使用同一组人员;⑨工作联系频繁程度;⑩监督和管理方便;⑪噪声、振动、烟尘、易燃易爆危险品的影响;⑫服务的频繁和紧急程度等方面。

据 R.Muther 在 SLP 中建议,每个项目中重点考虑的因素不应超过 8~10 个。

确定了作业单位相互关系密切程度的影响因素以后,就可以给出各作业单位间关系密切程度等级,在 SLP 中作业单位间相互关系密切程度等级划分为 A、E、I、O、U、X,其含义及参考比例参见表 6-11 和表 6-12。

表 6-11　基准相互关系

等级	一对作业单位	密切程度的理由
A	钢材库和剪切区域最后检查与包装清理和油漆	搬运物料的数量,类似的搬运问题; 损坏没有包装的物品,包装完毕以前检查单不明确; 使用相同人员、公用设施、管理方式、形式相同的建筑物
E	接待和参观者停车处金属精加工与焊接维修和部件装配	方便、安全; 搬运物料的数量和形状; 服务的频繁和紧急程度
I	剪切区和冲压机部件装配与总装配保管室和财会部门	搬运物料的数量; 搬运物料的体积,共用相同的人员; 报表运送,安全、方便
O	维修和接收; 废品回收和工具室; 收发室和厂办公室	产品的运送共用相同的设备,联系频繁程度
U	维修和自助食堂焊接与外购件仓库技术部门和发运	辅助服务不重要; 接触不多; 不常联系
X	焊接和油漆; 焚化炉及主要办公室冲压车间和工具车间	灰尘、火灾; 烟尘、臭味、灰尘; 外观、振动

表 6-12　作业单位相互关系等级划分比例

相互关系密切程度等级	符号	作业单位对比例 /%	相互关系密切程度等级	符号	作业单位对比例 /%
绝对必要靠近	A	2~5	一般	O	10~25
特别重要靠近	E	3~10	不重要	U	45~80
重要	I	5~15	不希望靠近	X	酌情而定

通过上述方法对电瓶叉车厂案例进行分析以后可以得到电瓶叉车厂作业单位相互关系理由(表 6-13)。由表 6-13 结合具体情况分析可获得该厂的作业单位非物流相互关系图,如图 6-10 所示,横线上方表示等级,下方表示确定为该等级的理由编号。例如 $\frac{\mathrm{E}}{4}$,E 表示两个作业单位之间的相互关系等级为特别重要靠近,4 表示选定该等级的理由为管理方便。

表 6-13　电瓶叉车厂作业单位相互关系理由

编号	理由	编号	理由
1	工作流程的连续性	5	安全及污染
2	生产服务	6	共用设备及辅助动力源
3	物料搬运	7	振动
4	管理方便	8	人员联系

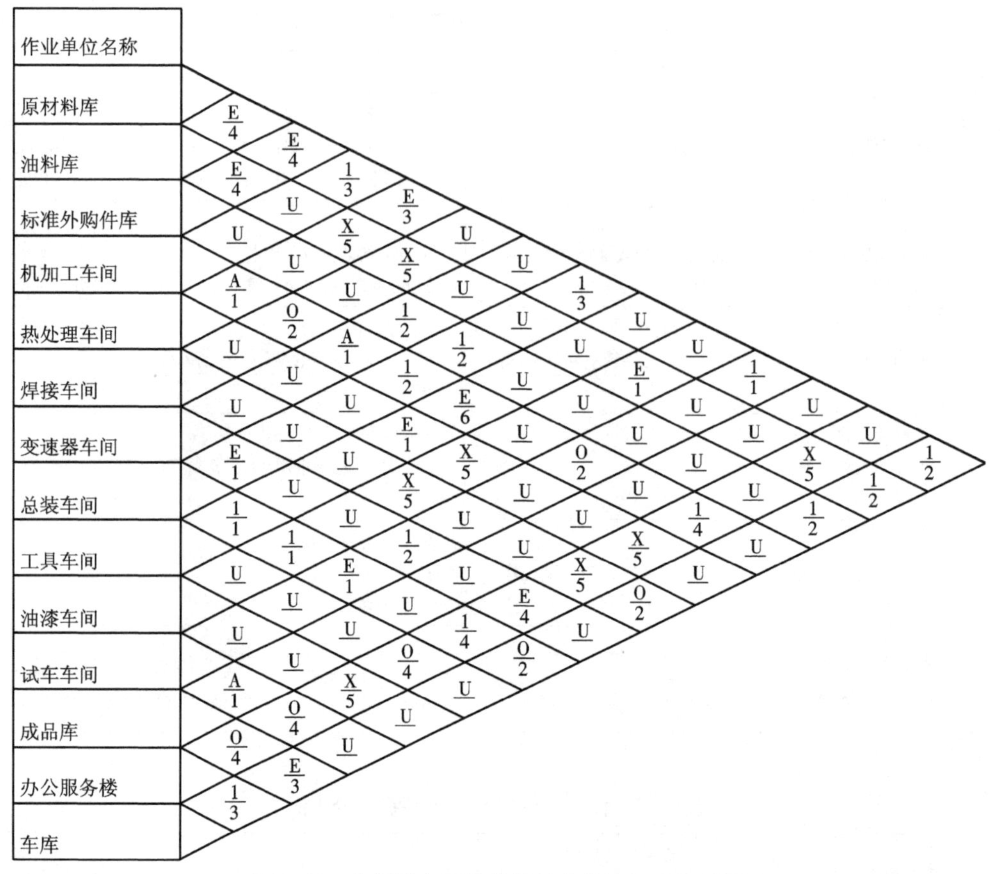

图 6-10 电瓶叉车厂作业单位非物流相互关系图

3. 综合关系分析

在大多数工厂中，各作业单位之间既有物流联系也有非物流的联系，两作业单位之间的相互关系应包括物流关系与非物流关系，因此在 SLP 中，要将作业单位间物流的相互关系与非物流的相互关系进行合并，求出合成的相互关系——综合相互关系，然后从各作业单位间的综合相互关系出发，实现各作业单位的合理布置。一般按照下列步骤求得作业单位综合相互关系图。

（1）进行物流分析，求得作业单位物流相关表。

（2）确定作业单位间非物流相互关系影响因素及等级，求得作业单位相互关系表。

（3）确定物流与非物流相互关系的相对重要性。一般，物流与非物流相互关系的相对重要性比值 $m:n$ 的范围应为 1∶3~3∶1。比值小于 1∶3 说明物流对生产的影响非常小，工厂布置只需考虑非物流的相互关系；比值大于 3∶1 说明物流关系占主导地位，工厂布置只需考虑物流相互关系的影响。实际工作中，根据物流与非物流相互关系的相对重要性，取 $m:n$=3∶1,2∶1,1∶1,1∶2,1∶3。$m:n$ 称为加权值。

（4）量化物流强度等级和非物流的密切程度等级。一般，取 A=4、E=3、I=2、O=1、U=0、X=−1。

（5）计算量化的作业单位综合相互关系，对于电瓶叉车实例可获取如表 6-14 所示综合关系计算表。设任意两个作业单位分别为 A_i 和 A_j，其物流相互关系等级为 MR_{ij}，非物流的相互关系密切程度等级为 NR_{ij}，则作业单位 A_i 与 A_j 之间的综合相互关系密切程度 TR_{ij} 为

$$TR_{ij} = mMR_{ij} + nNR_{ij} \tag{6-7}$$

表 6-14　电瓶叉车厂综合关系计算表 1

序号	作业单位		关系密级				综合关系	
	单位 1	单位 2	物流加权值		非关系物流			
			等级	分值	等级	分值	分值	等级
1	1	2	U	0	E	3		
2	1	3	U	0	E	3		
3	1	4	I	2	I	2		
4	1	5	E	3	I	2		
5	1	6	E	3	E	3		
6	1	7	U	0	U	0		
7	1	8	U	0	U	0		
8	1	9	O	1	I	2		
9	1	10	U	0	U	0		
10	1	11	U	0	U	0		

（6）电瓶叉车厂实例经过上述计算可以得到表 6-15 所示的计算结果，再根据结果进行综合相互关系等级划分。TR_{ij} 是一个量值，需要经过等级划分，才能建立与物流相关表相似的、符号化的作业单位综合相互关系表。综合相互关系的等级划分为 A、E、I、O、U、X，各级对应 TR_{ij} 值逐渐递减，且各级别的作业单位对数应符合一定的比例。综合相互关系等级及划分的一般比例可参考表 6-16。

表 6-15　电瓶叉车厂综合关系计算表 2

序号	作业单位		关系密级				综合关系	
	单位 1	单位 2	物流加权值		非关系物流			
			等级	分值	等级	分值	等级	分值
1	1	2	U	0	E	3		3
2	1	3	U	0	E	3		3
3	1	4	I	2	I	2		4
4	1	5	E	3	I	2		5
5	1	6	E	3	E	3		6
6	1	7	U	0	U	0		0
7	1	8	U	0	U	0		0

续表

序号	作业单位		关系密级				综合关系	
	单位 1	单位 2	物流加权值		非关系物流			
			等级	分值	等级	分值	等级	分值
8	1	9	O	1	I	2		3
9	1	10	U	0	U	0		0
10	1	11	U	0	U	0		0

表 6-16 综合相互关系等级与划分比例

关系密级	符号	作业单位对比例 /%	关系密级	符号	作业单位对比例 /%
绝对必要靠近	A	1~3	一般	O	5~15
特别重要靠近	E	2~5	不重要	U	20~85
重要	I	3~8	不希望靠近	X	0~10

需要说明的是，将物流与非物流相互关系进行合并时，应该注意 X 级关系密级的处理，任何一级物流密级与 X 级非物流关系密级合并时，不应超过 O 级。对于某些极不希望靠近的作业单位之间的相互关系，可以定为 XX 级，针对电瓶叉车厂实例可得到如表 6-17 所示等级确定结果。

表 6-17 电瓶叉车厂综合关系计算表 3

序号	作业单位		关系密级				综合关系	
	单位 1	单位 2	物流加权值		非关系物流			
			等级	分值	等级	分值	等级	分值
1	1	2	U	0	E	3	I	3
2	1	3	U	0	E	3	I	3
3	1	4	I	2	I	2	E	4
4	1	5	E	3	I	2	E	5
5	1	6	E	3	E	3	E	6
6	1	7	U	0	U	0	U	0
7	1	8	U	0	U	0	U	0
8	1	9	O	1	I	2	I	3
9	1	10	U	0	U	0	U	0
10	1	11	U	0	U	0	U	0

（7）经过调整，建立综合相互关系图，电瓶叉车厂综合相互关系如图 6-11 所示。

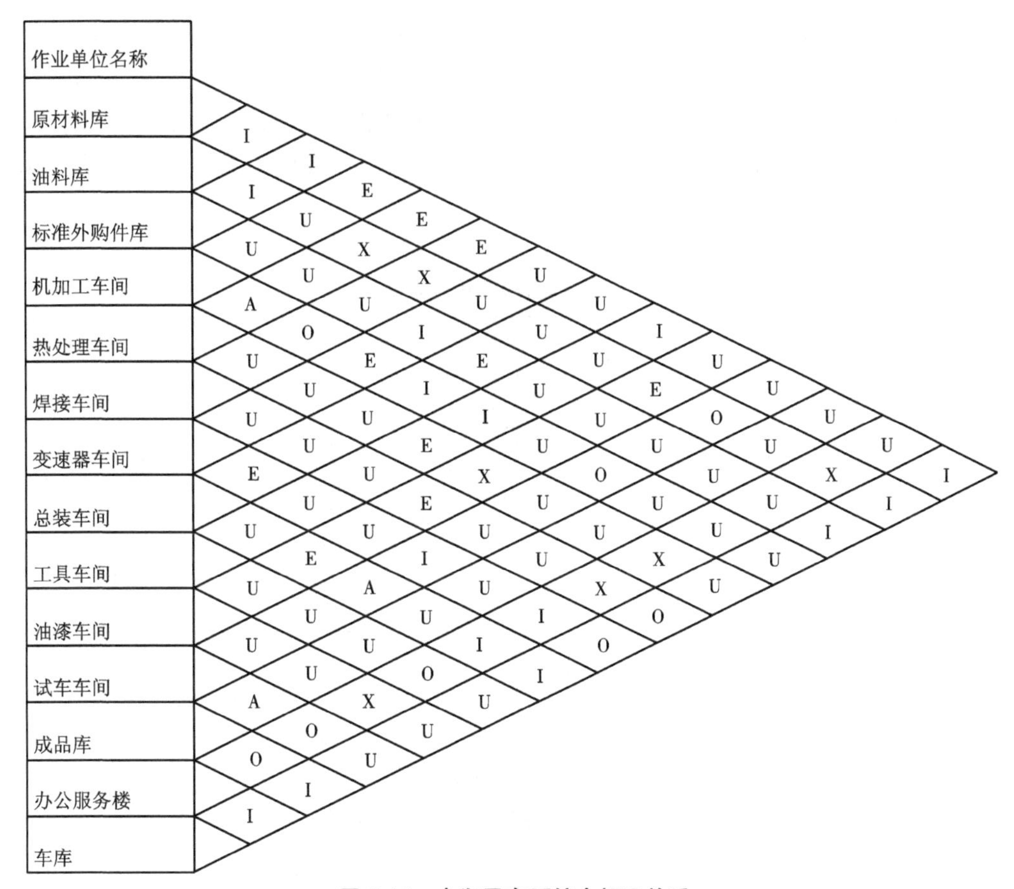

图 6-11　电瓶叉车厂综合相互关系

6.2.3　平面布局设计

通过作业单位相互关系的分析，我们把输入系统的基本要素 PQRST 转变成作业单位之间的相互关系，但是，设施布置的目的是要得到设施布置的设计结果，即设施或作业单位的布局设计。因此，在 SLP 中，先要利用作业单位的相互关系设计作业单位之间的位置关系，然后加入面积因素生成面积相关图，再根据面积相关图和实际的人、物的流动及其他限制条件设计出设施的平面布置方案。

1. 位置相关图

在 SLP 中，工厂总平面布置并不直接去考虑各作业单位的占地面积和几何形状，而是从各作业单位间相互关系的密切程度出发，安排各作业单位之间的相对位置，关系密级高的作业单位之间距离近，关系密级低的作业单位之间距离远，由此形成作业单位位置相关图。

当作业单位数量较多时，作业单位之间相互关系数目就非常多，一般为作业单位数量的平方量级，因此即使只考虑 A 级关系，也有可能同时出现很多个，这就给如何入手绘制作业单位位置相关图造成了困难。为了解决这个问题，引入综合接近程度的概念。所谓某一作业单位综合接近程度，等于该作业单位与其他所有作业单位之间量化后（A=4，E=3，I=2，

O=1，U=0，X=–1）的关系密级的总和，这个值的高低，反映了该作业单位在布置图上是应该处于中心位置还是应该处于边缘位置。为了计算各作业单位的综合接近程度，把作业单位综合相互关系表变换成右上三角矩阵与左下三角矩阵表格对称的方阵表格，电瓶叉车厂的综合接近程度图如表6-18所示。量化后的关系密级，并按行或列累加关系密级分数，其结果就是某一作业单位的综合接近程度。

表6-18 综合接近程度计算表

作业单位代号	01	02	03	04	05	06	07	08	09	10	11	12	13	14
1		I 2	I 2	E 3	E 3	E 3	U 0	U 0	I 2	U 0	U 0	U 0	U 0	I 2
2	I 2		I 2	U 0	X –1	X –1	U 0	U 0	U 0	E 3	O 1	U 0	X –1	I 2
3	I 2	I 2		U 0	U 0	U 0	I 2	E 3	U 0	U 0	U 0	U 0	U 0	I 2
4	E 3	U 0	U 0		A 4	O 1	E 3	I 2	I 2	U 0	O 1	U 0	I 2	U 0
5	E 3	X –1	U 0	A 4		U 0	U 0	U 0	E 3	X –1	U 0	U 0	X –1	U 0
6	E 3	X –1	U 0	O 1	U 0		U 0	U 0	U 0	U 0	U 0	U 0	X –1	O 1
7	U 0	U 0	I 2	E 3	U 0	U 0		E 3	U 0	U 0	I 2	U 0	I 2	O 1
8	U 0	U 0	E 3	I 2	U 0	U 0	E 3		I 2	E 3	A 4	U 0	I 2	I 2
9	I 2	U 0	U 0	I 2	E 3	U 0	U 0	I 2		U 0	U 0	U 0	O 1	U 0
10	U 0	E 3	U 0	U 0	X –1	U 0	U 0	E 3	U 0		U 0	U 0	X –1	U 0
11	U 0	O 1	U 0	O 1	U 0	U 0	I 2	A 4	U 0	U 0		A 4	O 1	U 0
12	U 0	U 0	U 0	U 0	U 0	U 0	U 0	U 0	U 0	U 0	A 4		O 1	I 2
13	U 0	X –1	U 0	I 2	X –1	X –1	I 2	I 2	O 1	X –1	O 1	O 1		I 2
14	I 2	I 2	I 2	U 0	U 0	O 1	O 1	I 2	U 0	U 0	U 0	I 2	I 2	
综合接近程度	17	7	11	18	7	3	13	21	10	4	13	7	7	14
排序	3	12	7	2	11	14	5	1	8	13	6	10	9	4

综合接近程度分数越高，说明该作业单位越应该靠近布置图的中心；分数越低，说明该作业单位越应该处于布置图的边缘。因此，布置设计应当按综合接近程度分数高低顺序进行，即按综合接近程度分数高低顺序为作业单位排序。

在作业单位位置相关图中，采用号码表示作业单位，用如表3-3的符号表示作业单位的工作性质与功能，作业单位之间的相互关系用连线类型来表示，也可以利用表中推荐的颜色来表示作业单位的工作性质与关系密级，以使图形更直观，如表 6-2 所示。有时，为了绘图简便，往往采用在圆圈内标注号码来表示作业单位，而不严格区分作业单位性质；也可以用虚线来代替波折线表示 X 级关系密级。绘制作业单位位置相关图的过程是一个逐步求精的过程，整个过程要条理清楚、系统性强，一般按下列步骤进行。

（1）从作业单位综合相互关系表出发，求出各作业单位的综合接近程度，并按其高低将作业单位排序。

（2）按图幅大小，选择单位距离长度，并规定，关系密级为 A 级的作业单位对之间距离为一个单位距离长度，E 级为两个单位距离长度，以此类推。

（3）从作业单位综合相互关系表中，取出关系密级为 A 级的作业单位对，并将所涉及的作业单位按综合接近程度分数高低排序，得到作业单位序列 $A_{k1},A_{k2},\cdots,A_{kn}$。

其中，下标为综合接近程度排序序号，且有：$k_1<k_2<\cdots<k_n$。

（4）将综合接近程度分数最高的作业单位 A_{k1} 布置在布置图的中心位置。

（5）按 A_{k2}，A_{k3}，…，A_{kn} 顺序依次把这些作业单位布置到图中，布置时，应随时检查待布置作业单位与图中已布置的作业单位之间的关系密级，选择适当位置进行布置，出现矛盾时，应修改原有布置。用不同的连线类型表示图上各作业单位之间的关系密级。

（6）按 E、I、O、U、X、XX 关系密级顺序，选择当前处理的关系密级 F。

（7）从作业单位综合相互关系表中，取出当前处理的关系密级 F 涉及的作业单位对，并将所涉及的作业单位按综合接近程度分数高低排序，得到作业单位序列 $A_{k1},A_{k2},\cdots,A_{kn}$。

（8）检查 $A_{k1},A_{k2},\cdots,A_{kn}$ 是否已在布置图中出现。若已出现，则要进一步查看作业单位位置是否合理，若不合理，则需要修改原有布置，然后从序列中筛除已出现的作业单位，得到需要布置的作业单位序列 $A_{k1},A_{k2},\cdots,A_{kn}$。

（9）按 $A_{k1},A_{k2},\cdots,A_{kn}$ 顺序依次把作业单位布置到图中。布置时，应随时检查待布置作业单位与图中已布置的作业单位之间的关系密级，选择适当的位置进行布置，出现矛盾时，应修改原有布置。注意用不同类型的连线表示图上各作业单位之间的关系密级。

（10）若 F 为 XX，则布置完毕，得到了作业单位位置相关图；否则，取 F 为下一个关系密级，重复步骤（7）~（10）。

在绘制作业单位位置相关图时，设计者一般要绘制 6~8 次图，每次不断增加作业单位和修改其布置，最后才能达到满意的布置。

具体对叉车厂来说，绘制作业单位位置相关图的步骤如下。

第一步是处理关系密切程度为 A 级的作业单位对。

①从综合相互关系图 6-11 中取出 A 级关系的作业单位对，有 8-11，4-5，11-12，共涉及 5 个作业单位，按综合接近程度计算表（表 6-18）中的分数排序为 8、4、11、12、5。

②将综合接近程度分数最高的作业单位 8 布置在作业单位位置相关图的中心位置。

③处理作业单位对 8-11。将作业单位 11 布置到图中距离作业单位 8 一个单位距离长度的位置上（如 10 mm），如图 6-12（a）所示。

④布置综合接近程度分数次高的作业单位 4 的位置。由于作业单位 4 与图上已有的作业单位 8 和 11 均有非 A 级关系,则应从综合相互关系表中取出 4-8、4-11 的关系密级,结果分别为 I 和 O 级,即作业单位 4 与 8 的距离应为 3 个单位距离长度,而作业单位 4 与 11 应为 4 个单位的距离长度,可选择如图 6-12(b)的位置布局作业单位 4。

⑤处理与作业单位 4 有关的 A 级关系 4-5,从综合相互关系表中取出图中已存在的作业单位 8、11 与作业单位 5 的关系,均为 U。关系 U 为不重要的关系,则只重点考虑作业单位 4 和 5 的关系,将作业单位 5 布置到如图 6-12(c)的位置上。

⑥下一个要处理的是作业单位 11,已布置在图上,只需要直接处理与作业单位 11 关系为 A 级的作业单位 12 的位置。从综合关系表中取出 12 与 8、4、5 的关系密级,均为 U,综合考虑的结果可将作业单位 12 布置在如图 6-12(d)的位置上。

至此,作业单位综合关系表中,具有 A 级关系的作业单位之间的相对位置均已确定。

第二步处理相互关系为 E 的作业单位对。

①从综合相互关系表中取出具有 E 级关系的作业单位对,有 1-4、1-5、1-6、2-10、3-8、4-7、5-9、7-8、8-10,涉及的作业单位按综合接近程度分数排序为 8、4、1、7、3、9、5、10、2、6。

②首先处理与作业单位 8 有关的作业单位 3、7 和 10,布置顺序为 7、3、10。对于作业单位 7 与图中存在的作业单位 8、4、11、12 和 5 的关系密级分别为 E、E、I、U 和 U,重点考虑较高的等级关系,将作业单位 7 布置到图中,而后一次布置作业单位 3 和 10。布置中要特别注意作业单位 10 和 5 之间的 X 级关系,应使它们尽量远离。布置结果如图 6-12(e)所示。

在处理过程中可以发现,随着布置出的作业单位的增加,需要处理的作业单位的关系也随之增加。为了使进一步的布置工作更为简便,应该对从综合相互关系表中取出的关系作出标记,以使得不再重复处理。

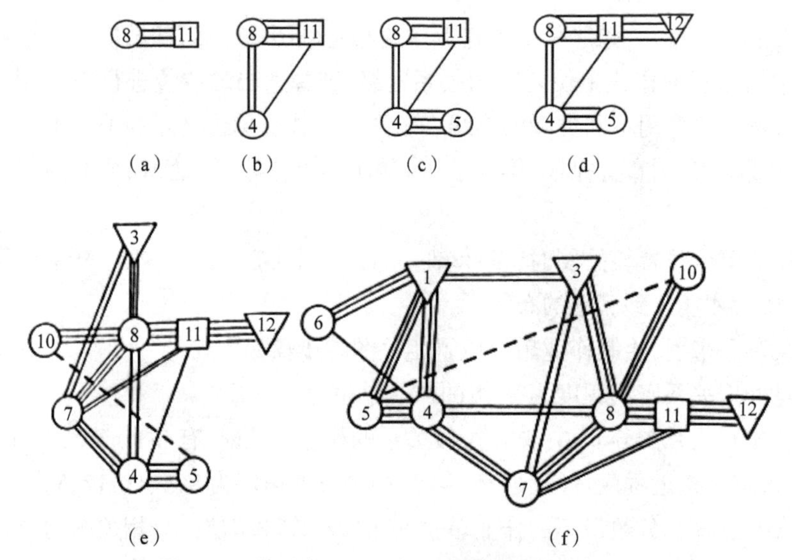

图 6-12　电瓶车厂作业单位位置相关图绘制过程

(a)布置作业单位 11　(b)布置作业单位 4　(c)布置作业单位 5　(d)布置作业单位 12　(e)布置 E 级作业单位
(f)加入作业单位 1 后的最终调整结果

③随后处理作业单位 4，与之相关的作业单位对有 1-4、4-7，作业单位 1 与图中已存在的作业单位 4 和 3 关系密级均为 E。由图 6-12（e）可以看出，作业单位 1 难以按其要求布置到作业单位 4 和 3 距离大致相同的位置上，为此必须修改原有布置方案，重新布置方案如图 6-12（f）所示。

④处理剩余作业单位。

第三、四、五步分别处理位置关系图中仍未涉及的 I、O、U 级作业单位对。

最后重点调整 X 级作业单位对的相互位置，得出最终的作业单位位置关系图，如图 6-13 所示。

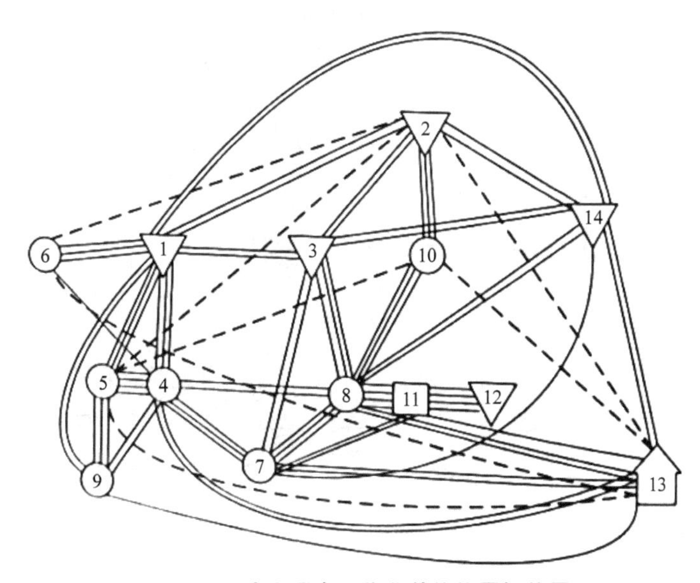

图 6-13　电瓶叉车厂作业单位位置相关图

2. 面积相关图

将各作业单位的占地面积与空间几何形状结合到作业单位位置相关图上，就得到了作业单位面积相关图。在这个过程中，需要先确定各作业单位建筑物的实际占地面积与外形空间的几何形状。

1）作业单位占地面积与外形

作业单位的基本占地面积由设备占地面积与人员活动场地等因素决定，这在前文关于作业单位的划分一节中已有论述。这里重点讨论与作业单位建筑物实际占地面积和外形密切相关的建筑物结构形式及物料流动模式。

工厂建筑物一般都采用标准化设计与施工，建筑物的柱、梁都是标准的，因此，建筑物的柱距，跨距值都是标准序列值，一般柱距为 6 m，而跨距为 6 m、12 m、15 m、18 m、24 m 和 30 m。若柱数为 m，跨数为 n，跨距为 w，则建筑物的长度外形尺寸为：$6(m-1)+$ 柱长，建筑物的宽度外形尺寸为：$w\times n+$ 柱宽。基本流动模式如图 5-10 所示。

2）作业单位面积相关图的绘制步骤

有了作业单位建筑物的占地面积与外形后，可以在坐标纸上绘制作业单位面积相关图。

（1）选择适当的绘图比例，一般比例为 1：100、1：500、1：1 000、1：2 000 1：5 000，绘图单位为 mm 或 m。

（2）将作业单位位置相关图放大到坐标纸上，各作业单位符号之间应留出尽可能大的空间，以便安排作业单位建筑物。为了图面简洁，只需绘出重要的关系，如 A、E 及 X 级连线。

（3）按综合接近程度分数大小顺序，由大到小依次把各作业单位布置到图纸绘图时，以作业单位符号为中心，绘制作业单位建筑物外形。作业单位建筑物一般都是矩形的，可以通过外形旋转角度，获得不同的布置方案，当预留空间不足时，需要调整作业单位位置，但必须保证调整后的位置符合作业单位位置相关图的要求。

（4）经过数次调整与重绘，得到作业单位面积相关图，如图 6-14 所示。

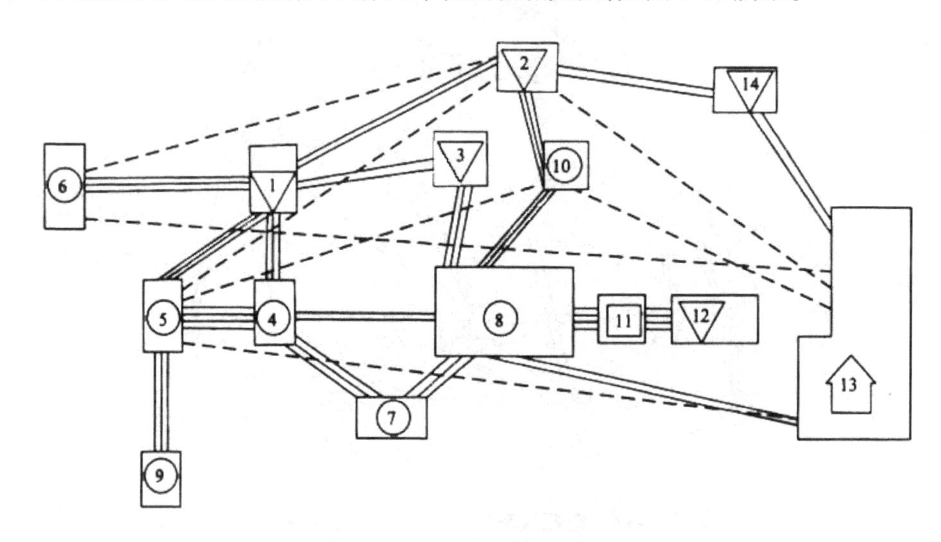

图 6-14 作业单位面积相关图

3. 限制条件分析及方案设计

作业单位面积相关图是直接从位置相关图演化而来的，只能代表一个理论上的理想布置方案，必须通过调整才能得到可行的布置方案。因此，从前述工厂总平面布置设计原则出发，考虑除 5 个基本要素以外的其他因素对布置方案的影响，这些因素可以分为修正因素与实际条件限制因素两类。

1）修正因素

（1）物料搬运方法。物料搬运方法对布置方案的影响主要包括搬运设备种类特点、搬运系统基本模式以及运输单元（箱、盘等）。

在面积相关图上，反映出作业单位之间的直线距离，而由于道路位置、建筑物的规范形式的限制，实际搬运系统并不总能按直线距离运行。物料搬运系统有三种基本型：直线道路的直接型、按规定道路搬运的渠道型以及采用集中分配区的中心型。

（2）建筑特征。作业单位的建筑物应采用定型设计，即应保证道路的直线性与整齐性、建筑物的整齐规范以及公用管线的条理性。

(3)道路。厂区内的道路不但承担着物料运输的任务,还起着分隔作业单位、防火、隔振等作用。厂内道路的布置应满足如下基本要求:①道路布置应适应工艺流程需要,满足物料搬运要求,力求短捷、安全、联系方便;②道路系统应适应公用管线、绿化等要求;③满足生产、安全、卫生、防火及其他特殊要求;④避免货运线路与人流线路交叉,避免公路与铁路交叉;⑤厂内道路系统一般应采用正交和环形布置,交叉路口和转弯处的视距不应小于 30 m。此外,厂内道路应按《厂矿道路设计规范》进行设计,一般来说,主干道路宽为 9 m,次干道路宽为 6 m。

根据工厂生产工艺、物料搬运特点,厂内道路一般有环状式、尽端式和混合式三种基本形式。

①环状式道路布置。环状式道路围绕车间布置,各部门联系方便,利于厂内分区,适于场地条件较好的场合。

②尽端式道路布置。当因条件限制不能采用环状式道路布置时,车道通至某地点就终止了,这时,在道路的端头应设置回车场,以便调头。

③混合式道路布置。混合式道路布置就是同时采用环状式和尽端式两种道路布置形式,是一种灵活的布置形式,适用于各种类型的工矿企业。

(4)隔振防噪声。在实际布置设计中,为减小振动与噪声对生产质量及人身健康的危害,一般采取减振降噪措施或使人员密集区和精密车间远离振源的方法。

(5)场地自然地理条件与环境。厂内外的自然地理条件、公共交通现状、环境污染等方面因素都会影响布置方案。

为了便于与外界联系,常把所有职能管理部门包括生活服务部门集中起来,布置在厂门周围,形成厂前区,而厂门应尽可能便于厂内外运输道路的衔接。此外,建筑的美学因素、人员、公共管线、建筑物外形的改变、管理等方面也会对布置方案产生影响。

2)实际条件限制

前述修正因素是布置设计中应考虑的事项,而对设计有约束作用的现有条件则称为实际条件限制因素,包括给定厂区面积、成本费用、现有建筑物等条件的利用,以及政策法规等多方面的限制。

3)工厂总平面布置图的形成

通过考虑多种方面因素的影响与限制,形成众多的布置方案,抛弃所有不切实际的想法,保留 2~5 个可行布置方案供选择。图 6-15 是电瓶叉车厂总平面布局的可行的方案之一。

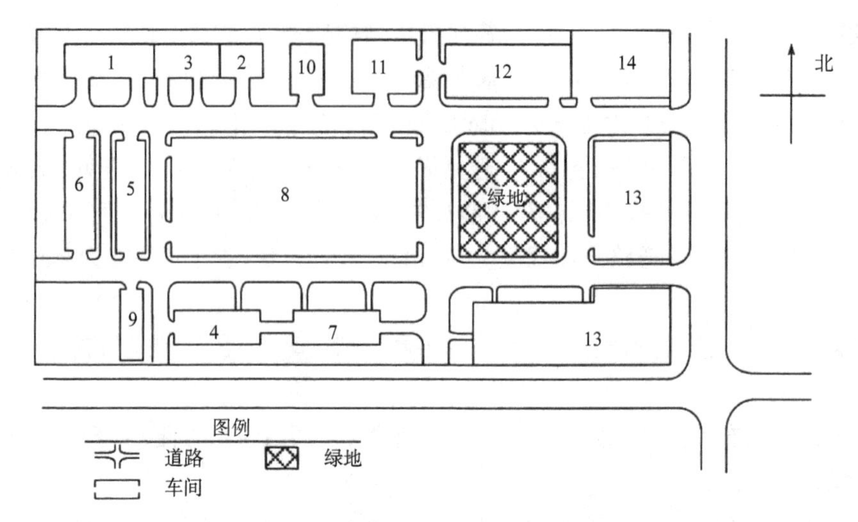

图 6-15 电瓶叉车厂总平面布局方案

6.2.4 设施布置方案的评价与选择

通过对作业单位面积相关图的调整,已经取得了数个可行方案,应该对每个方案进行评价,选择出最佳方案,将其作为最终的工厂总平面布置方案。可以说,方案评价是系统规划过程中寻求最佳技术、最经济方案的决策手段。物流系统规划与设施规划研究的问题都是多因素、多目标的问题,既要考虑问题自身所具有的各种因素,又要考虑各种与之相关的因素;既要达到主要技术经济指标要求,又要满足各种其他目标的要求。这就构成了评价与选择的综合性、系统性的特点。在规划与设计过程中进行方案评价与选择,一般分两种情况,一是单项指标比较;二是综合指标比较评价。

1. 单项指标比较评价

单项指标比较评价是指多个方案中只有某项主要指标不同,其余指标相同,则可比较该项主要指标的优劣情况而取舍方案。在设施布置中,同一工厂的不同总平面布置方案的建设投资一般相差不大,因此常用物流状况来评价方案。在项目可行性研究期间,经济评价是决策的重要依据。我国现行的项目经济评价分为两个层次,即财务评价和国民经济评价。

1)财务评价

财务评价就是对项目进行财务可行性分析,主要是对企业获利能力的分析,对各种方案进行经济效益分析、比较,以便从中选出成本低、收效大的最佳方案。所以技术方案能否为决策者采用,很大程度上是取决于这种方案能否给企业带来经济效益。要提高经济效益则应力求节约人力、物力资源,即要求产出大于投入,从价值形态看,则要求收入大于支出。因而,对企业的财务状况作出评价是十分重要的。

2)国民经济评价

国民经济评价是项目经济评价的核心部分。通过对比项目对国民经济的贡献和需要国民经济付出的代价,来分析投资行为的合理性。国民经济评价主要内容包括国民经济盈利能力分析和外汇效果分析,主要评价指标是经济内部收益率、经济净现值和净现值率。

项目方案在分析计算时所采用的各项数据，大部分是采用预测、估算的办法而取得的。因而与未来的客观实际并不完全符合，这就给项目带来了潜在的风险。在项目的可行性研究中，不管采用哪种方法，都要分析不确定因素对经济评价的影响程度，以预测项目可能承担的风险，确定财务、经济上的可靠性。不确定性分析包括盈亏平衡分析、敏感性分析和概率分析。

总之，在系统规划过程中，经济评价同样是系统规划方案评价的重要手段。应在系统规划设计人员的帮助下，由工程经济人员承担经济评价工作。

2. 综合指标比较评价

对于企业物流系统建设项目，由于影响因素很多，而且极为复杂，所以，在进行项目决策时，一般应进行综合指标比较评价。综合指标比较评价应根据具体情况和项目的特点确定需要评价的指标体系。

综合评价的指标体系中，有的是定性指标，有的是定量指标，而且定量指标的计量单位又不相同。因此，在综合指标比较评价时，对定性指标应划分满足程度等级，对定量指标也应划分数量级别，以便专家在评审时按规定标准针对不同指标具体打分。同时，由于各种指标对方案的重要程度不完全相同，因此，还应对各指标规定其加权值，以便汇总得到最终结论。在系统规划与设计中，综合指标比较评价的具体做法有优缺点比较法和加权因素法。

1)优缺点比较法

在初步方案的评价与筛选过程中，由于设计布置方案并不具体，各种因素的影响不易准确确定，此时常采用优缺点比较法对布置方案进行初步评价，舍弃那些存在明显缺陷的布置方案。

为了确保优缺点比较法的说服力，应先确定影响布置方案的各种因素，特别是有关人员所考虑和关心的主导因素，这一点对决策者尤其重要。一般做法是编制一个内容齐全的常用的系统规划评价因素点检表，供系统规划人员结合设施的具体情况逐项点检并筛选出需要比较的因素。表6-19为设施布置方案评价因素点检表。

表6-19　设施布置方案评价因素点检表

序号	因素	点检记号	重要性	序号	因素	点检记号	重要性
1	初次投资			9	控制检查便利性		
2	年经营费用			10	辅助服务适应性		
3	对生产波动的适应性			11	维修维护方便性		
4	布置的柔性			12	空间利用程度		
5	发展的可能性			13	安全性		
6	工艺过程的合理性			14	产品质量影响程度		
7	搬运合理性			15	设备可得性		
8	自动化水平			16	与外部运输的配合		
17	与外部公用设施的结合			21	职工劳动条件		

续表

序号	因素	点检记号	重要性	序号	因素	点检记号	重要性
18	经营营销有利性			22	实施投产周期		
19	自然条件适应性			23	公共关系效果		
20	环境性			…	…		

在确定了评价因素以后，应分别对各布置方案分类列举出优点和缺点，并加以比较，最终给出一个明确的结论——可行或不可行，供决策者参考。

2）加权因素比较法

加权因素法就是把布置设计的目标分解成若干个因素，并对每个因素的相对重要性评定一个优先级（加权值），然后，分别就每个因素评价各个方案的相对优劣等级，最后加权求和，求出各方案的得分，得分最高的方案就是最佳方案。

采用加权因素法进行方案评价的一般步骤如下。

（1）列出所有对于选择布置方案有重要影响的因素。设施布置过程中一般应该考虑的因素如表6-20所示。用f_i表示第i个因素，其中，$i=1,2,\cdots$。

（2）评出每个因素之间的相对重要性——加权值a_i其中，$i=1,2,\cdots$。

（3）布置方案优劣等级划分。由于布置方案优劣得分难以准确给出，且没有必要给出准确得分，因此，通过优劣等级评定给出某个方案在某项因素方面的优劣分数。等级可以分为非常优秀、很优秀、优秀、一般和基本可行5个等级，并规定等级符号分别取A(4)、E(3)、I(2)、O(1)、U(0)，括号中的数字为各等级相对分数。

（4）评价每个方案在各项因素方面的分数。用d_{ij}表示第j个方案第i项因素的得分，其中，$i=1,2,\cdots;j=1,2,\cdots$。

（5）求出各方案的总分。设T_j表示第j个方案的总分，则

$$T_j=\sum_{i=1}^{n}a_i d_{ij} \tag{6-4}$$

式中，n为因素数目。

（6）取$T_{\max}=\max\{T_j|j=1,2,3,\cdots\}$，即$T_{\max}$为最高的总分，获得最高总分的方案就是最佳方案。

表6-20 设施布置方案评价因素

序号	因素	说明
1	适应性和通用性	如布置方案适应产品品种、产量、加工设备、加工方法、搬运方式等变更的能力；适应未来生产发展的能力等
2	物流效率	如各种物料、文件信息、人员按照流程的流动效率，有无必需的倒流、交叉流动、转运和长距离运输；最大的物流强度；相互关系密切程度高的作业单位相互接近程度等
3	物料搬运效率	如物料运入、运出厂区所采用的搬运线路、方法和搬运设备及容器的简易程度，搬运设备的利用率、运输设备的维修性等

续表

序号	因素	说明
4	储存效率	如物料库存（包括原材料库、半成品库、成品库等）的工作效率，库存管理的容易程度，存储物品的识别及防护；储存面积是否充足等
5	场地利用率	通常包括建筑面积、通道面积及立体空间的利用程度
6	辅助部门的综合效率	如布置方案对公用、辅助管线及中央分配或集中系统（如空压站、变电所、蒸汽锅炉及附属管路等）的适应能力；布置方案与现有生产管理系统和辅助生产系统（如生产计划、生产控制、物料分发、工作统计、工具管理、半成品及成品库存等）有效协调的程度等
7	工作环境及员工满意程度	如布置方案的场地、空间、噪声、光照、粉尘、振动、上下班及人力分配等对职工生产和工作效率的影响程度
8	安全管理	如布置方案是否符合有关安全规范，人员和设备的安全防范设施（如防火、急救等），足够的安全通道和出口，废料清理和卫生条件等
9	产品质量	如布置方案中的运输设备对物料的损伤，检验车间面积、检验设备、检验工作站的设置位置等对质量控制的影响等
10	设备利用率	如生产设备、搬运设备、储存设备的利用率，是否过多采用重复设备而忽略了在布置方案时设法对某一设备的共同利用
11	与企业长远规划相协调的程度	布置方案与企业长远发展规划、长远厂址总体规划、总体系统规划的符合程度
12	其他	如布置方案对建筑物和设备维修的方便程度，保安和保密，节省投资，布置方案外观特征及宣传效果等

上述评分过程中，应由各方面的专家独立进行评分，以保证评价结果的可靠性。

6.3　螺旋法求解

螺旋法是在 SLP 方法基础上发展起来的，它适用于只考虑物流量大小的工厂布局。

（1）相互关系图。已知各部门间的相互关系如表 6-21 所示，则各部门相互关系图如图 6-16 所示。

表 6-21　各部门间相互关系

关系重要程度	关系值	代码	原因	关系重要程度	关系值	代码	原因
绝对必要	A	1	共用人员	不重要	U	5	工艺流程连续
很重要	E	2	共用设备	不可接近	X	6	做类似工作
重要	I	3	共用场地			7	人员接触
一般	O	4	共用信息				

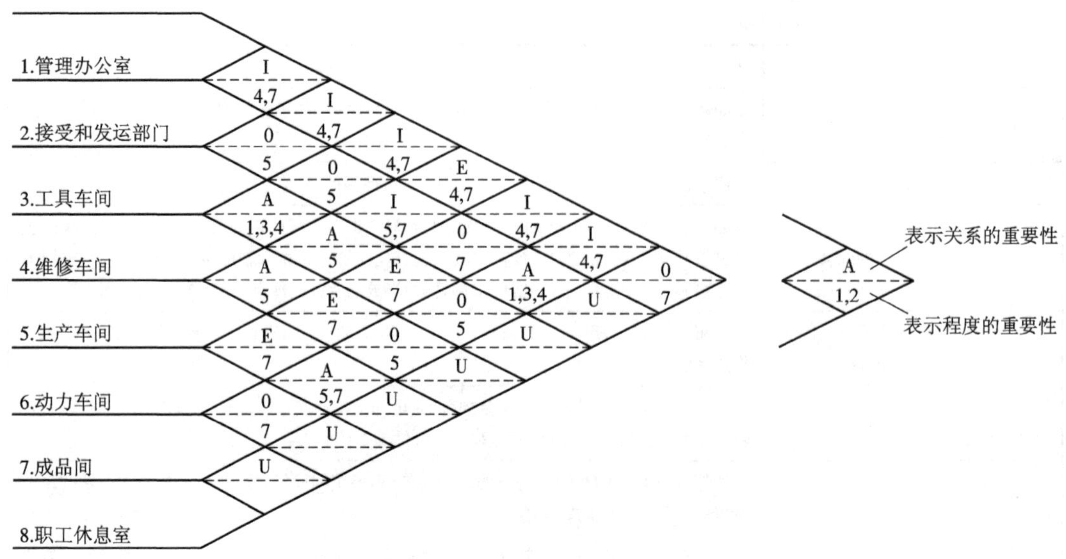

图 6-16 各部门相互关系图

（2）从至表。从至表是物流分析技术中最为精确的一种，是我们用来提高效率的最重要的一环。从至表中每个环节涉及的物流量将被记录下来，如表 6-22 所示。

从至表是一张方格表，操作步骤的次序写在左侧，而且是纵贯整列，纵向次序就是对矩阵的“从”，横向次序是对矩阵的“至”。各部门的物料流量与每次移动所需的时间及零件的质量相关。

表 6-22 从至表

从＼至	01 备料车间	02 机加工车间一	03 机加工车间二	04 冲压车间	05 油漆车间	06 装配车间	07 仓库
01 备料车间		12	6	9	1	4	
02 机加工车间					7	2	
03 机加工车间					3		
04 冲压车间					4	1	
05 油漆车间						3	
06 装配车间	1						7
07 仓库							

（3）流量相关线图。用流量相线图 6-17 表示各部门的物料流量的往来。实线表示 2 个单位流量，虚线表示 1 个单位流量。

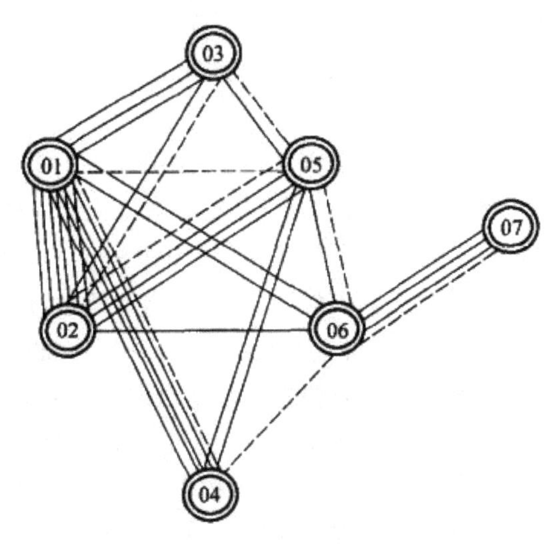

图 6-17　各流量相关图

厂区平面布置的目标：相邻两部门间的流量为最大。

(4)螺旋法求解。

步骤 1：对各部门按相互间的流量从大到小排列流量级别，分别为：01—02，01—04，02—05，06—07，01—03，01—06，03—05，04—05，05—06，02—06，01—05，04—06。

步骤 2：具体布置各个部门。首先按流量级别把各部门逐个布置到平面图中，然后再考虑各部门的实际面积，把它们反映到布置示意图中，即得到最终的完成图如图 6-18 所示。

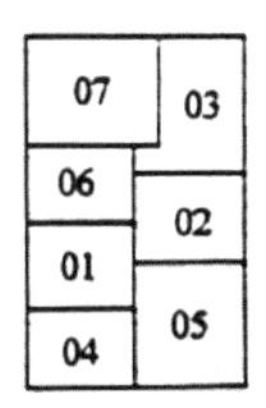

图 6-18　各部门平面布置图

(5)解的好坏评价。把各对不相邻的部门之间的流量总和加起来，除以工厂内部的总流量。相互之间有流量而不相邻的部门是：03—05，05—06，04—06，总流量为 7 个单位，工厂内部的总流量为 67 个单位，方案的损失效率约为 10%(7/67)。

6.4　设施规划中的工匠精神

工匠精神并非新鲜事物，我国古代劳动者的智慧和毅力可歌可泣、源远流长，精益求精、创造精品是优良传统。当下，工匠精神被提出并被广泛认可与我国发展的阶段性有关系，现在的中国已经走出贫困，工业化水平大大提高，逐步走上小康之路，无论是经济、文化还是民众需求，都脱离了满足基本需求的层面，更加注重品质和个性化，因此工匠精神在当下具有很强的现实意义。随着工匠精神的深入，以往的设施规划已经不能适应当前的发展理念，逐渐暴露出其粗糙设计、重复设计的缺点。要体现工匠精神，今后的设施布局就要出精品，以适应更高质量、更具绿色的发展理念，从而满足现代化的布局设计。

1. 强化理念，建立思想基础

十九大报告指出，要“建设知识型、技能型、创新型劳动者大军，弘扬劳模精神和工匠精神，营造劳动光荣的社会风尚和精益求精的敬业风气”。工匠精神体现出劳动者爱岗敬业、精益求精、不断创新的高尚品德。大力弘扬工匠精神也正是当前建设创新型国家和文化强国的需要。因此，为了让设施规划适应现代发展理念，产出精品布局，应从以下三方面塑造设施规划人员的工匠精神意识。一是树立彻底观念。要从工程的终身角度考虑设计，而不是权宜之计，要经得住时间的考验。二是树立无缺陷意识。很多工程设施只是简单笼统地进行设计，没有经过科学论证，存有一定缺陷，虽然能过关，却给使用者带来不便。应在设计过程中就考虑到日后可能遇到的诸多问题。三是树立服务理念。以前的设施规划很独立，只针对设计者，忽视使用者的感受。应以人为本，设计人性化、合理化。

2. 注重专业化，主导科学方式

工匠精神也是一种专业化精神，需要深入钻研不断提升专业水平。目前我国的设施规划处于经验和专业混杂状态，很多布局都是靠多年流传下来的经验，虽然有实用性，但也存在缺乏科学论证，没有数据依据作为支撑。应培养设施规划人员将经验转化为可视化的内容，方便传授、分析，并通过改进验证不断完善设施规划人员的专业技能。

3. 传承文化，体现中国符号

我国的建筑文化威名远扬，有很多世界级的古建筑，其中建筑设计独具东方魅力，工匠精神的源远流长更为突出，这与中国的劳动文化也是相关的。但近些年来我国的工程建设只一味追求速度，却严重丢失了传统建筑中的精巧。设计者要转变思想，在设计中传承我国悠久历史沉淀下来的建筑思路，让速度与精巧共存。

4. 打造精品，呈现完美精神

工匠精神的主旨就是打造精品。我国的设施规划要发扬工匠精神，打造精品的典范。因为只有精品才能体现精神所在，只有通过设施本身才能体现设计的内涵，也只有通过设施布局才能把工匠精神完美地呈现出来。

工匠精神在设施规划中，就要铸造一个新时代中国精神，造就一批时代大国工匠，打造更多时代设施规划精品，这不仅是时代的需要，更是民族复兴、国家强盛的需要。

思考与练习题

（1）为什么设施布局在设施规划中占有重要的地位？试举例说明不合理的设施布局对生产运营的影响。

（2）请列出学校布置设计的主要原则（至少五项），并论证我校新校区布局是否合理。

（3）为什么设施规划要收集产品和产量的相关信息，这些信息在设施规划中有什么作用？

（4）SLP 中用于分析产品品种和产量之间关系的工具是什么？请列举该工具几种重要功能（三种以上）。

（5）试描述应用 SLP 进行设施规划的方法和步骤，并试讨论如果要对超市布局设计应该如何展开？

（6）某工厂生产 3 种零件 A、B、C，其工艺路线及日产量如表 6-23 所示（1~5：分别表示 5 个部门），请根据下表信息对该工厂进行布局（要求得到位置相关图）。

表 6-23　零件工艺路线及日产量

序号	工艺路线	日产量 / 个	单件质量 /kg
A	1-2-5	20	3
B	1-3-2-5	30	0.5
C	1-2-4-5	50	1

第7章　物料搬运系统设计

7.1　物料搬运系统的基本概念

物料搬运系统是指一系列的相关设备和装置，用于一个过程或逻辑动作系统中，协调、合理地将物料进行移动、储存或控制。物料搬运系统中设备、容器性质取决于物料的特性和流动的种类。

每一个系统都是经过专门设计的，服务于特定物流系统环境和规定的物料。当前物料搬运系统的设计要求合理、高效、柔性和能够快速装换，以适应现代制造业生产周期短、产品变化快的特点。

7.1.1　物料搬运的概念

物料搬运（Material Handling）是指在同一场所范围内进行的、以改变物料的存放（支承）状态（装卸）和空间位置（搬运）为主要目的的活动，即对物料、产品、零部件或其他物品进行搬上、卸下、移动的活动。物料搬运是制造企业生产过程中的辅助生产过程，是工序之间、车间之间、工厂之间物流不可缺少的重要环节。

搬运和装卸是密不可分的，两者都属于运输的范畴，前者是短途运输，后者是为运输做准备或运输的终端作业。搬运示意图如图7-1所示。

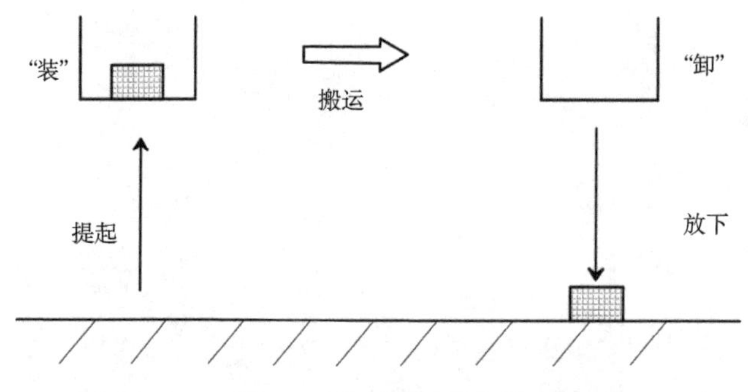

图7-1　物料搬运示意图

物料搬运在生产领域各个环节中起着相互联结与转换的作用，使生产能连续、正常地进行，因此，物料搬运系统的合理与否，将直接影响生产率和企业经济效益的高低。

物料搬运的范围相当广泛，物料搬运活动范围的观点可分为三种：常规的、现代的和进步的。

“常规的”观点关注的是在同一制造和配送设施内物料从一个位置移到另一个位置。

要解决的问题可能是"从收货站台到存储区如何移动物料",此观点很少针对在同一设施内全部搬运工作之间的相互关系。

"现代的"观点将注意力集中在一个工厂或仓库内所有物料的移动,并致力于开发集成的物料搬运系统。

"进步的"观点是一种全面的系统观念,它认为物料搬运是物料从所有供应商到制造和配送设施内,再到产成品到顾客的分销过程的全部物料搬运活动。这种"进步的"观点是值得提倡的。

7.1.2　物料搬运的目的

在一般的工业设施内,物料搬运作业需要占用 25% 的总人力、55% 的工厂空间和 87% 的生产时间,物料搬运成本占产品制造总成本的 15%~70%。搬运一件物品可能没有增加产品的价值,但却增加了产品的制造成本。因此有必要从多个方面改善物料搬运条件,以大幅度降低成本。同时,物料搬运对质量的提升也有重要的影响,因物料搬运所造成的毁损约占总搬运量的 3%~5%。厂房地板及墙壁上随处可见的刮痕和碎屑就足以证明物料搬运不慎所引发的质量问题的严重程度。

基于上述观点,通常得到的结论是:理想的目标是尽可能减少甚至是"完全消除"物料搬运活动,由此可显著降低人工和设备成本,并缩短产品工时,降低产品在搬运过程中被损毁的可能性。但大多数情况下减少搬运次数才是更为实际的目标。

物料搬运过程的改进将会使制造和配送更加高效。产品搬运次数的减少会带来物料搬运设备需求的减少,但仅仅考虑搬运次数并不够,物料搬运的目标应当体现在以更高效的物流控制、更低的库存水平和更好的安全性来减少制造成本。此外,通过搬运方式的改良,减少库存及损毁数量,也能使物料搬运成为改善制造质量的工具。最后,一个好的物料搬运系统也是所有生产执行策略的主要支柱。物料搬运的意义体现在许多现代制造企业和物流企业上,仅仅减少搬运并不是最好的答案,应采用更有效的搬运方式才是提升企业竞争力的关键。

因此,研究和规划物料搬运系统的主要原因可以归纳为两项:第一,物料搬运成本占了生产成本的大部分;第二,物料搬运方式将影响所有作业流程和设施规划的效率。

物料搬运的主要目标是减少单件产品的成本,其他目标都是对这个目标的补充。下面这些子目标对于降低成本来说是一个好的检查单。

(1)保持或提高产品质量,降低损坏率,并为物料提供保护。

(2)加强安全和改善工作条件。

(3)提高生产力:

①物流应该是直线形的;

②物料搬运距离尽可能短;

③使用重力,这是一种免费能源;

④一次搬运的物料尽可能多;

⑤物料搬运机械化；

⑥物料搬运自动化；

⑦保持或提高物料搬运和生产的比率；

⑧通过使用自动化的物料搬运设备增加吞吐量。

(4)提高设施的使用率：

①提高建筑立体空间的使用；

②购买多功能设备；

③使用标准化物料搬运设备；

④通过物料搬运设备的使用，使生产设备的利用率最大化；

⑤维修、必要时替换设备，开展预防性的维护程序；

⑥把所有物料搬运设备集成为系统。

(5)减小搬运设施的自重。

(6)控制库存。

7.1.3 物料搬运系统的含义

以下是两种物料搬运系统的定义。

定义一：物料搬运系统是移动、存储、保护和控制物料的艺术与科学的结合。

第一个定义表明物料搬运系统设计过程是艺术与科学的结合，而且物 料搬运功能涉及物料的移动、存储、保护和控制。说明如下。

(1)物料。物料的定义相当广泛，从散装到单位装载的固体、液体及气体等任何形式的物体均包含在内，甚至也将文书视为物料的一种。

(2)移动。移动物料可以创造时间效用及地点效用(即在正确的时间、正确的地点提供物料所创造出的价值)。所有的物料移动要注意到体积、形状、质量以及物料的条件，并且需要对移动的路径和频率加以分析，以维护作业流程的顺畅。

(3)储存。储存物料不仅可以起到各项作业间的缓冲作用，更有助于人员与设备的有效利用以及提供有效的物料组成。物料储存须考虑的因素有下列诸项：大小、尺寸、质量、可否堆叠放置、所需的产量以及楼板负荷量、地板条件、立体空间和净高度等建筑上的限制。

(4)保护。关于物料的保护措施应该包括防盗、防损的打包和装运等一系列作业的设计。同时在信息系统方面应有避免误装、误置、误用和加工顺序错误等防治功能。

(5)控制。物料的控制须同时兼顾物料的实体作业和信息状态的控制。实体作业应包含物料的位置、流向、顺序和空间等控制；信息状态控制则是有关物料的数量、来源、去处、所有者以及流程等信息可以被及时确认。

(6)艺术。物料搬运有如艺术工作，因为物料搬运问题的解决和物料搬运系统的设计，不是单纯利用科学公式或数学模型就能完全实现的，它非常依赖设计者在该领域所累积的实践经验和主观判断。

(7)科学。物料搬运可以被视为一种科学，因为可以利用工程设计方法，如确定问题、收集和分析数据、谋划备选方案、评价方案、选择最佳方案、实施方案和工作绩效的定期检查等一系列工作，是解决物料搬运问题和设计物料搬运系统的整体程序的一部分。另外，数学模式及电脑辅助的分析技巧，都有助于搬运系统的分析与设计。

定义二：物料搬运系统是将正确数量的物料，以正确的方法、正确的成本、正确的状态和顺序送到正确的位置储存起来。

第二个定义抓住了物料搬运功能的本质，下面就这些“正确性”描述如下。

（1）正确的数量。正确的数量是指需要多少库存的问题。JIT 理念是“零”库存，正确的数量是需要什么而不是期望什么。因此，提倡采用拉式物流控制结构，生产批量越小越好。随着生产调整转换时间的明显减少，生产批量的匹配使得正确的数量在物料发送方面做得更好。

（2）正确的物料。人工拣货最常见的两种错误是拣错数量和拣错物料。这两类错误表明要有一个精确的识别系统。自动识别技术（如条形码技术）是精确识别的关键，它远胜于人工方法。但是先要做一些基础性工作，如简化零件编号系统、维护数据库系统的完整性和精确性等。

（3）正确的状态。正确的状态是指顾客期望收到的物料的状态，顾客收到的货物必须无破损。顾客可以指定物料交付状态，比如说是包装的还是不包装的，是漆装的还是非漆装的，是否按成套的技术要求来分类，或是以顾客指定的可回收容器来交付等。

（4）正确的顺序。制造和配送作业的效率要求物料搬运要有正确的顺序。工作简化有助于消除不必要的动作并改进剩下的动作。将不同的步骤组合并改变操作顺序会使得物流更高效。

（5）正确的方向。正确的方向是指物料放置取向要便于搬运。对机器人搬运等自动化系统，位置尤为重要，物料的取向必须明确限定。采用四向进叉的托盘而不是两向进叉的托盘能消除取向问题。

（6）正确的地点。正确的地点在运输和存储过程中均有要求。对此最好是直接将物料送到目的地，而不是存储在某个中间位置。有时候物料沿通道堆放，妨碍叉车作业。这一问题与集中存储还是分散存储有关，必须明确下来。

（7）正确的时间。正确的时间是指规定的交付时间。减小交付时间的变化幅度是物料搬运的关键要素。像工人操作叉车这样灵活的物料搬运系统在运输时间上变化很大，而自动导引车系统的运输时间则是可以预定的。我们的目标是开发出一种物料搬运系统使得生产周期更短，而不是物料搬运的交付时间更短。实践表明，平均速度越低对减少速度的偏差越有利，这是因为减小方差是关键。但在物料搬运操作时，来得早不如来得巧的情况却屡见不鲜。

（8）正确的成本。正确的成本并不是最低成本。在物料搬运系统设计中，成本最小化的目标是错误的。正确的目标是设计出以最合理的成本来保持最高效的物料搬运系统。物料搬运系统只是一项辅助性功能。准时交货常会提高顾客的满意度，反过来又会增加顾客对产品的需求，从而提高收入。物料搬运作业应当支持公司对更高盈利能力的追求。

（9）正确的方法。正确的方法有三个方面值得研究。第一，如果有正确的方法就有错误的方法；第二，要认识到是什么因素决定了方法的对错；第三，要注意是多种方法而不是一种方法，通常采用多种方法能获得更高的正确率。

20世纪70年代以来，业界一直提倡的是需求驱动的物料搬运系统，而不是解决方案驱动（Solution-Drive）的系统。解决方案驱动的系统是指不考虑技术的适用条件就选择该技术，不确定需求、不考虑所需技术的匹配条件就强制采用新技术的情况。很多案例都是盲从最新的物料搬运技术，而后发现问题很多，最后不得不抛弃高度复杂的自动化物料搬运系统。

设备的选择是物料搬运系统设计过程最后的一步。设备选择只不过是从以上9个"正确性"方面来分析问题，而后从几种备选方案中选取最佳方案的必然结果。

7.2 物料搬运系统的分析与设计

7.2.1 物料的分类

在选择物料搬运方法时，最有影响的因素通常是所要搬运的物料。对任何物料搬运问题，先要解决的问题是搬运什么？如果需要搬运的物料只有一种，也就是单一物料或单一产品，唯一要做的就是弄清楚这种物料的特性。如果要搬运多种不同的物品，则必须按照"物料类别"对它们进行分类，对同一类的物料采用同一方式进行搬运。

对所有的物品进行分类，归并为几种物料类别，可简化分析工作，并有助于把整个问题划分成若干部分逐个解决。

1. 物料的分类方法

物料分类的基本方法是：

（1）固体、液体还是气体；

（2）单独件、包装件还是散装物料。

但在实际分类时，搬运系统分析（Systematic Handling Analysis，SHA）是根据影响物料可运性（即移动的难易程度）和能否采用同一种搬运方法进行更详细的分类的。

2. 物料的主要特征

区分物料类别的主要特征如下。

1）物理特征

（1）尺寸：长、宽、高。

（2）质量：每个运输单元质量或单位体积质量（密度）。

（3）形状：扁平的、弯曲的、紧密的、可叠套的、不规则的等。

（4）损伤的可能性：易碎、易爆、易污染、有毒、有腐蚀性等。

（5）状态：不稳定的、黏的、热的、湿的、脏的、配对的等。

2）其他特征

（1）数量：较常用的数量或产量（总产量或批量）。

（2）时间性：经常性、紧迫性、季节性。

（3）特殊控制：政策法规、工厂标准、操作规程。

物理特征通常是影响物料分类的最重要因素。就是说，任何物料的类别通常是按其物理性质来划分的。

数量也特别重要。有些物料是大量的（物流较快的），有些物料是小量的（常属于“特殊订货”）。搬运大量的物品与搬运小量的物品一般是不一样的。另外，从搬运方法和技术分析的观点出发，适当归并产品或物料的类别也很重要。

对时间性方面的各项因素，一般急件的搬运成本高，而且要考虑采用不同于搬运普通件的方法。间断的物流会引起不同于稳定物流的其他问题。季节的变化也会影响物料的类别。

同样，特殊控制问题往往对物料分类有决定作用。麻醉剂、弹药、贵重毛皮、酒类饮料、珠宝首饰和食品等都是一些受政府法规、市政条例、公司规章或工厂标准所制约的典型物品。

3. 物料分类的程序

物料分类应按以下程序进行。

（1）列表标明所有的物品或分组归并的物品的名称，如表 7-1 所示。

表 7-1　物料特征表

<table>
<tr><th rowspan="3">产品与物料名称</th><th rowspan="3">物品的实际最小单元</th><th colspan="7">单元物品的物理特征</th><th colspan="3">其他特征</th><th rowspan="3">类别</th></tr>
<tr><th colspan="3">尺寸</th><th rowspan="2">质量</th><th rowspan="2">形状</th><th rowspan="2">损伤的可能性（对物料、人、设备）</th><th rowspan="2">状态（湿度、稳定性、刚度）</th><th rowspan="2">数量产量或批量</th><th rowspan="2">时间性</th><th rowspan="2">特殊控制</th></tr>
<tr><th>长</th><th>宽</th><th>高</th></tr>
<tr><td></td><td></td><td></td><td></td><td></td><td></td><td></td><td></td><td></td><td></td><td></td><td></td><td></td></tr>
</table>

（2）记录其物理特征或其他特征。

（3）分析每种物料或每类物料的各项特征，并确定哪些是主导的或特别重要的。在起决定性作用的特征下面画红线（或黑的实线），在对物料分类有特别重大影响的特征下面画橘黄线（或黑的虚线）。

（4）确定物料类别，把那些具有相似性的主导特征或特殊影响特征的物料归并为一类。

（5）对每类物料写出分类说明。

（6）值得注意的是，这里主要起作用的往往是装有物品的容器。因此，要按照物品的实际最小单元（瓶、罐、盒等）分类，或者按最便于搬运的运输单元（瓶子装在纸箱内、衣服包扎成捆、板料放置成叠等）进行分类。大多数物料搬运问题都可以把物品归纳为 8~10 类，一般应避免超过 15 类。

7.2.2 物料部署系统

对物料鉴别并分类后，根据 SHA 的模式，下一步就是分析物料的移动。在对移动进行分析之前，应该先对系统布置进行分析。布置决定了起点与终点之间的距离，这个移动的距离是选择搬运方案的主要因素。

1. 布置对搬运的影响

根据现有的布置制订搬运方案时，距离是确定的。然而只要能达到充分节省费用的目的，很有可能要改变布置。所以往往要同时对搬运和布置进行分析。当然，如果项目本身要求考虑新的布置，并作为改进搬运方法规划工作的一部分，那么规划人员就必须把两者结合起来考虑。

2. 对系统布置的分析

对物料搬运分析来说，需要从布置中了解的信息主要有 4 点。

（1）每项移动的起点和终点（提取和放下的地点）具体位置在哪里。

（2）哪些路线及这些路线上有哪些物料搬运方法，是在规划之前确定的，或大体上做出了规定的。

（3）物料运进运出和穿过的每个作业区所涉及的建筑特点是什么（包括地面负荷、厂房高度、柱子间距、屋架支撑强度、室内还是室外、有无采暖、有无灰尘等）。

（4）物料运进运出的每个作业区内进行什么工作，作业区内部分已有的（或大体规划的）安排或大概是什么样的布置。

当进行某个区域的搬运分析时，应该先取得或先准备好这个区域的布置草图、蓝图或规划图，这是非常有用的。如果是分析一个厂区内若干建筑物之间的搬运活动，那就应该取得厂区布置图；如果是分析一个加工车间或装配车间内两台机器之间的搬运活动，那就应该取得这两台机器所在区域的布置详图。

总之，最后选择的方案必须是建立在物料搬运作业与具体布置相结合的基础之上的。

7.2.3 各项移动的分析

在分析各项移动时，需要掌握的资料包括：物料（产品物料类别）、路线（起点和终点，或搬运路径）和物流（搬运活动）。

1. 物料

SHA 要求在分析各项移动之前，需要先对物料的类别进行分析。

2. 路线

SHA 用标注起点（即取货地点）和终点（即卸货地点）的方法来表明每条路线。起点和终点是用符号、字母或数码来标注的，也就是用一种“符号语言”简单明了地描述每条路线。

1）路线的距离

每条路线的长度是从起点到终点的距离。距离一般是指两点间的直线距离。距离的常用单位是米。

2)路线的具体情况

除移动距离外,还要了解路线的具体情况。

(1)衔接程度和直线程度:水平、倾斜、垂直;直线、曲线、折线;

(2)拥挤程度和路面情况:交通拥挤程度,路面的情况;

(3)气候与环境:室内、室外、冷库、空调区;清洁卫生区、洁净房间、易爆区;

(4)起点和终点的具体情况和组织情况:取货和卸货地点的数量和分布,起点和终点的具体布置,起点和终点的组织管理情况。

3. 物流

物料搬运系统中,每项移动都有其物流量,同时又存在某种影响该物流量的因素。

1)物流量

物流量是指在一定时间内在一条具体路线上移动(或被移动)的物料数量。搜集到的资料、数据,必须进行适当的分析与处理才能使用。系统中的物料很多,并且千差万别,需要根据其重要性(价值和数量)进行分类,一般采用 A、B、C 分类方法。可画出由直方图表示的 *P-Q* 图,如图 7-2 所示。

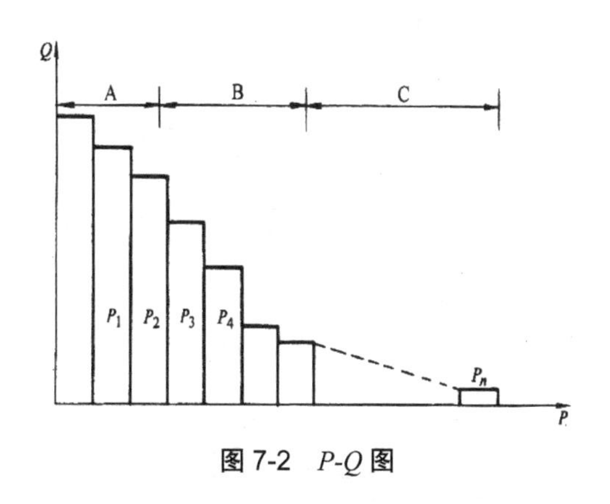

图 7-2　*P-Q* 图

物流量的计量单位一般是每小时多少吨或每天多少吨,但是有时物流量的这些典型计量单位并没有真正的可比性。例如,一种空心的大件,如果只用质量来表示,并不能真正说明它的可运性,而且无法与质量相同但质地密实的物品相比较。在碰到这类问题时,就应该采用“玛格数”的概念来计算。

2)物流条件(或搬运活动条件)

除了物流量之外,通常还需要了解物流的条件。物流条件包括以下 3 点。

(1)数量条件。物料的组成,每次搬运的件数,批量大小,少量多批还是大量少批,搬运频繁性(连续的、间歇的还是不经常的),每个时期的数量(季节性),及以上这些情况的规律性。

(2)管理条件。管理条件指控制各项搬运活动的规章制度或方针政策以及它们的稳定性。例如,为了控制质量,要求把不同炉次的金属分开等。

(3)时间条件。对搬运快慢或缓急程度的要求(紧急的还是可以在方便时搬运的),搬运活动是否与有关人员、有关事项及有关的其他物料协调一致,是否稳定并有规律,是否天天如此。

4. 各项移动的分析方法

1)流程分析法

流程分析法是每一次只观察一类产品或物料,并跟随它沿整个生产过程收集资料,必要时要跟随从原料库到成品库的全过程。在这里,需要对每种或每类产品或物料都进行一次分析。

2)起讫点分析法

起讫点分析法又有两种不同的做法,一种是搬运路线分析法,另一种是区域进出分析法。

搬运路线分析法是通过观察每项移动的起讫点来收集资料,编制搬运路线一览表,每次分析一条路线,收集这条路线上移动的各类物料或各种产品的有关资料,每条路线都要编制一个搬运路线表。

区域进出分析法,每次对一个区域进行观察,收集运进、运出这个区域的一切物料的有关资料,每个区域要编制一个物料进出表。

5. 搬运活动一览表

为了把所收集的资料进行汇总,达到全面了解情况的目的,编制搬运活动一览表是一种实用的方法。

在表中,需要对每条路线、每类物料和每项移动的相对重要性进行标定。一般使用五个英文元音字母,即 A、E、I、O、U 来划分等级。

搬运活动一览表是 SHA 方法中的一项主要文件,因为它把各项搬运活动的所有主要情况都记录在一张表上(表 7-2)。简要地说,搬运活动一览表包含下列资料。

表 7-2　搬运活动一览表示例

<table>
<tr><td colspan="5" rowspan="2">路线</td><td colspan="8">物料类别</td><td colspan="2" rowspan="2">每条路线合计</td><td rowspan="4">物流量等级</td></tr>
<tr><td colspan="2">空桶(a)</td><td colspan="2">实桶(b)</td><td colspan="2">袋(c)</td><td colspan="2">其他物品(d)</td></tr>
<tr><td colspan="3">单向运输
双向运输</td><td rowspan="2">距离</td><td rowspan="2">具体情况</td><td>物流量</td><td>物流等级</td><td>物流量</td><td>物流等级</td><td>物流量</td><td>物流等级</td><td>物流量</td><td>物流等级</td><td rowspan="2">物流量</td><td rowspan="2">运输工作量</td></tr>
<tr><td>路线编号</td><td>起</td><td>止</td><td>物流条件</td><td>运输工作量</td><td>物流条件</td><td>运输工作量</td><td>物流条件</td><td>运输工作量</td><td>物流条件</td><td>运输工作量</td></tr>
<tr><td rowspan="2">1</td><td rowspan="2"></td><td rowspan="2"></td><td rowspan="2"></td><td rowspan="2"></td><td></td><td></td><td></td><td></td><td></td><td></td><td></td><td></td><td rowspan="2"></td><td rowspan="2"></td><td rowspan="2"></td></tr>
<tr><td></td><td></td><td></td><td></td><td></td><td></td><td></td><td></td></tr>
<tr><td colspan="16">……</td></tr>
<tr><td colspan="2" rowspan="3">每类物料合计:</td><td colspan="3">物流量</td><td></td><td></td><td></td><td></td><td></td><td></td><td></td><td></td><td></td><td></td><td></td></tr>
<tr><td colspan="3">运输工作量</td><td></td><td></td><td></td><td></td><td></td><td></td><td></td><td></td><td></td><td></td><td></td></tr>
<tr><td colspan="3">物流量等级</td><td></td><td></td><td></td><td></td><td></td><td></td><td></td><td></td><td></td><td></td><td></td></tr>
</table>

(1)列出所有路线,并排出每条路线的方向、距离和具体情况。

(2)列出所有的物料类别。

(3)列出各项移动(每类物料在每条路线上的移动),包括:

①物流量(每小时若干吨、每周若干件等);

②运输工作量;

③搬运活动的具体状况(编号说明);

④各项搬运活动相对重要性等级(用元音字母或颜色标定,或两者都用)。

(4)列出每条路线,包括:

①总的物流量及每类物料的物流量;

②总的运输工作量及每类物料的运输工作量;

③每条路线的相对重要性等级(用元音字母或颜色标定,或两者都用)。

(5)列出每类物料,包括:

①总的物流量及每条路线上的物流量;

②总的运输工作量及每条路线上的运输工作量;

③各类物料的相对重要性等级(用颜色或元音字母标定,或两者都用)。

(6)在整个搬运活动中,总的物流量和总的运输工作量填在表格中的最下方。

(7)其他资料,如每项搬运中的具体件数。

7.2.4 各项移动的图表化

做了各项移动的分析,并取得了具体的区域布置图后,就要把这两部分综合起来,用图表来表示实际作业的情况。一张清晰的图表比文字说明更直观。

物流图表示有几种不同的方法。

1. 物流流程简图

物流流程简图用简单的图表描述物流流程,但是它没有联系到布置,因而不能表达出每个工作区域的正确位置;它没有标明距离,因而不能选择搬运方法。这种类型的图只能在分析和解释中作为一种中间步骤。

2. 在布置图上绘制的物流图

在布置图上绘制的物流图是画在实际的布置图上的,图上标出了准确的位置,所以能够表明每条路线的距离、物流量和物流方向,可作为选择搬运方法的依据。如图7-3所示。

虽然流向线可按物料移动的实际路线来画,但一般仍画成直线。除非有特别的说明,距离总是按水平方向上的直线距离计算。当采用直角距离、垂直距离(如楼层之间)或合成的当量距离时,分析人员应该给出文字说明。

3. 坐标指示图

坐标指示图是指距离与物流量指示图。图上的横坐标表示距离,纵坐标表示物流量。每一项搬运活动按其距离和物流量用一个具体的点标明在坐标图上。

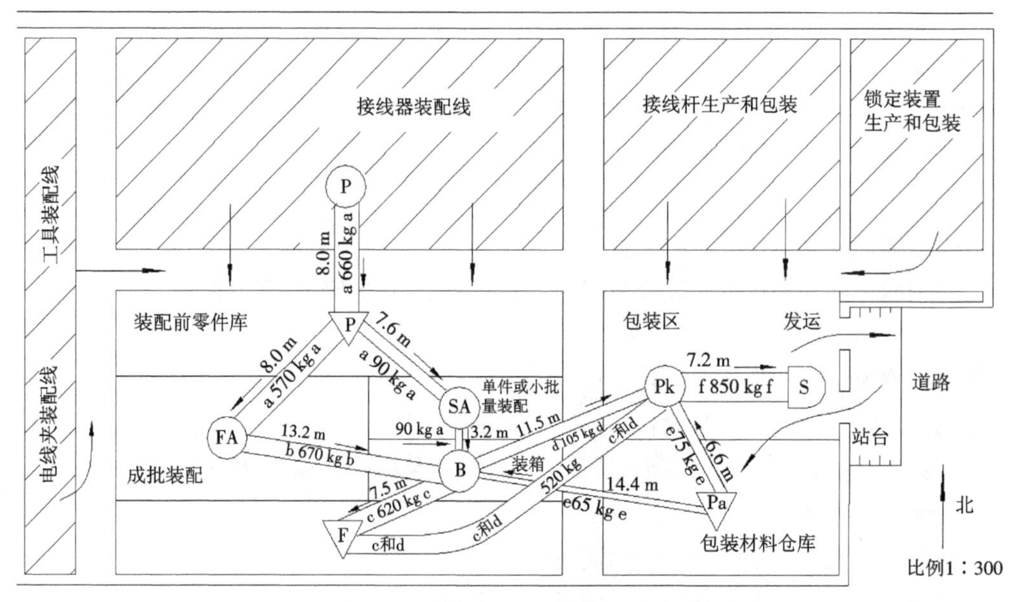

图 7-3 在布置图上绘制的物流图

B—装箱；F—成品；P—生产 / 零件；S—发运；Pa—包装材料仓库；SA—单件或小批量装配；FA—成批装配

制图时，可以绘制单独的搬运活动（即每条路线上的每类物料），也可绘制每条路线上所有各类物料的总的搬运活动，或者把这两者画在同一张图表上。图 7-4 为距离与物流指示图。

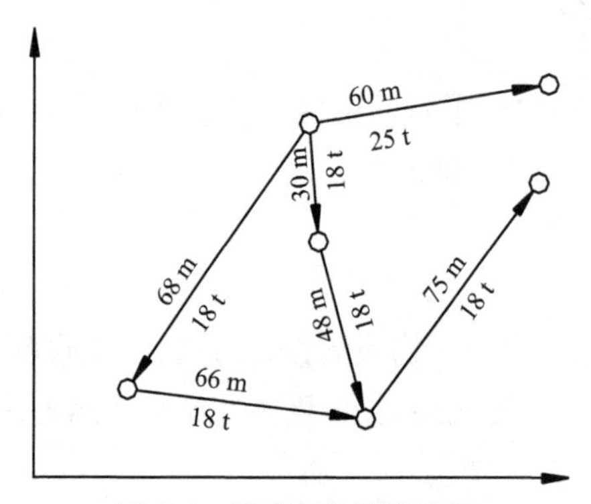

图 7-4 距离与物流指示图

在布置图上绘制的物流图和距离与物流量指示图往往要同时使用。但是，对比较简单的问题，采用物流图就够了。当设计项目的面积较大、各种问题的费用较高时，就需要使用距离与物流量指示图，因为在这种情况下，物流图上的数据会显得太零乱，不易看清楚。

4. 流量距离图

当忽略不同物料、不同路线上的物料搬运成本差异，各条路线上物料搬运费用与 $f_{ij}d_{ij}$ 成正比，f_{ij} 为物料搬运量强度，d_{ij} 为物料搬运路线长度，其中 i 表示出发作业的单位序号，j 表示到达的作业单位序号。则可以将总的物料搬运费用 C 记为：

$$C = \sum_{i=1}^{n}\sum_{j=1}^{n} f_{ij}d_{ij} \tag{7-1}$$

假设不同作业单位之间的物料搬运量相互独立。为了使总的搬运费用 C 最小，则当 f_{ij} 大时，d_{ij} 应尽可能小，当 f_{ij} 小时，d_{ij} 可以大一些，即 f_{ij} 与 d_{ij} 应遵循反比规律。这就是说 d_{ij} 大的作业单位之间应该靠近布置，且道路短；f_{ij} 小的作业单位之间可以远离，道路可以长一些。这显然符合 SLP 的基本思想，从而有 $f \propto 1/d$。写成等式形式 $f=D/d^n$，其中 D、n 为常数，且应有 $n>0$。此式子反映了布置方案的物料搬运路程与搬运量之间总体趋势，因此称之为布置方案的物流 - 距离基准曲线。

$f=D/d^n$ 说明，一个良好的布置方案的各作业单位之间的物料搬运量与搬运路程成双曲形曲线函数关系，如图 7-5 所示。为了评价布置方案的优劣，可以应用曲线回归理论求出常数 D 和 n。

根据分析的需要，按照确定的物流量和距离，可将流量距离图划分为若干部分，如在图 7-6 中划分为 Ⅰ、Ⅱ、Ⅲ、Ⅳ四个部分。划分的目的是为了发现不合理的物流。从图 7-6 中可以看出，Ⅱ 部分的物流不合理，因为物流量大且距离远。F-D 图可作为平面布置调整的根据。经过调整，当第 Ⅱ 部分无物流量时，该方案才为可行方案。无法调整的情况例外。

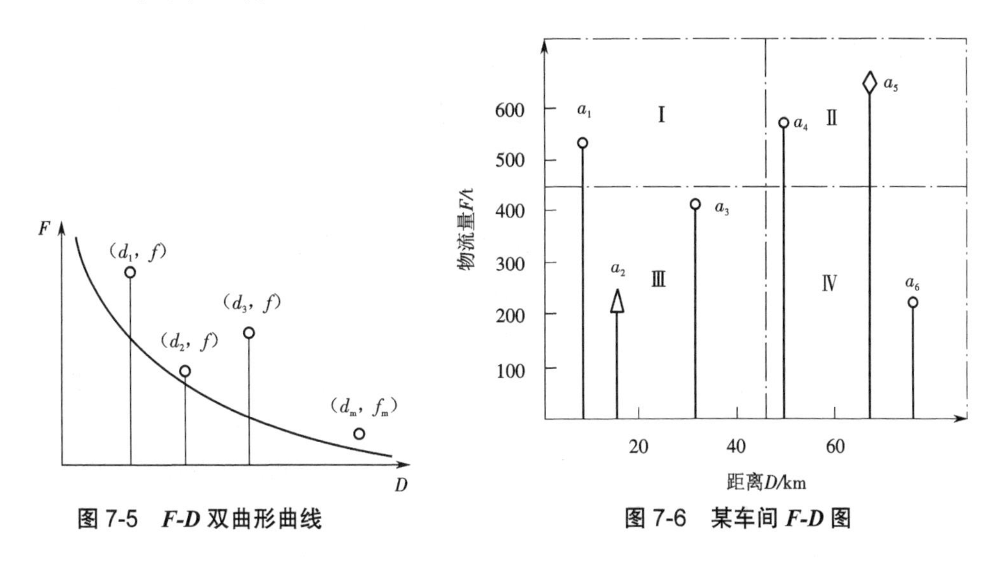

图 7-5　*F-D* 双曲形曲线　　图 7-6　某车间 *F-D* 图

7.2.5　物料搬运方法及选择原则

从 SHA 模式可以看出，到这一步骤之前，已搜集分析了所需要的资料。为了表达清楚，还进行了图表化。但在实际着手解决问题以前，还需要了解物料搬运的方法。

1. 物料搬运路线系统

从地理和物理两方面观点来看，所谓物料搬运路线系统，就是指把各项物料移动结合在一起的总的方式。物料搬运路线系统一般分为以下两种。

（1）直接路线系统。各种物料能各自从起点移动到终点的称直接路线系统。直接路线系统又称直达型路线系统。

（2）间接路线系统。把几个搬运活动组合在一起，在相同的路线上用同样的设备，把物料从一个区域移到其他区域的路线系统称间接路线系统。间接路线系统又可分为渠道型和中心型两种。如图 7-7 所示。

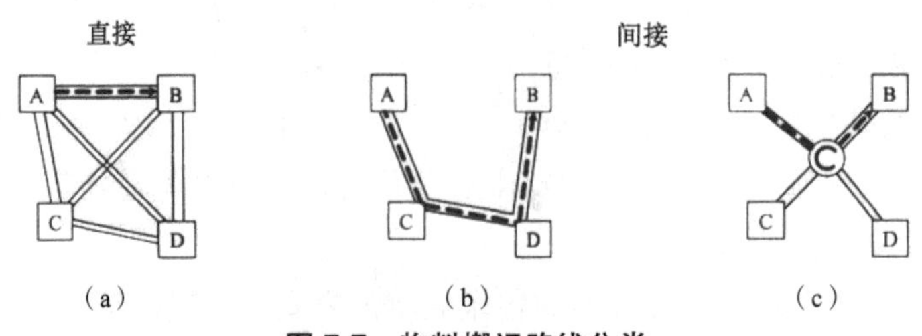

图 7-7 物料搬运路线分类

(a)D—直达型 (b)K—渠道型 (c)C—中心型

①直达型。这种路线上各种物料从起点到终点经过的路线最短。当物流量大、距离短或距离中等时,采用这种形式是一般最经济的,尤其当物料有一定的特殊性而时间又较紧迫时采用这种形式更为有利。

②渠道型。渠道型搬运路线是指一些物料在预定路线上移动,与来自不同地点的其他物料一起运到同一个终点。当物流量为中等或少量,而距离为中等或较长时,采用这种形式是经济的,尤其当布置是不规则的分散布置时采用这种形式更为有利。

③中心型。中心型搬运路线是指各种物料从起点移动到一个中心分拣处或分发地区,然后再运往终点。当物流量小而距离中等或较远时,这种形式是非常经济的,尤其当厂区外形基本上是方正的且管理水平较高时更为有利。

一般可根据距离与物流量指示图(图 7-8)来选择其路线形式:

(1)直接路线系统用于距离短而物流量大的情况;

(2)间接路线系统用于距离长而物流量小的情况。

根据物料搬运的原则,若物流量大而距离又长,则说明这样的布置不合理。如果有许多点标在这样的区域里,那么主要问题是改善布置而不是搬运问题。当然,工序和搬运是有联系的。例如,物料需要接近空气(铸件冷却)时,那么,冷却作业和搬运是结合在一起的,这时若出现一个长距离移动的大流量物料也是合理的。

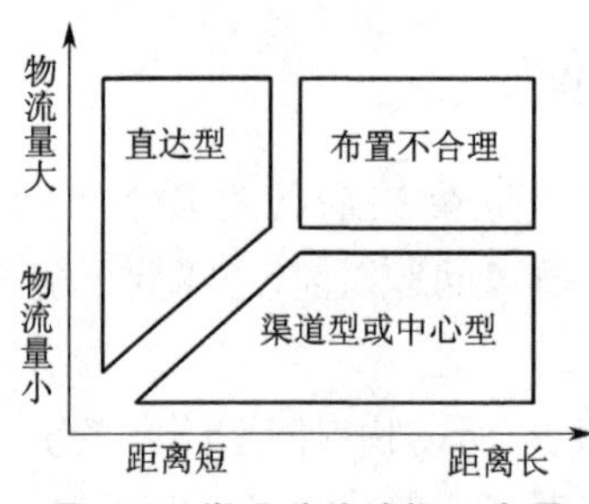

图 7-8 搬运路线选择示意图

2. 物料搬运设备选择原则

SHA 对物料搬运设备的分类采用了一个与众不同的方法,那就是根据费用进行分类。具体来说,就是把物料搬运设备分成四类。

(1)简单的搬运设备。设备价格便宜,但可变费用(直接运转费)高。设备是按能迅速方便地取放物料而设计的,不适宜长距离运输,适用于距离短、物流量小的情况。

(2)复杂的搬运设备。设备价格高但可变费用(直接运转费)低。设备是按能迅速方便地取放物料而设计的,不适宜长距离运输,适用于距离短、物流量大的情况。

(3)简单的运输设备。设备价格便宜而可变费用(直接运转费)高。设备是按长距离运输设计的,但装卸不甚方便,适用于距离长、物流量小的情况。

(4)复杂的运输设备。设备价格便宜而可变费用(直接运转费)低。设备是按长距离运输设计的,但装卸不甚方便,适用于距离长、物流量大的情况。

可根据距离与物流指示图如图 7-9,选择不同类型的搬运设备。

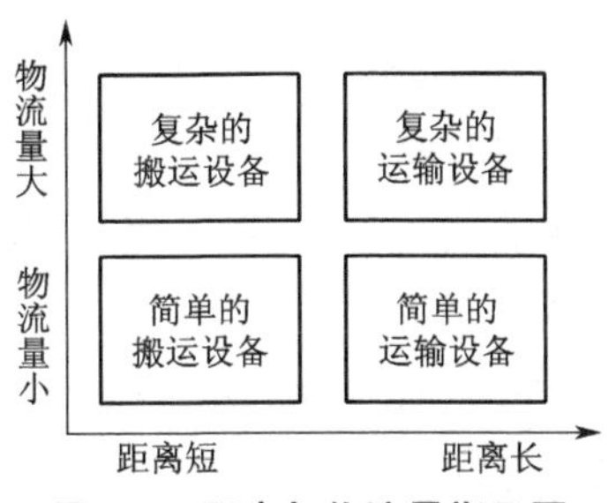

图 7-9　距离与物流量指示图

简单的搬运设备:距离短、物流量小。简单的运输设备:距离长、物流量小。复杂的搬运设备:距离短、物流量大。复杂的运输设备:距离长、物流量大。

3. 运输单元

运输单元是指物料搬运时的状态,就是搬运物料的单位。搬运的物料一般有三种基本可供选择的情况:即散装的、单件的或装在某种容器中的。物料搬运分析示意图如图 7-10 所示。

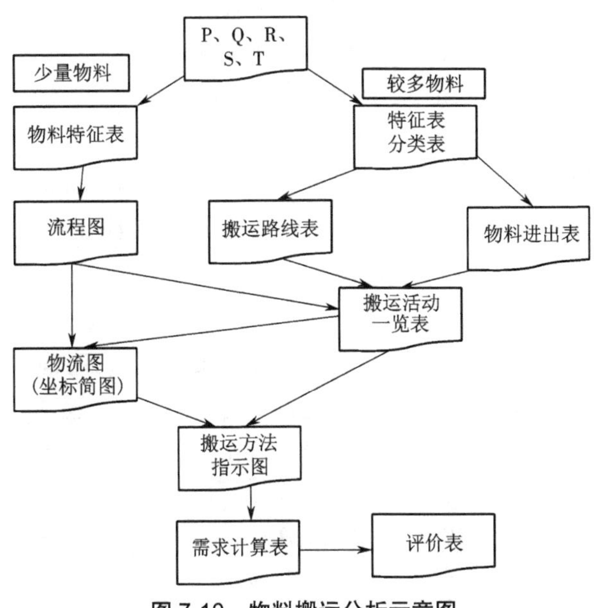

图 7-10　物料搬运分析示意图

一般来说,散装搬运是最简单、最便宜的移动物料的方法。当然,物料在散装搬运中必须不被破坏、不受损失并且不对周围环境构成伤害。散装搬运通常要求物料数量很大。

单件搬运常用于尺寸大、外形复杂、容易损坏和易于抓取或用架子支起的物品。相当多的物料搬运设备是为这种情况设计的。使用各种容器要增加装、捆、扎、堆垛等作业,会增加投资;把用过的容器回收到发运地点,也要增加额外的搬运工作。而单件的搬运就比较容易。许多工厂选用了便于单件搬运的设备,因为物料能够以其原样来搬运。当有一种"接近散装搬运"的物料流或采用流水线生产时,大量的小件搬运也常常采取单件移动的方式。除了上面所说的散装和单件搬运外,大部分的搬运活动要使用容器或托架。单件物品可以合并、聚集或分批地用桶、纸盒、箱子、板条箱等组成运输单元。这些新的单元(容器或托架)当然变得更大、更重,常常要使用一些能力大的搬运方法。但是,单元化运件可以保护物品并往往可以减少搬运费用,用容器或运输单元的最大好处是减少装卸费。用托盘和托架、袋、包裹、箱子或板条箱、堆垛和捆扎的物品,叠装以及将物品绑扎,盘、篮、网兜等都是单元化搬运的形式。

标准化的集装单元,其尺寸、外形和设计都彼此一致,这就能节省在每个搬运终端(起点和终点)的费用。而且标准化还能简化物料分类,从而减少搬运设备的数量及种类。

4. 物料搬运方法

所谓搬运方法,实际上就是以一定类型的搬运设备,与一定形式的运输单元相结合,进行一定模式的搬运活动,以形成一定的搬运路线系统。

一个工厂或仓库的每项搬运活动都可以采用各种方法进行。综合各种作业所制订的各种搬运方法的组合,就形成物料搬运方案。

7.2.6 确定初步的搬运方案

在对物料进行分类,对布置方案中的各项搬运活动进行分析和图表化,并对 SHA 的各种搬运方法具备一定的知识和理解之后,就可以初步确定具体的搬运方案。然后,对这些初步方案进行修改并计算各项需求量,把各项初步确定的搬运方法组成几个搬运方案,并设这些搬运方案为"方案 X"、"方案 Y"、"方案 Z"等。

前面已经讲过,我们把一定的搬运系统、搬运设备和运输单元叫作"搬运方法"。任何一个搬运方法都是使某种物料在某一路线上移动。几条路线或几种物料可以采用同一种搬运方法,也可以采用不同的方法。不管是哪种情况,一个搬运方案都是几种搬运方法的组合。

在 SHA 中,把制订物料搬运方法叫作"系统化方案汇总",即:确定系统(指搬运的路线系统),确定设备(装卸或运输设备)及确定运输单元(单件、单元运输件、容器、托架以及附件等)。

1. SHA 方法用的图例符号

在 SHA 中,除了各个区域、物料和物流量用的符号外,还有一些字母符号用于搬运路线系统、搬运设备和运输单元。

直接路线系统和间接路线系统的代号如下：

D—直达型路线系统（直接路线系统）；

K—渠道型路线系统（间接路线系统）；

G—中心型路线系统（间接路线系统）。

我们用图 7-11 所示的符号或图例来表示搬运设备和运输单元。值得注意的是，这些图例都要求形象化，能不言自明。它们很像实际设备。图例中的通用部件（如动力部分、吊钩、车轮等）也是标准化了的。图例只表示设备的总的类型，必要时还可以通过加注其他字母或号码来说明。

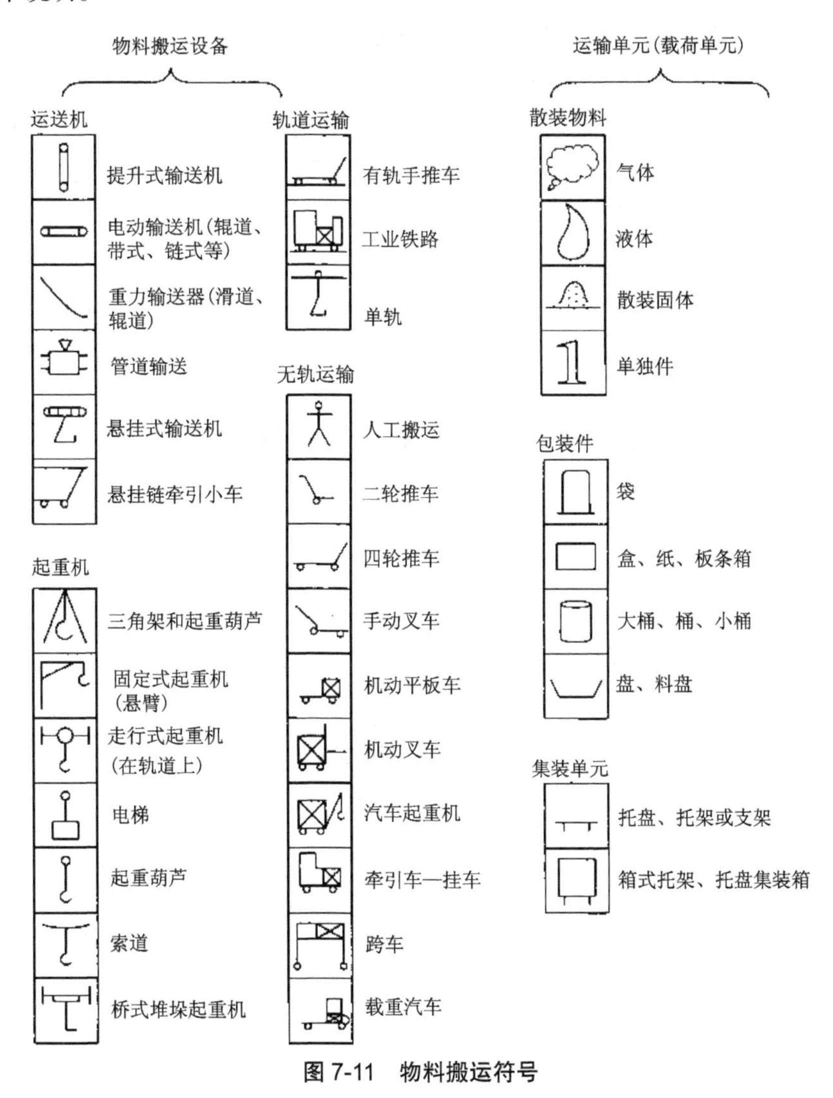

图 7-11　物料搬运符号

利用这些设备和运输单元的符号，连同代表路线形式的三个字母，就可以用简明的“符号语言”来表达每种搬运方法。

2. 在普通工作表格上表示搬运方法

编制搬运方案的方法如下。

方法一:填写工作表格,列出每条路线上每种(或每类)物料的路线系统、搬运设备和运输单元。如果物料品种是单一的或只有很少几种,而且在各条路线上是依次流通而无折返的,那么这种表格就很实用。

方法二:直接在以前编制的流程图上记载建议采用的搬运方法。

方法三:把每项建议的方法标注在以前编制的物流图(或其复制件)上,一般来说,这种做法更让人易理解。

3. 在汇总表上表示搬运方法

编制汇总表同编制搬运活动一览表一样,就是每条路线填一横行,每类物料占一列。在搬运活动一览表上记载的是每类物料在每条路线上移动的"工作量"。而填汇总表只是用"搬运方法"来取代"工作量"。这种方法适用于项目的路线和物料类别较多的场合。

采用前面规定的代号和符号,把每项移动(一种物料在一条路线上的移动)建议的路线系统、设备和运输单元填写在汇总表中相应的格内。汇总表上还有一些其他的空格,供填写其他资料数据使用,如其他的搬运方案、时间计算和设备利用情况等。

从一张汇总表上,我们可以全面了解所有物料搬运的情况,可以汇总各种搬运方法,还可以编制各条路线和各类物料的同类路线系统、设备及运输单元。这样就能把全部搬运规划记在一张表上(或粘在一起的几页表上),并把它连同修改布置的建议提交审批。

1)修改和限制

当有了几个初步方案后,按照严谨的物料搬运观点来判断这些方案是否符合实际、切实可行,必须考虑实际的限制条件并进行一些修改。

物料搬运也就是物料位置的移动,从广义上讲是一项必要的工作,但在成型、加工、装配或拆卸、储存、检验和包装等整个生产过程中,它只是其中的一部分,甚至是属于第二位的。具体的搬运活动仅仅是整个工商企业设施规划和大的经营问题中的一个部分。但是,为了有效地进行生产和分配,必须有物料搬运,有许多因素会影响正确地选择搬运方法。各物料搬运方案中经常涉及的一些修改和限制的内容有:

(1)在前面各阶段中已确定的同外部衔接的搬运方法;

(2)既满足目前生产需要,又能适应远期的发展和(或)变化;

(3)和生产流程或流程设备保持一致;

(4)可以利用现有公用设施和辅助设施保证搬运计划的实现;

(5)布置或建议的初步布置方案及它们的面积、空间的限制条件(数量、种类和外廓形状);

(6)建筑物及其结构的特征;

(7)库存制度以及存放物料的方法和设备;

(8)投资的限制;

(9)设计进度和允许的期限;

(10)原有搬运设备和容器的数量、适用程度及其价值;

(11)影响工人安全的搬运方法。

2)各项需求的计算

对几个初步搬运方案进行修改以后,就开始逐一说明和计算那些被认为是最有现实意义的方案。一般要提出 2~5 个方案进行比较。对每一个方案需做如下说明:

(1)说明每条路线上每种物料的搬运方法;

(2)说明搬运方法以外的其他必要的变动,如更改布置、作业计划、生产流程、建筑物、公用设施、道路等;

(3)计算搬运设备和人员的需要量;

(4)计算投资数和预期的经营费用。

7.2.7　方案的评价方法

方案的分析评价常采用三种方法:成本费用或财务比较法、优缺点比较法、因素加权分析法。

1. 成本费用或财务比较法

费用是经营管理决策的主要依据。因此,每个搬运方案必须从费用的观点来评价。即对每个方案,都要明确其投资和经营费用。

(1)需要的投资。投资是指方案中用于购置和安装的全部费用。这包括基本建设费用(物料搬运设备、辅助设备及改造建筑物的费用等),其他费用(运输费、生产准备费及试车费等)以及流动资金的增加部分(原料储备、产品储存、在制品储存等)。

(2)经营费用。经营费用主要包括固定费用和可变费用。

①固定费用:包括资金费用(投资的利息、折旧费)、其他固定费用(管理费、保险费、场地租用费等)。

②可变费用:包括设备方面的可变费用(电力、维修、配件等)、工资(直接工资、附加工资等)。

我们通常需要分别计算出各个方案的投资和经营费用,然后进行分析和比较,从中确定一个最优的方案。

2. 优缺点比较法

优缺点比较法是直接把各个方案的优点和缺点列在一张表上,对各方案的优缺点进行分析和比较,从而得到最后方案。

优缺点分析时所要考虑的因素除了可计算的费用因素外,还包括以下内容:

(1)与生产流程的关系及为其服务的能力;

(2)产品、产量和交货时间每天都不一样时,搬运方法的通用性和适应性;

(3)灵活性(确定的搬运方法是否易于变动或重新安排);

(4)搬运方法是否便于今后发展;

(5)布置和建筑物扩充的灵活性是否受到搬运方法的限制;

(6)面积和空间的利用;

(7)安全和建筑物管理;

(8)工人是否对工作条件感到满意;

(9)是否便于管理和控制;

(10)可能发生故障的频繁性及其严重性;

(11)是否便于维护并能很快地修复;

(12)施工期间对生产造成的中断、破坏和混乱程度;

(13)对产品质量和物料有无损伤可能;

(14)能否适应生产节拍的要求;

(15)对生产流程时间的影响;

(16)人事问题——可否招聘到熟练工人,能否培训,多余人员的安排,工种的变动,工龄合同或工作习惯;

(17)能否得到所需要的设备;

(18)同搬运计划、库存管理和文书报表工作是否联系密切;

(19)自然条件的影响——土地、气候、日照、气温;

(20)与物料搬运管理部门的一致性;

(21)由于生产中的同步要求或高峰负荷可能造成的停顿;

(22)对辅助部门的要求;

(23)仓库设施是否协调;

(24)同外部运输是否适应;

(25)施工、培训和调试所需的时间;

(26)资金或投资是否落实;

(27)对社会的价值或促进作用。

3. 加权因素法

多方案比较时,一般来说,加权因素法是评价各种无形因素的最好方法。其程序主要有以下几个步骤:

(1)列出搬运方案需要考虑或包含的因素(或目的);

(2)把最重要的一个因素的加权值定为10,再按相对重要性规定其余各因素的加权值;

(3)标出各比较方案的名称,每一方案占一栏;

(4)对所有方案的每个因素进行打分;

(5)计算各方案加权值,并比较各方案的总分。

总之,正确选定搬运方案可以根据费用对比和对无形因素的评价,建议应同时考虑这两方面的问题。

7.2.8 详细搬运方案的设计

总体搬运方案设计确定了整个工厂的总的搬运路线系统、搬运设备、运输单元,搬运方案详细设计是在此基础上制订一个车间内部从工作地到工作地,或从具体取货点到具体卸货点之间的搬运方法。详细搬运方案必须与总体搬运方案协调一致。

实际上，SHA 在方案初步设计阶段和方案详细设计阶段用的是同样的模式，只是在实际运用中，两个阶段的设计区域范围不同、详细程度不同。详细设计阶段需要大量的资料、更具体的指标和更多的实际条件。

1. 物料的分类

在方案详细设计中，先要核对每个区域是否还有遗漏的物料类别。某些物料只是在某个区域才有，或是进入某个区域以后它的分类才有所变化。而且经常要把已分好的物料类别再分成若干小类，甚至还要增加一些新的物料类别。

2. 系统布置

在这一阶段，要在布置图上标出每一台机器和设备、工作通道和主要通道以及车间或部门的特征等。

3. 移动分析

由于这个阶段遇到的问题通常只是少数几种物料和比较具体的移动，因此可用物料流程图表和从至表表示。

7.2.9　物料搬运系统设计的指导原则

物料搬运原则在实际工作中很重要。通常没有哪种数学模型能为整体的物料搬运问题提供普遍适用的解决办案。

国际物料管理协会下属的物料搬运研究所总结出了物料搬运的 20 个原则（表 7-3）。

表 7-3　物料搬运原则

序号	原则
1	规划原则：规划所有的物料搬运和存储作业来使所有的运作效率最大化
2	系统化原则：将许多可行的处理举措集成为一个协作的运作系统，覆盖销售商、接收、存储、生产、检验、包装、仓储、运输、交通和消费者
3	物流原则：提供操作顺序和设备布置来优化物流
4	简化原则：通过减少、消除或组合不必要的移动或设备来达到简化
5	重力原则：在任何可行的地方利用重力来移动物料
6	空间利用原则：优化利用建筑空间
7	单元尺寸原则：增加流动速度或单元载荷的数量、尺寸、质量
8	机械化原则：使物料搬运机械化
9	自动化原则：使生产、处理或存储功能自动化
10	设备选择原则：在选择处理设备时，考虑被搬运物料的各个方面——物料的移动以及使用方法
11	标准化原则：搬运方法的标准化以及搬运设备的类型、尺寸的标准化
12	通用性原则：在不需要使用特殊设备的情况下，尽量使用可以执行各种任务的方法和设备
13	减少自重原则：减少搬运设备的自重与载重质量的比率
14	利用率原则：通过规划，优化搬运设备及工人的利用率
15	维护原则：规划预防性维护和定期维修所有的设备
16	失效原则：当有更高效的方法或设备来改进运作的时候，替换过时的物料搬运方法和设备

续表

序号	原则
17	控制原则:利用物料搬运活动来提高产品存货控制和订单处理
18	能力原则:用物料搬运设备来帮助达到期望的生产能力
19	绩效原则:根据单位搬运成本来确定搬运活动的绩效
20	安全原则:为安全搬运提供合适的方法和设备

物料搬运原则是对物料搬运工作实践的总结,浓缩了几十年来物料搬运专家的经验,为物料搬运系统设计人员提供了指导方针。当然,采用这些原则并不意味着抛弃经验和判断。一些原则之间甚至可能彼此冲突,所以要根据具体设计环境来决定使用哪些原则。这些原则将在随后详细讨论。

1)规划原则

企业布置和物料搬运项目就是一种规划结果,是一幅设备应该放在恰当位置的蓝图。规划过程(规划过程中的所有时间和努力)是非常重要的,规划结果仅仅是我们表达规划过程大量工作的一个结果。为了使生产成本最小化,物料搬运规划需要考虑每一次搬运、每一个仓库和每一个延迟。

2)系统化原则

所有的物料搬运设备应该协同操作,以使其能适合所有的物料,这就是系统化概念。箱子适合托盘,托盘适合货架和工位。比如一个玩具公司购买由其他公司制造的零件,但这些供应商用玩具公司的货箱把零件运到玩具公司,这家公司仅有4种不同大小的货箱,这些货箱非常适合托盘。当零件运到装配线的时候,一种适合货箱搬运的设备把货箱放到非常合适的位置。

这种系统化方法涉及这样一个案例。电视机制造商不制造木制的机箱,而是从外部供应商那里购买这种机箱。供应商制作木制的机箱,并把机箱放到由电视机制造商提供的厚纸箱里。机箱运到电视机制造商那里后,从纸箱里取出来,放到电视机装配线的传送带上,进行电视机的装配。纸箱被放到悬挂输送机上,运到包装部门。当电视机装配完成时,被放到相同的厚纸包装箱里。然后,厚纸包装箱被运到仓库里,运给消费者。

另外还有如下一个例子。一家大的石油生产商从其他制造商那里购买夸脱瓶。这种夸脱瓶放在一种硬纸箱里,这种硬纸箱里有用于隔离12个瓶子的隔离板。这些硬纸箱被放到托盘上,运到石油公司的装瓶厂。在这家厂,这些瓶子被卸放到灌注线,注满石油。空的硬纸箱被运到灌注线末端的包装车间,装进12个瓶子,放到托盘上并运给消费者。

系统化原则最大限度地把生产过程中的步骤集成到一个从公司到消费者单一的系统里。一个集成的系统就是把所有的东西合适地放到一起。

3)物流原则

综合运用系统化设施布置方法,把设备放到最短物流的位置上。

4)工作简化原则

物料处理跟其他领域的工作一样,需要仔细考虑降低成本。工作简化原则告诉我们要问以下 4 个问题。

(1)这个工作可以取消吗？这是第一个问题，因为对于一项搬运工作而言，一个肯定的答案将节省最大的成本，即节省一切。物料搬运的任务时常会因为许多生产环节合并而取消。

(2)如果不能取消，能否通过把这个搬运跟其他搬运合并的方式来减少成本呢？单元载荷是以这个工作简化原则为基础的。如果能够用一次搬运的成本完成两次同样的搬运，这种搬运的单位成本将变为原来的一半。出于同样的考虑，如果用一次的成本实现 1 000 次的搬运，这将会是什么结果呢？当把多个能够在两个工位之间自动搬运物料的自动化物料搬运系统合并到一起，多次搬运将被有效地消除。传送带就是一个很好的例子。

(3)如果不能消除或合并，能通过重组操作来减少搬运距离吗？通过重组设备来减少运输距离可以减少物料搬运成本。

(4)如果不能消除、合并或重组，可以简化吗？简化使工作变得简单。运输或物料搬运设备比其他类别的设备更能去除工作中的冗繁部分。物料搬运的一些简化思想是：

①用推车推，而不是搬；

②用滚轮传送带将箱子从卡车运送到工厂内；

③用两轮手推车；

④机械手可以使任何人变成超人；

⑤用滑块或斜道；

⑥用滚珠工作台；

⑦机械化；

⑧自动化。

降低成本是每一个工程师和管理者工作的一部分，物料搬运设备使成本降低变得更容易。

5)使用重力

重力是免费的，把物料运到工位和取走已完成的零件，可以使用重力的方式太多了。重力可以在两个工位之间搬运物料。一个高尔夫球棒制造商在两个倾斜滑轮运输带上的机器之间用 100 个箱子运送高尔夫球头，箱子靠自身重力运送到下一个工位位置上。高脚凳制造厂把完成的凳子从包装工位提升到 3.7 m 高，然后落入滚轮式传送带，输送到 61 m 外等待运输的卡车上，或是运送到仓库里。

6)建筑立体空间最大化

物料搬运的一个目标就是把建筑立体空间体积最大化，货架、阁楼和悬挂输送机是物料搬运设备中能促进该目标实现的一些设备。购买或租用土地的成本和建工厂增加的成本是非常大的，而且这些成本一直在增加。如果能更好地利用建筑的立体空间，就可以购买或租用较少的空间。

7)单元尺寸原则

单元载荷是在一次搬运中零件总的载荷。单元载荷的优势是它比一次搬运一个零件更快、更便宜。其缺点是：

(1)制作单元载荷和拆分载荷的成本高；

（2）自重大（箱子、货盘和类似物品的质量）；

（3）如何处理设备的空载；

（4）需要较重搬运设备和空间需求。

当然，我们建议采用一个单元载荷搬运系统前，必须确认该系统的优势超过其产生的劣势。

最普遍的单元载荷是托盘。几乎任何东西都能够用胶条或塑料绑在一起，堆在托盘上，以单元方式运送到工厂或世界的其他地方。托盘可由各种不同价格的材料制成。

硬纸箱托盘：1.00 美元 / 个，使用 1 次。塑料托盘：4.00 美元 / 个，使用 20 次。

木制托盘：20.00 美元 / 个，使用 100 次。钢托盘：150.00 美元 / 个，使用 2 000 次。

如果不能回收托盘或托盘的成本，则应该使用硬纸箱托盘。如果仅仅是在工厂内部使用托盘，应该选用钢托盘，因为它每次移动的成本仅是塑料或木制托盘成本的 1/3。在选择单元载荷的技术方案时，强度，耐久性，使用灵活性，自身质量、大小、成本和便于使用等因素必须综合全面考虑。木制托盘是最流行的托盘，因为货车运输工业使用木制托盘。当货车卸下 18 个装满物料的托盘后，再装上 18 个空托盘，运到供应商那里。由于缺少托盘控制系统，每年要损失数万美元。

托盘只是用于单元载荷的多种处理技术中的一种。除了用箱子和薄板外，还有处理单元载荷的挤压和悬挂的方法。

挤压载荷通过夹钳卡车完成。产品被堆叠在地板上并堆成托盘的形状，像装在托盘上一样（图 7-12）。当货物堆叠完成后，一辆带有两块垂直钢板（1.22 m × 1.22 m）的叉车驶向货物，一块钢板在右边，另一块钢板在左边，相互挤压钢板间的物料，挤压在一起的载荷就可以搬运了。这些单元货物可放到另外一个同样的单元货物的上面。这样操作的优势是没有托盘成本和空间占用。拖挂车可以不用托盘装载和卸载。

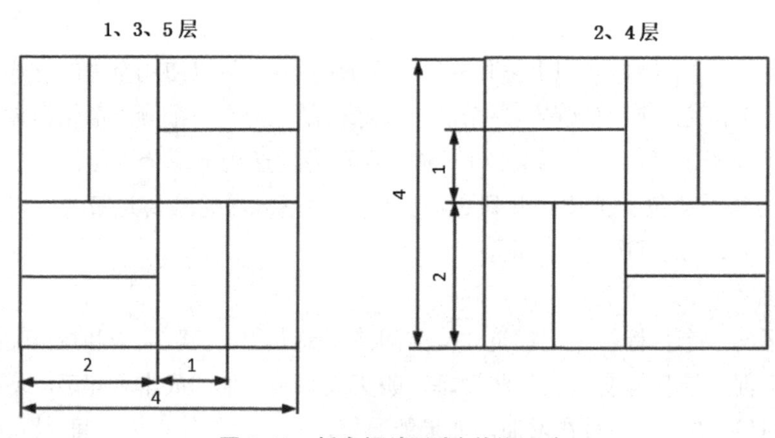

图 7-12　托盘摆放形式（单位：m）

在将单元载荷悬挂在桥式起重机或悬臂式起重机的过程中，一个吊钩悬挂在起重电机上并与缠绕载荷的链索或绳索绑在一起。木材、钢带和钢板经常这样移动，一个单轨传送带也可以一次运送许多零件。

8）机械化原则

机械化原则是通过增加动力来消除手工搬运。机械化并不意味着自动化，它仅仅指用机械化工具来帮助搬运物料，通常情况下，手推车和推车属于机械化范畴而不属于自动化范畴。

9）自动化原则

自动化原则使搬运自动化。现在许多新系统完全是自动化的。自动化的存储和取货系统会自动把物料运到存储架上（没有人帮助）或在需要的时候取下来。许多机器是自动的，因为物料搬运设备可调用和卸载这些机器。自动化是未来的一种趋势，甚至当自动化将来变得合理时，手工系统也要考虑自动化。

发动机在加工过程中被自动地从一台机器移到另一台机器。机器中心布置在索引工作台周围。当所有的机器完成任务后，工作台前进一个位置，机器重新开始工作。已完成的零件通过重力或机械手被放到容器里，然后取走。这个原则非常有趣，因为你的创造性的努力将得到很好的回报并使个人得到满足。

10）设备选择原则

选择哪种类型的物料搬运设备？哪些问题需要最先被研究？是否需要在研究单个物料搬运问题前有个总体的看法？这些是新的项目工程师常问的问题。从哪里开始最简单——从收集产品（物料）和搬运（工作）的信息开始。

11）标准化原则

标准化原则即集装单元原则。物料搬运设备有许多种——箱子、箱柜、托盘、架子、货架、传送带、卡车和类似设备，并且存在于各个领域，我们要标准化成一种（尽可能地少）尺寸、类型，甚至商标名。原因有很多，它们随设备类型的不同而发生变化。但是，如果每次搬运或存储都需要一种专用设备，那么，我们将存储和管理许多不同类型和大小尺寸的设备。制造物料搬运设备（如叉车）的公司很多，我们仅需要选择一种，然后使用这种品牌、类型和大小尺寸的设备，因为这样做可以使设备备件的存储、维修和操作的成本效益最大化。设备选择和标准化不应该仅依据初始的购买成本。物料搬运系统的成本可以分成两类——系统的固定成本和系统的运转成本，固定成本包括初始的购买成本与接下来的维修成本，系统的运转成本包括安全使用该系统的人员的培训成本、动力成本和其他直接或间接与系统有关的成本。例如，采用较少数量尺寸型号的纸箱可以简化存储区域。可以把这些硬纸箱放到统一尺寸的托盘上并放入统一尺寸的货架上，这种货架可以只用一种类型的起重卡车。

12）通用性原则

要使用那些能做很多不同工作且不需要大量额外的改装时间和成本的设备。如果专用设备能够在合理的时间内被认为是有效的，就可以使用这种设备，但是要记住，变化是必然的，这些专用设备将会变得过时或无用。通用性原则是购买多用途叉车的一个最好原因。对任何体积的产品，几乎没有比用叉车来运送物料更方便快捷的了。

要购买能处理各种类型零件的标准托盘和容器，还有能存储很多不同类型零件的存储设备。用这种方式，设备改装的成本将减少。

13）减少自重原则

尽量降低设备质量与产品质量的比率。不要购买没有必要的大设备。

自重是用来描述包装材料质量的术语。当搬运产品的时候，把产品放到容器里，把包装材料放到产品周围以免产品在移动时受到损伤，这些容器也可能被放到托盘上。容器、填塞料和托盘的总重就是毛重。如果运送这些包装，毛重成本将跟产品成本一样多。这些包装本身也是很昂贵的。所以，我们的目标是要减少毛重进而降低成本。

14）利用率原则

要充分利用物料搬运设备和操作人员。知道需要什么设备、每天的搬运次数和每次搬运的时间将帮助我们管理工人和设备的工作负荷。

15）维护原则

物料搬运设备必须要维护。预防性的维护（定期、有计划地维护）比紧急维修更便宜，所以每种物料搬运设备都要有维护程序，包括日期安排。

托盘、箱子和仓储设施也需要维护。托盘上丢失的夹条可能会造成产品损伤或产生安全问题。木制托盘的成本是 20 美元 / 个，所以不要因为夹条坏了就把托盘扔掉。要设立托盘维修区来存放和维修破损的托盘。

16）失效原则

当设备破损或有更有效的方法时，就要更新设备和提高运作水平。完整的维修记录有助于找出破损的设备。好的系统规划人员总在寻求更好的途径来提高操作水平。

17）控制原则

物料是昂贵的，物料搬运系统可以是库存控制系统的一部分。传送带可以运送物料，经过扫描器可以计数、识别和重新组配物料。自动识别和数据采集（AIDC）系统是物料搬运系统的一个主要部分。在这种技术的辅助下，质量检测、库存控制和项目跟踪可以合并到物料搬运系统。可以制作产品条形码，条形码将伴随产品从供应商到生产和装配线的各个阶段，最后到达目的地。条形码包括零件编号、工艺路线、订单数量和工程变化单等数据。把这些数据合并到物料搬运系统可以很大程度地满足对物料计数和跟踪的需要。当物料经过系统并且其条形码被扫描到时，这些数据被记录到计算机里进行自动更新。这样可以消除旧的卡片记录的错误和人工的操作，不仅大大减少了系统操作时间，而且能够极大地提升系统的精度和可靠性。

18）能力原则

工厂都想从生产设备和员工身上得到尽可能多的东西。物料搬运设备可以使生产设备利用最大化。

一台冲床可以 0.03 min 压 1 件或 1 min 压 33 件，但是人工上料和卸载冲压仅为 300 件/h，这只是机器工作能力的 15%。

物料搬运设备可以发挥生产设备潜在的生产能力，使现有设备的生产能力最大化。

19）绩效原则

要知道什么是物料搬运的成本并且怎样降低成本。工艺过程表（表 7.4）是计算每次单位搬运成本的表格，是降低成本的起点。物料搬运工人搬运物料，输出量可以按磅计量，输入量是劳动时间。尽量做到通过增加每次搬运的质量或者是减少劳动时间来提高生产力。

表 7-4 工艺过程表

工艺过程表

□现有方法 □期望方法 日期：______第__页共__页

零件描述：

操作描述：

概要	现有的		建议使用的		差值		分析	分析员
	编号	时间	编号	时间	编号	时间	如原因、时间、对象、人物、地点、方式	物流图（重要）
○ 操作								
⇨ 搬运								
□ 检验								
D 延迟								
▽ 储存							分析员：	
搬运距离	____m		____m		____m			

工步	工艺细节	方法	操作	搬运	检验	延迟	储存	距离/m	数量	单元耗时/h	单位成本	时间/成本核算
1			○	⇨	□	D	▽					
2			○	⇨	□	D	▽					
3			○	⇨	□	D	▽					
4			○	⇨	□	D	▽					
5			○	⇨	□	D	▽					
6			○	⇨	□	D	▽					
7			○	⇨	□	D	▽					
8			○	⇨	□	D	▽					
9			○	⇨	□	D	▽					

物料搬运的性能可以通过下面的比率来计算：

$$物料搬运比率 = \frac{物料搬运时间}{劳动时间总和}$$

跟踪百分比可以看出物料搬运性能方面的改进。

除了劳动以外，还包括更多的东西。用物料搬运成本除以总的运作成本可以得到一个更好的绩效指标，该比率的提高显示了绩效的改进。

20）安全原则

人工物料搬运很可能是物料搬运方法中最危险的，而且正如前面所说的，物料搬运设备比其他工业领域更多地改善了工作的方方面面。由于物料搬运设备也是一个造成安全问题的原因，所以安全方面的应对方法、处理过程和具体训练必须是任何物料搬运计划中的一部分。提供一个安全的工作环境是管理工作的责任。花在工伤上面数以亿计的费用会在生产成本中有所体现。

以上这 20 条原则作为指导纲领对解决物料搬运问题很有帮助。显然，并不是每条原则都适用于实际的物料搬运状况。这些原则可作为一项检查评价的依据，但对物料搬运系统设计人员来说这是次要工作。而对于日常作业,应用这些原则有助于找到更好的物料搬运方案。

7.2.10 物料搬运检查清单

基于上述物料搬运系统的设计原则,专家们给出了简化工作、减少成本、提高已有物料搬运系统的一系列物料检查清单。这些清单对设计新系统也很有用,它们能保证全面考虑问题和少犯错误。在物料搬运系统设计中细节因素太多了,因此我们很容易忽视一些小问题,而这些小问题往往会转化成为大问题。物料搬运检查清单如表 7-5 所示。表 7-5 中的清单给出了有可能提高生产效率的多种情况。表中后几列用于表示应采取何种类型的改进措施,如主管注意、管理层注意、分析研究、资金投入等。

表 7-5 物料搬运检查清单

表明有改进机会的各种情况	观察到的条件	需要采取的改进措施				
		主管注意	管理层注意	分析研究	资金投入	其他说明
①由于物料存储而导致的生产设备闲置						
②物料直接堆在地面上						
③厂内物流容器没有标准化						
④操作者要经常在物料和供应处间走动						
⑤过量的滞留						
⑥物料摆放没有方向						
⑦物料的反向跟踪						
⑧没有使用自动数据收集系统						
⑨过量的废弃物						
⑩系统不能够扩展或改变						
⑪预先没考虑工作设备						
⑫堆垛导致的包装破损						

7.2.11 物料搬运系统程式

为设计物料搬运系统的可行方案,可以采用物料搬运系统程式,如图 7-13 所示。如表 7-6 所给出的检查清单为我们提供并辨别改进机会的方式一样,通过物料搬运系统程式,我们同样可以寻求物料搬运问题的解决办法。程式中,“何物(what)”定义了要移动物料的类型,“何处(where)”和“何时(when)”分别确定空间和时间需求,“如何(how)”和“何人(who)”提出物料搬运方法和主体。对这些问题的回答将会得到推荐的系统。

物料搬运系统程式简记如下:

物料 + 移动 + 方法 = 推荐的系统

以下是5 W1H问题的详细清单。对每一个问题再问一个为什么，看它是否真正必要。“何物”类问题：①要移动的物料类型是什么？②它们的特征（形状、大小）是什么？③移动和存储的数量是多少？

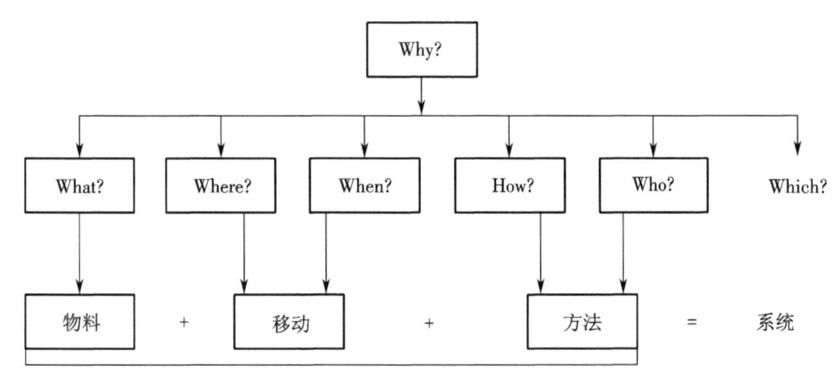

图7-13　物料搬运系统程式

“何处”类问题：①物料从哪里来？应当从哪里来？②物料交付到哪里去？应当交付到哪里去？③物料在哪里存储？应当在哪里存储？④哪里的物料搬运工作可以取消、合并或者简化？

“何时”类问题：①什么时候需要物料？它应当在什么时候移动？②什么时候应用机械化或自动化？③什么时候进行物料搬运工作情况检查？

“如何”类问题：①物料是如何移动或存储的？物料应当如何移动或存储？物料移动存储的其他方式是什么？②应维持多大的库存？③如何跟踪物料？物料应如何跟踪？④问题应当怎么分析？

“何人”类问题：①谁来搬运物料？进行这些工作需要什么技能？②谁应接受培训，以服务和维护物料搬运系统？③谁应参与到系统的设计工作中？

“何种”类问题：①哪种搬运作业是必需的？②如需要，应当考虑哪类物料搬运系统？③哪一种物料搬运系统是成本效率比更加突出的？④哪一种方案更优？

7.3　物料搬运系统的改善方法

物料搬运是对各种物料进行搬运，说得更完整些，就是对物料、产品、零件、介质或其他物品进行移动、运输或重新安放。要完成这些移动，就要有进行这些移动的人和物。一般说来，这些移动的“进行”需要设备和容器，需要一个包括人员、程序和设施布置在内的工作体系。设备、容器和工作体系称为物料搬运的方法。因此，物料搬运的基本内容有三项：物料、移动和方法。这三项内容是进行任何搬运分析的基础。

7.3.1 物料搬运系统分析概念

1. 搬运系统分析(Systematic Handling Analysis,SHA)

SHA 适用于一切物料搬运项目,是一个系统化、条理化、合乎逻辑顺序的分析方法。也是与 SLP 相似的系统分析和设计方法。

2. SHA 的四个阶段

每个搬运项目都有一定的工作过程:从最初提出目标到具体实施完成, SHA 方法分析过程分为四个阶段,如图 7-14 所示,即外部衔接、编制总体搬运方案、编制详细搬运方案和实施、施工安装及生产运行。分析每个阶段的工作内容如下。

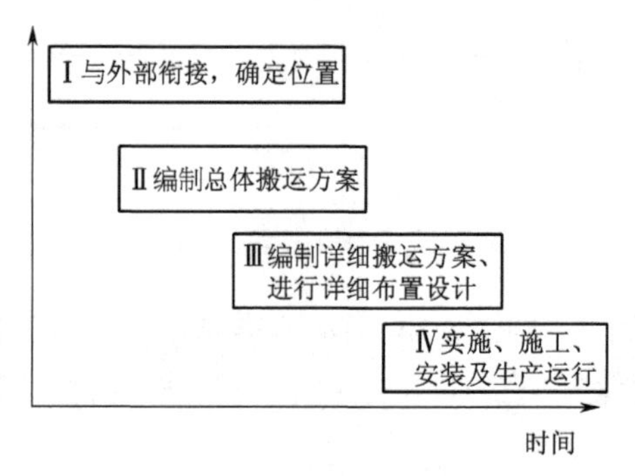

图 7-14 物料搬运阶段

第一阶段:与外部衔接,确定位置。这个阶段要搞清整个对象系统(工厂)或所分析区域物料的输入、输出方式及频率等。在这之前,先要考虑所分析区域以外的物料搬运活动,就是把区域内具体的物料搬运问题同外界情况或外界条件联系起来考虑。这些外界情况有些是能控制的,有些是不能控制的,这样可以使内外衔接,有利于确定设施的具体布置地点。这里设施可以是设备作业单位、活动区域等。例如,对区域的各道路入口、铁路设施要进行必要的修改以与外部条件协调一致,使工厂或仓库内部的物料搬运与外界的大运输系统成为一个整体。

第二阶段:编制总体搬运方案。这个阶段要制订布置区域的基本物流模式、作业单位、部门或区域的相互关系及外形,制订区域间物料搬运方案,对物料移动的基本路线系统、搬运设备大体类型及型号、运输单元或容器做出总体决策。

第三阶段:编制详细搬运方案,进行详细布置设计。这个阶段要考虑每个主要区域内部各工作地点之间的物料搬运。例如,确定每台机器、设备、通道、仓库或服务设计的位置;确定各工作地点之间的路线系统、设备和容器以及对每项移动的分析,完成详细的物料搬运系统设计。如果说第二阶段是分析工厂内部各车间或各厂房之间的物料搬运问题,那么第三阶段就是分析从一个具体工位到另一个工位或者从一台设备到另一台设备的物料搬运问题。

第四阶段:实施、施工安装及生产运行。任何方案都要在实施之后才算完成。这个阶段要进行必要的准备工作,包括订购设备,完成人员培训,制订并实现具体搬运设施的安装计划。然后对所规划的搬运方法进行调试,验证操作规程,并对安装完毕的设施进行验收,确保它们能正常运转。

上述四个阶段是按时间顺序依次进行的,为了取得最好的效果,各阶段在时间上应有所重合。第一和第四阶段不属于物料搬运分析设计人员的任务,所以 SHA 主要完成第二、第三两个阶段的工作。

3. 搬运系统设计要素

SHA 的原始数据是进行物料搬运系统分析时所需输入的主要数据,包括:

P:Products,产品或物料(部件、零件、商品)。

Q:Quantity,数量(销售量或合同订货量)。

R:Routing,路线(工艺路线、生产流程、各工件的加工路线以及形成的物流路线)。

S:Service,辅助生产与服务(如库存管理、订货单管理、维修等)。

T:Timing,时间因素(时间要求和操作次数)。

这些表示主要数据的字母可排列在钥匙形线框内以便记忆,如图 7-15 所示。各要素的说明见表 7-6。注意钥匙齿端的三个字母 W、H、Y(WHY,为什么),这是为了提醒你必须弄清这些作为主要输入资料的数字的可靠性。

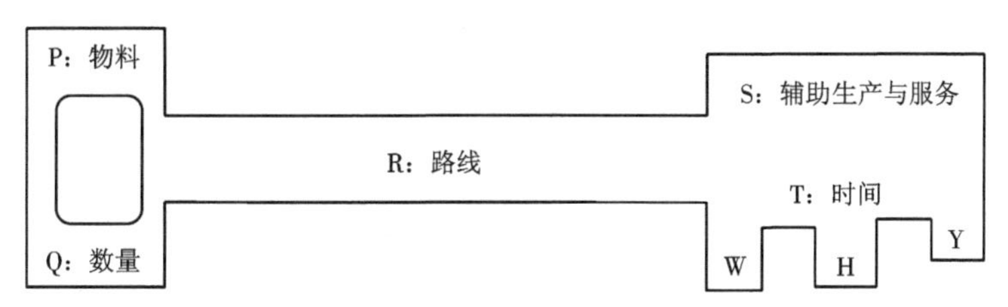

图 7-15　物料搬运系统设计要素

表 7-6　物料搬运系统设计五要素

设计要素	影响特征
P 产品 (部件,零件,商品)	产品和物料的可运性取决于物品的特性和所用容器的特性,而且每个工厂都有其经常搬运的某些物品
Q 数量 (产量,用量)	数量有两种含义:①单位时间的数量(物流量);②单独一次的数量(最大负载量)。不管按哪种含义,搬运的数量越大,搬运所需的单位费用就越低
R 路线 (起点至终点)	每次搬运都包括一项固定的终端(即取、放点)费用和一项可变的行程费用。注意路线的具体条件,并注意条件变化(室内或室外搬运)及方向变化所引起的费用变化
S 辅助生产与服务 (周围环境)	传送过程、维修人员、发货、文书等均属服务性质;搬运系统和搬运设备都有赖于这些服务。工厂布置、建筑物特性以及储存设施都属于周围环境;搬运系统及设备都必须在此环境中运行
T 时间 (时间性、规律性、紧迫性、持续性)	一项重要的时间因素(即时间性)是:物料搬运必须按其执行的规律;另一重要因素是时间的持续长度——指这项工作需要持续多长时间;紧迫性和步调的一致性也会影响搬运费用

7.3.2 SHA的程序

如前所述，物料搬运的基本内容是物料、移动和方法。因此，物料搬运分析就是分析所要搬运的物料，分析需要进行的移动和确定经济实用的物料搬运方法。搬运系统分析的程序就是建立在这三项基本内容的基础上的。图7-16为SHA流程示意图。

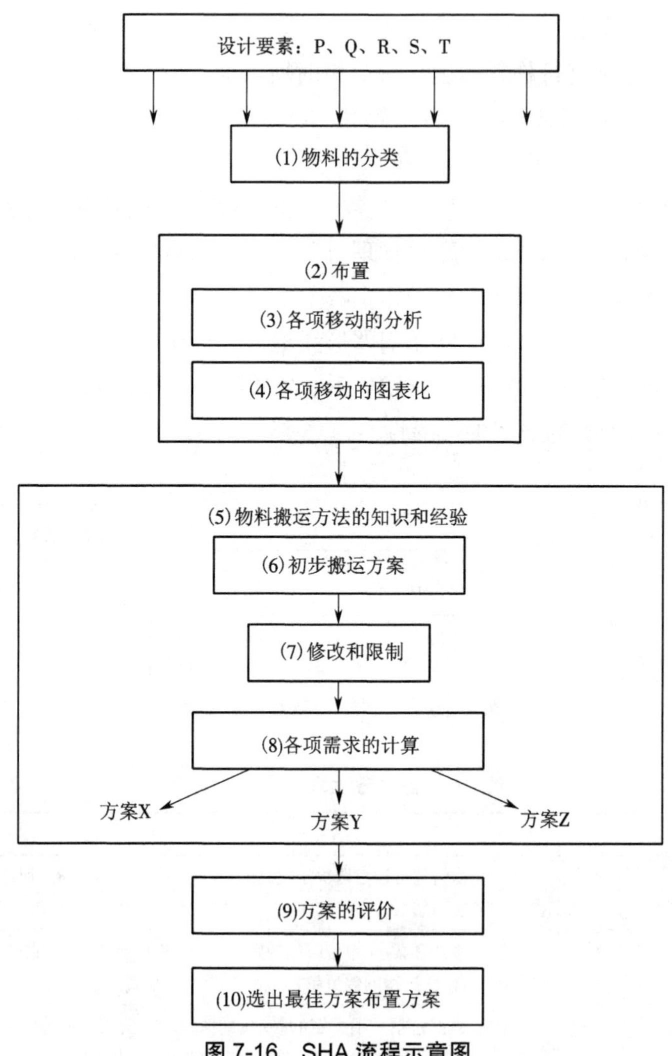

图7-16 SHA流程示意图

搬运系统分析设计的过程如下。

(1)物料的分类。制订搬运方案过程中，首要的工作就是分析物料(产品或零件)。也就是物料的分类，即按物料的物理性能、数量、时间要求或特殊控制要求进行分类。

(2)布置。在对搬运活动进行分析或图表化之前，先要有一个布置方案，一切搬运方法都是在这个布置内进行的。

(3)各项移动的分析。各项移动的分析主要是确定每种物料在每条路线(起点到终点)上的物流量和移动特点。

（4）各项移动的图表化。把分析结果转化为直观的图形，通常用物流图或距离与物流量指示图来体现。

（5）物料搬运方法的知识和理解。在找出一个解决办法之前，需要先掌握物料搬运方法的知识，运用有关的知识来选择各种搬运方法。

（6）确定初步搬运方案。在这一步，要提出关于路线系统、设备和运输单元（或容器）的初步搬运方案；也就是把收集到的全部资料数据进行汇总，从而求得具体的搬运方法。实际上，往往要提出几个合理的、有可能实行的初步方案。

（7）修改和限制。在考虑一切有关的修正因素和限制因素以后，对这些初步方案进一步调整。这一步要修正和调整每一个方案，把可能性变为现实性。

（8）各项需求的计算。对初步方案进行调整或修正是为了消除所有不能实现的设想。但是在选择最佳方案之前，还需要算出所需设备的台数或运输单元的数量，算出所需费用和操作次数。

（9）方案的评价。对几个比较方案进行评价。评价的目的是要从几个方案中选择一个较好的方案。不过，在评价过程中，往往会把两个或几个方案结合起来又形成一个新的方案。

（10）选定物料搬运方案。经过评价，从中选出一个最佳方案。

需要说明的是，搬运系统分析的模式对第二阶段（总体搬运方案）和第三阶段（详细搬运方案）都适用。这就是说，虽然两个阶段的工作深度不同，但分析步骤的模式却是一样的。

7.3.3　SHA 的图例符号

在 SHA 模式各步骤中运用搬运分析技术时，要用到一些图例符号，包括各种符号、颜色、字母、线条和数码。用这些图例符号标识物流的起点和终点，实现各种搬运活动的图表化、评定比较方案等。这些图例符号如表 7-7 和表 7-8 所示。

表 7-7　物料作业活动及定义

序号	活动或作业	定义
1	操作	有意识地改变物体的物理或化学特性，或者把物体装配到另一物体上或从另一物体上拆开，所需进行的作业叫操作。发出信息、接收信息、做计划或者做计算时所需进行的作业也叫操作
2	运输	物体从一处移到另一处的过程中所需进行的作业叫运输，除非这一作业已被划分为搬动，或者已被认为是在某一工位进行操作或检验的一部分
3	搬动	为了进行另一项作业（如操作、运输、搬动、检验、储存或停滞）而对物体进行安装或准备时所需进行的作业叫搬动
4	检验	在检验物体是否正确合格，或者核对其一切特性的质量或数量时，所需进行的作业叫检验
5	储存	把物体保存、不得无故挪动叫储存
6	停滞	除了为改变物体的物理或化学特性而有意识地延续时间以外，不允许或不要求立即进行计划中的下一项作业叫停滞

续表

序号	活动或作业	定义
7	复合作业	如果要表示同时进行的多项作业，或者要表示同一工位上的同一操作者所进行的多项作业，那么就要把这些作业的符号组合起来表示

表 7-8 物流图的表示方法

名称	符号	方法
区域	—	一个区域的正确位置，画在建筑物平面图或各个厂房和有关设备的平面布置图上
	2　R	每一个区域的作业形式——用区域符号和作业代号或字母来表示（需要时也可用颜色或阴影来表示）
流程线	1 500kg	物流量用物流线的宽度来表示，线旁注上号码，或用 1~4 条线来表示，但后者仅用于不太复杂的图中
	2	物流的方向用箭头表示，注在线路终点旁
	R　40 m	如果图上不太拥挤，距离可注在流向线的旁边，标出距离的单位并注在流向线的起点附近
物料类别	a　b	小的物流量符号，物料类别的字母、颜色或阴影线用于标志不同的产品、物料或成组物品。用彩虹颜色顺序表示物料的总物流量、重要性、大小的顺序

综上所述，搬运系统分析的基本方法包括了三个部分，即一种解决问题的方法，一系列依次进行的步骤和一整套关于记录、评定等级和图表化的图例符号；同时，搬运系统由四个分析阶段构成，每个阶段都相互交叉重叠；总体方案设计和详细方案的设计都必须遵循同样的程序模式。

7.4 搬运作业的改善

7.4.1 生产现场的搬运改善

搬运系统的设计只进行一次，但由于企业运营后，受到内外各种因素的影响，要不时进行产品、工艺、原材料等的调整，这些都会影响到搬运系统。因此在实际工作中经常碰到的是搬运作业的改善和搬运系统的改进问题。工艺特征和物料搬运主要着眼点如表 7-9 所示。

改进搬运的主要着眼点：

（1）整理整顿；

（2）注意操作环节；

（3）重视放置方法；

（4）减少不合理搬运；

（5）安全轻松的搬运；

（6）应重视搬运的连接点。

表 7-9　工艺特征和物料搬运主要着眼点

工艺类别	工艺特征	物料搬运的主要着眼点
流程不固定的工艺	物流根据情况变化，各工序间的停滞很明显	从整理整顿入手，注意装卸和停滞问题
流程固定的手工搬运	把物料从机械上卸下来以外，从机械到机械之间的搬运也是人来做	按改进方式提高效率的余地很大
半自动化流水线	已经改进的方式和原有方式混在一起存在有待改进的地方	着眼工序之间的连接点
自动化流水线	自动机械能连续配置，工件由输送机、叉车等自动传送	要着眼流水线的进口和出口
流程作业	各工序之间由管道连接，从原材料供应到产品产出有畅通的流程	改进搬运的余地很小，在材料和产品包装处改进

7.4.2　改进搬运的分析方法

1. 搬运质量比率分析

物料搬运工作量一直是以搬运质量与搬运距离的乘积来衡量的，这种方法在分析和处理有关生产现场物料搬运问题时暴露出比较突出的缺点，因为生产现场物料搬运中实际花费时间多、劳动强度大的是物料的取放，而不是物料的移动，然而这种方法却把取放所花费时间和劳动量忽略了。

针对这种情况，可通过计算搬运质量比率来分析和找出搬运中存在的问题。搬运质量比率的计算公式为：

$$\text{搬运质量比率}=\text{搬运质量累计值}/\text{产成品净质量} \tag{7-1}$$

上式中的搬运质量累计值，是把由人力每次取放或移动物品的质量累计后的数值。由此可见，通过简化与合并搬运作业、减少搬运环节和搬运次数、实行单元化搬运或提高搬运机械化水平等，都可以降低搬运质量比率。

搬运质量比率可以用来分析不同搬运工序的劳动强度与好坏程度，亦可用来分析某工序改善后比改善前减少了多少搬运工作量，尤其适用于对比不同部分的搬运工作量最为有效，通过对比分析，便可找出需要改进的重点。

2. 搬运活性分析法

通过计算每种物料搬运的平均难易性指数，分析和比较在不同物料搬运上的工作情况，找出需要改进的主要对象。某物料搬运的平均难易性指数计算公式为：

$$\text{平均难易性指数}=\left(\frac{\text{平放状态}}{\text{的次数}}\times 0+\frac{\text{箱放状态}}{\text{的次数}}\times 1+\frac{\text{枕放状态}}{\text{的次数}}\times 2+\frac{\text{车装状态}}{\text{的次数}}\times 3+\frac{\text{带装状态}}{\text{的次数}}\times 4\right)/\left(\frac{\text{平放状态}}{\text{的次数}}+\frac{\text{箱放状态}}{\text{的次数}}+\frac{\text{枕放状态}}{\text{的次数}}+\frac{\text{车装状态}}{\text{的次数}}+\frac{\text{带装状态}}{\text{的次数}}\right) \quad (7\text{-}2)$$

显然,某种物料搬运的平均难易性指数越低,说明物料流转过程中需要手工搬运和手工操作的作业越多,在该种物料搬运方面所做的工作也就越差,因而应把该种物料的搬运作为需要改进的主要对象。搬运活性指数与改善措施如表 7-10 所示。

表 7-10 搬运活性指数与改善措施

平均活性指数	适用的改善措施
<0.5	①使用容器;②使用手推车;③拖板、撬垫及叉车
0.5~1.3	①全面使用手推车;②使用手动提升机;③使用托板及叉车;④采用简便输送机
1.3~2.3	①全面使用叉车;②使用输送机(皮带、滚轮、滚筒式等);③采用工业拖车;④节省搬运工的分析
>2.3	①全面使用工业拖车;②以输送机与叉车为中心,重点在于节省搬运工

3. 空搬运分析

空搬运属于无效搬运,在搬运作业中有许多空搬运是可以减少或消除的,应把它作为分析与改进的对象。为了找出重点改进对象,可对从事搬运作业的人员(包括基本生产工人),测定其搬运距离(满载搬运距离)和空搬运距离,然后用下式计算出空搬运系数,进行比较分析。

$$\text{空搬运系数}=\frac{\text{人的移动距离}-\text{物的移动距离}}{\text{物的移动距离}}$$

空搬运系数小于或等于 1 为良好。如果大于 1 的空搬运系数有多个,则把其中最大者作为重点改进对象。

7.4.3 现场搬运的改进

步骤一:物料搬运现状调查,发现存在的问题。

(1)有无只重视物料的移动而轻视物料取放的现象。

(2)有无空搬运或无效搬运过多的现象。

(3)有无基本生产工人参与搬运作业过多的现象。

(4)有无只注重节省搬运工人而导致生产效率下降的情况。

(5)有无因将物料平地散放而浪费劳动力的现象。

(6)有无因将物料散乱放置致使取放物料时费时费工的现象。

(7)是否注意到了搬运阻力。

(8)有无为了实现直线形布置而造成无效搬运过多。

(9)有无因搞先进先出而在搬运上造成费时费工的现象。

(10)各生产环节和工序之间有无重复取放等浪费劳动力的现象。

(11)搬运作业之间的衔接处有无重复取放等浪费劳动力的现象。

(12)物料搬运流程中有无不安全之处。

(13)有无因布局不合理造成搬运距离较长的情况。

(14)有无因布局不合理造成搬运费用高的情况。

步骤二:找出主要问题,确定改进目标。

(1)偏重物料的移动相当于忽视物料的取放。

(2)偏重搬运的质量相当于不注重搬运阻力和劳动力消耗。

(3)偏重实载运输等于忽视空搬运。

(4)忽视搬运工以外的搬运等于轻视基本生产工人参与搬运给生产带来的不利影响。

(5)忽视地面放置和散装放置将带来劳动力的浪费。

(6)偏重搞先进先出将带来仓库作业困难和空间利用不充分。

(7)偏重搞直线形布置将带来设备布局不合理,无效搬运过多。

由上述问题和错误得到以下改进线索,从而得出改进目标如表 7-11 所示。

表 7-11　改进目标

线索	目标
基本生产工人参与搬运	提高生产效率,保证产品质量
无效取放、移动	减少搬运作业
使用人力过多	减少搬运劳力

(1)由于基本生产工人参与搬运而影响生产效率和产品质量。

(2)无效取放。表现为物料放置不良,再次整理,重复取放。

(3)无效移动。表现为布置不合理,空搬运。

(4)使用人力过多。表现为人力移动、人力操作和浪费劳动力过多。

步骤三:测定分析问题的原因,制订改进措施。

(1)如果空搬运较多,可通过绘制布局图式的搬运工序分析图来进行空搬运分析,找出产生空搬运的原因和需要改进的地方,制订改进措施。

(2)如果是搬运劳动力浪费大,可进行搬运质量比率分析,找出搬运作业量最集中的环节,把分析与改进的重点放在该处。

(3)如果在搬运中手工作业和时间浪费较多,则应进行搬运难易性分析和搬运高度分析,查出搬运难易性指数较低的环节和搬运高度较高的位置,设法改进。

总之,要针对具体问题选择分析方法,测定产生问题的原因,然后根据改进目标要求,制订改进措施,使存在的问题、改进的目标和制订的措施直接挂钩。

步骤四:组织实施改进措施。

步骤五:从定性与定量两方面对改进效果进行评价。

7.5 SLP 与 SHA 的联系与区别

7.5.1 SLP 与 SHA 的相互关系

从前面 SHA 的设计过程可以看到，设计搬运系统时必须考虑布置的具体情况，作为布置设计和搬运系统设计的方法，SLP 和 SHA 具有密切的关系。

1. 二者具有共同的目标，其出发点都是力求物流合理化

SLP 重点在于空间的合理规划，使得物流路线最短。在布置时位置合理，尽可能减少物流路线的交叉、迂回、往复现象。

SHA 重点在于搬运方法和手段的合理化，即根据所搬运物料的物理特征、数量以及搬运距离、速度、频度等，确定合适的搬运设备，使搬运系统的综合指标达到最优。

2.SLP 和 SHA 具有相互制约、相辅相成的关系

如前所述，只有良好的设施布置与合理的物料搬运系统相结合才能保证物流合理化的实现。在进行设施布置设计时，必须同时考虑物料搬运系统的要求，如采用输送带作为主要物料搬运手段，则各种设施应该按输送带的走向呈直线分布；如果采用叉车，则应考虑有适当的通道和作业空间。

在进行设施布置设计时，如果对物料搬运系统中的临时储存、中间库、成品包装作业场地等未给予足够的重视，则可能造成投产后生产系统物料拥挤混乱。

总之，设施布置设计是物料搬运系统设计的前提，而前者则只有通过完善搬运系统才能显示出其合理性。所以说，设施布置设计和物料搬运系统设计是一对伙伴。

7.5.2 SLP 与 SHA 结合

一般 SLP 是根据产品的工艺设计进行，即根据产品加工工艺流程的顺序、所选定的加工设备规格尺寸进行布置设计。而物料搬运系统则以布置设计为前提选择适当的搬运设备，以及确定搬运工艺。由于两者相辅相成，这两个步骤不应孤立进行，以下两点必须注意。

1. 进行 SLP 时，尽可能考虑到 SHA 的需要

SLP 的主要依据虽然是产品加工工艺流程和加工设备的规格尺寸，但是对尚未进行设计的物料搬运系统仍应有相应的估计。例如：

(1)采用连续输送或是单元输送；

(2)采用传送带、叉车或是其他起重运输机械；

(3)作为物流缓冲环节的临时储存，中间仓库的数量和规模；

(4)进料以及产品包装、存放的场所；

(5)切屑、废料的排除方法等。

要通过对这些因素的考虑尽可能为 SHA 创造一个良好的前提条件。

2. SLP 和 SHA 交叉进行、互相补足

SLP 是 SHA 的前提，对于大的步骤， SLP 先于 SHA，在设计中可以根据加工设备的规格尺寸和经验数据为物料搬运系统留出必要的空间。但是由于搬运设备尚未选定，还存在一定的盲目性。当 SHA 设计之后，可以对 SLP 的结果进行修正，相互补足，使这两部分的工作能够得到较为完善的结合，实现比较理想的物流合理化。

思考与练习题

（1）物料搬运系统设计有 20 条重要原则，这是处理一切物料搬运问题的基础，你能将其归纳总结成几个方面，使其变成更少的几个准则吗？

（2）解释物料搬运系统设计原则中：①标准化原则；②建筑立体空间最大化原则的含义，并给出一个应用实例。

（3）简述物料搬运系统的程序。

（4）绘制你所熟悉的医院平面布置以及内、外科的不同就诊路径，体会功能布置以及流水线布置的区别。

（5）用物流分析技术分析你每天的生活，计算效率，思考改进的方法。

（6）某车间生产 4 种产品，由 4 种设备加工。4 种设备的面积相等，由直线轨迹的双向 AGV 供货 / 卸货。机器的尺寸为 9 m × 9 m。产品工艺路线信息以及生产信息如表 7-12 所示。假设上货 / 卸货点在机器边缘线的中点，请确定最佳布置。如果位于角点，布置是否改变，为什么？

表 7-12　产品工艺路线信息以及生产信息

产品	加工顺序	周产量 / 件
1	BDCAC	300
2	BDAC	700
3	DBDCAC	900
4	ABCA	200

（7）请说明物料搬运系统设计步骤和设施规划步骤之间的异同点。

（8）某零件的工艺路线为：A—F—E—D—C—B—A—F。在以上给定工艺顺序下，有 2 000 个该零件将从第一台机器 A 流动到最后一台机器 F。集装单元数量为 50 个，从第一台机器开始就确定下来了，但因为批量大小的决策，在机器 D 加工后集装单元数量翻番。如果用同一辆叉车在不同机器间运送集装单元，假设叉车每次操作一个集装单元，试确定叉车运行的总次数。

第 8 章　设施规划仿真

8.1　设施规划仿真概述

8.1.1　计算机系统仿真的意义及其在设施规划中的应用

20 世纪 70 年代以后计算机仿真已在设施布置和物流分析中开始应用。随着计算机硬件和软件的飞速发展,其应用的广度和深度也在不断扩大。如今计算机仿真在制造业和服务业中已成为规划和决策过程中不可缺少的组成部分。仿真被定义为一个实验技术,通常利用计算机对一个过程或系统(如设施的布置或物流系统)的建模,模型通过模拟真实系统中一段时间内发生的事件从而输出反馈结果,它可以对现实世界中任何一个系统的性能做出分析。仿真模型的价值是在模型上可以进行实验,从而预测真实系统的性能。

人们在研究一个较为复杂的系统时,通常可以采用两种方法:一种是直接在实际系统上进行研究;另一种就是在系统的模型上进行研究。在实际系统上研究固然有其真实可信的优点,但是很多情况下是不合适甚至是不可行的。这主要有以下几方面的原因。

(1)需要考虑安全性。在研究重要的、涉及人身安全或设备安全的系统时,不允许在实际系统上进行实验,如宇航系统、核能系统、航空系统等。

(2)系统具有不可逆性。有很多系统是不可逆的,如已发生的灾害、生态系统等。

(3)投资风险过大。一些重大的工程项目,重大设备系统很复杂,投资巨大,不允许在实际系统上进行破坏性的实验。

(4)研究时间过长。多数情况下,在实际系统上研究问题往往需要较长的时间。例如研究复杂的生态系统一般需要数十年;研究一个交通运输系统也至少需要数天甚至数月。

(5)真实的系统尚未建成。如果希望在系统规划设计阶段评价方案的优劣,显然无法在真实系统上进行。

出于以上主要原因,利用模型来研究系统不仅是必要的,甚至在某些情况下是唯一可行的方法。在设施规划与物流中,仿真可以协助解决(回答)如下一些问题。

(1)生产工厂(车间)或办公室应如何布置?

(2)假如顾客减少,平均订货周期从 12 天减至 7 天,增加多少成本?销售能增加吗?

(3)如我们将配送仓库的数量从 32 个减到 19 个,对顾客服务标准有何影响?成本如何变化?

(4)假如我供货方改进了送货,按准确时间送货,能安全地将库存降低多少?

(5)假如可接受的订单最小金额从 1 000 元增加到 5 000 元,问对全部销售的影响有多大?

传统上，仿真大量用于制造系统的规划、设计和改进中。与设施规划及物流相关的问题如下。

（1）评价不同的制造策略（如精益生产和使用看板等）。

（2）主要设备的投资决策。

（3）新设备和新工艺过程的评价。

（4）生产能力分析与改进。

（5）识别瓶颈与约束并使之最小化。

（6）资源分配与降低劳工成本。

（7）减少在制品和最终产品的库存。

（8）工厂布置得到优化。

（9）生产线平衡。

（10）包装区域内的物料搬运系统设计。

（11）支持6σ（六西格玛）的各种项目。

（12）供应链和物流的优化。

（13）改进销售和运作计划。

如抽象地按照工作理由而论，仿真主要用于以下五个方面。

（1）评价。根据一组评价指标，所设计的系统是否满足这些指标？也就是能否满足生产要求，能否在预算内实现等。

（2）比较。比较能完成设定性能的各种方案，从成本、性能及其他因素中选出满意的方案。

（3）预测。设计人员在一定时间周期内的特定条件下，研究系统性能，在规定的条件下系统性能按小时或天进行仿真，甚至在数年内按小时仿真。

（4）优化。一旦关键因素被排除，可以控制某些因素或多种因素组合以优化系统，从而产生最佳的系统响应。

（5）灵敏度分析。当系统中存在许多可操作的变量时，只有少数变量可能对性能有重大影响，灵敏度分析帮助我们确定众多因素中哪一种变量对整个系统有重大影响。

8.1.2　系统、建模与仿真概述

1. 系统

系统仿真的研究对象是具有独立行为规律的系统。系统是相互联系且相互作用的对象的有机组合。从广义上讲，系统的概念是非常广的，大到无穷的宇宙世界，小到分子原子，都可称为系统。

根据系统的物理特征，系统可以划分为两大类，即工程系统和非工程系统。工程系统是指人们为满足某种需要或实现某个预定的功能，利用某种手段构造而成的系统。工程系统的例子非常多，如航空、航天、核能、机械、电气、动力、生产、物流系统等。非工程系统是指自然和社会在发展过程中形成的、被人们在长期的生产劳动和社会实践中逐渐认识的系统，如社会、经济、管理、交通、农业、生态环境等属于非工程系统。

研究一个系统以便了解系统中各组成部分之间的关系或预测系统在新的策略下的运行规律是很有意义的。为了深入研究系统，有时可能需要对系统本身进行实验，但通常有许多原因使得实验不能直接在真实系统上进行。

(1)系统不存在。例如，系统可能还处在方案论证或设计阶段，在系统建成之前无法在新的系统上直接进行实验。

(2)在系统上进行实验会造成巨大的破坏和损失。例如，火箭发动机和控制系统必须在地面经过多次模拟实验后才能用于真正的火箭发射，又如核电站中新的生产控制方案在实施之前也必须经过模拟实验验证。直接在真实系统上进行实验可能会造成无法预料的严重后果。

(3)系统无法恢复。例如，在经济活动中，一个新的经济政策出台后需要经过一段时间才能确定它的影响，而经过这段时间后，即使发现这个新的经济政策是错误的，但它所造成的损失已是无法挽回的了。

(4)实验条件无法保证。例如，实验的时间太长、费用太高，或者是在多次实验中无法保证实验的环境完全一致而影响对实验结果的判断，尤其是当人是实验系统的一部分时，由于他知道自己是实验的一部分，行动往往会和平时不一样，因此会影响实验的效果。

鉴于上述原因，构造一个真实系统的实验模型，在模型上进行实验成为对系统进行分析、研究十分有效的手段。系统模型就是为了达到系统研究的目的，用于收集和描述系统有关信息的实体。

2. 系统模型及分类

系统模型是对相应的真实对象和真实关系中那些有用的和令人感兴趣的特性的抽象，是对系统某些本质方面的描述，它将被研究系统的信息以各种可用的形式体现出来。模型描述可视为真实世界中的物体或过程相关信息形式化的结果。模型在所研究系统的某一侧面具有与系统相似的数学描述或物理描述。从某种意义上说，模型是系统的代表，同时也是对系统的简化。在简化的同时，模型应足够详细，以便从模型的实验中取得关于实际系统的有效结论。

由实际系统构造出一个模型的任务包括两方面的内容：一是建立模型结构，二是提供数据。在建立模型结构时，要确定系统的边界，鉴别系统的实体、属性和活动。提供数据要求能够使包含在活动中的各个属性之间的关系得以确定。在选择模型结构时，要满足两个前提条件：一是要细化模型研究的目的；二是要了解有关特定的建模目标与系统结构性质之间的关系。

系统模型按结构形式分为实物模型、图式模型、模拟模型和数学模型。

(1)实物模型。实物模型是现实系统的放大或缩小，它能表明系统的主要特性和各个组成部分之间的关系，如桥梁模型、电机模型、城市模型、建筑模型、风洞实验中的飞机模型等。这种模型的优点是比较形象，便于共同研究问题；它的缺点是不易说明数量关系，特别是不能揭示要素的内在联系，也不能用于优化。

（2）图式模型。图式模型是用图形、图表、符号等把系统的实际状态加以抽象的表现形式，如网络图（层次与顺序、时间与进度等）、物流图（物流量、流向等）。它是在满足约束条件的目标值中选取较好值的一种方法，它在选优时只起辅助作用。当维数大于 2 时，该种模型作图的范围受到限制。其优点是直观、简单；缺点是不易优化，受变量因素数量的限制。

（3）模拟模型。用一种原理上相似，而求解或控制处理容易的系统代替或近似描述另一种系统，前者称为后者的模拟模型。它一般有两种类型：一种是可以接受输入并进行动态模拟的可控模型，如对机械系统的电路模拟、可用电压模拟机械速度、电流模拟力、电容模拟质量；另一种是用计算机和程序语言表达的模拟模型，如物资集散中心站台数量设置的模拟、组装流水线投料批量的模拟等。通常用计算机模型模拟内部结构不清或因素复杂的系统是行之有效的。

（4）数学模型。数学模型是指对系统行为的一种数量描述。当把系统及其要素的相互关系用数学表达式、图像、图表等形式抽象地表示出来时，就是数学模型。它一般分为确定型和随机型、连续型和离散型。

3. 仿真技术及其分类

系统仿真技术是模型（物理的、数学的或非数学的）的建立、验证和实验运行技术。系统仿真技术可以有许多分类方法。按模型的类型，可分为连续系统仿真、离散事件系统仿真、连续 / 离散混合系统仿真和定性系统仿真；按仿真的实现方法和手段及模型的种类，可分为物理仿真与数学仿真；根据人和设备的真实程度，可分为实况仿真、虚拟仿真和构造仿真等。

连续系统仿真和离散事件系统仿真是根据系统状态变化的不同进行分类的。连续系统仿真是指系统状态随时间连续变化的仿真；离散事件系统仿真则是指系统状态只在一些时间点上发生变化的系统仿真。在系统仿真技术的发展历史中，连续系统仿真较早得到发展和成熟的应用。应用最为成熟的领域包括自动控制、电力系统、宇航、航空等。离散事件系统仿真是随着管理科学的不断发展和先进制造系统的发展而逐渐被重视和发展起来的。目前，在交通运输管理、城市规划设计、库存控制、制造物流等领域都开展了离散事件系统仿真的理论和应用研究。

物理仿真是建立系统的物理模型。最早的仿真起源于物理仿真，例如航空飞行用空洞实验研究气流对飞机飞行的影响。数学仿真则是通过建立系统的数学模型进行研究的。数学仿真又分为模拟仿真和数字仿真。数字仿真就是建立系统的数字模型。由于数字仿真依赖计算机，并需要处理大量数据，要求能快速地进行计算，因此数字仿真是随着计算机的发展而形成和不断成熟起来的。随着计算机的发展，数字仿真的研究和应用在系统仿真中占有越来越大的比重。

8.1.3　常见的设施规划与物流系统仿真软件简介

1. 仿真软件系统分类及发展

仿真语言与仿真软件的开发始于 20 世纪 50 年代中期。总体上，仿真建模软件系统大致可以分为三种类型。①采用通用编程语言(如FORTRAN、BASIC、C、C++、Java等)编写仿真程序,建立仿真模型。在仿真技术发展的早期,这种方法应用最为普遍。目前,该方法在一些特定领域或特定对象的系统仿真中有广泛应用。②采用面向仿真的程序语言(如GPSS、GASP、SIMSCRIPT、SLAM,SIMAN等)编制仿真程序。③采用商品化仿真软件包建立仿真模型,如AutoMod、Extend,Flexsim、ProModel、Witness、Arena等。这类系统通常具有独立的仿真建模、运行及仿真结果分析环境,提供图形化用户界面,并内嵌仿真编程语言,是目前系统仿真的主要形式。

人们在仿真建模的研究和应用中发现,由于实际系统之间存在很大的差异性,要提供一种具有普适性的仿真平台并不现实,反而会导致仿真软件系统功能、结构及其使用过程的复杂化。因此,开发面向特定应用领域的仿真软件或模块既是仿真软件开发的必然选择,也是促进仿真技术应用的有效途径。此外,为支持用户对特定类型系统或产品的仿真分析,不少仿真软件还提供二次开发工具及开放性程序接口,增强软件的适应性。

目前,市场上已有大量的商品化仿真软件,它们面向制造系统、物流系统的某些特定领域,成为提高产品或系统性能、提升企业竞争力的有效工具。常见的设施规划与物流系统分析计算机仿真软件有Flexsim、Witness、ProModel、AutoMod、Extend、Arena、Em- plant等。

2. 常见物流系统建模与仿真软件简介

下面列举一些典型的系统仿真软件。

1)Arena

Arena是美国System Modeling Corporation研发的仿真软件,1993年进入市场,现为美国Rockwell Software公司的产品。Arena软件基于SIMAN/CINEMA仿真语言,它提供可视化、通用性和交互式的集成仿真环境,兼具仿真程序语言的柔性和仿真软件的易用性,并可以与通用编程语言(如Visual Basic、FORTRAN和C/C++等)编写的程序连接运行。

Arena软件在仿真领域具有较高声誉。Introduction to Simulation Using SIMAN以及Simulation with Arena等以Arena仿真软件为基础的教材,成为美国制造类及工业工程类专业仿真课程的主要教材之一。

Arena在制造系统中的应用主要包括制造系统的工艺规划、设备布置、工件加工轨迹的可视化仿真与寻优、生产计划、库存管理、生产控制、产品销售预测和分析、制造系统的经济性和风险评价、制造系统的改进、企业投资决策、供应链管理、企业流程再造等。

此外,Arena还可应用于社会和服务系统的仿真。例如,医院医疗设备/医护人员的配备方案、兵力部署、军事后勤系统、社会紧急救援系统、高速公路的交通控制、出租车管理和路线控制、港口运输计划、车辆调度、计算机系统中的数据传输、飞机航线分析、电话报警系统规划等。

2)Extend

Extend仿真软件由美国Imagine That公司开发,1988年进入市场。它基于Windows操作系统,采用C语言开发,可以对离散事件系统和连续系统进行仿真,且具有较高的灵活性和可扩展性。Extend采用交互式建模方式,具有二维半动画仿真功能,利用可视化工具和可重用的模块组能快速构建系统模型。

Extend 软件的应用涉及制造业、物流业、银行、金融、交通、军事等领域，具体应用包括半导体生产系统调度、钢铁企业物流系统规划、供应链管理、港口运输、车辆调度、生产系统性能优化、银行系统流程管理、医疗流程规划、呼叫中心规划等。通过对系统绩效指标（如制造周期、采购周期、配送周期、服务周期、设备利用率、员工利用率、库存水平等）的仿真分析，可以直观地评价和改进影响系统性能的因素，以实现系统最佳的配置、运行模式或经营策略等。

3）AutoMod

AutoMod 是美国 Brooks Automation 公司的产品。它由仿真模块 AutoMod、实验及分析模块 AutoStat、三维动画模块 AutoView 等部分组成，适合于大规模复杂系统的计划、决策及其控制实验。该软件提供了真实的三维虚拟现实动画，使得仿真模型非常容易理解；提供了高级的特征让用户可以仿真复杂的活动，如机器人、设备工具、生产线等的运动和转动。该软件还为用户提供了一套基于专家系统的物料搬运系统，它是根据工业自动化地真实运行经验开发的，包括输送链、自动存储和检索系统、桥式起重机等。

4）Matlab

Matlab 是矩阵实验室（Matrix Laboratory）的简称，是美国 MathWorks 公司出品的商业数学软件，用于算法开发、数据可视化、数据分析以及数值计算的高级技术计算语言和交互式环境，主要包括 MATLAB 和 Simulink 两大部分。Simulink 是用来对动态系统进行建模、仿真和分析的交互式工具。它可以构建图形化的结构图、模拟动态系统、评估系统绩效和精炼设计。

5）ProModel

ProModel（Production Modeler）是由美国 PROMODEL 公司开发的离散事件系统仿真软件，它可以构造多种生产、物流和服务系统模型，是美国和欧洲使用最广泛的生产系统仿真软件之一。其应用领域包括评估制造系统资源利用率、车间生产能力规划、库存控制、系统瓶颈分析、车间布局规划、产品生产周期分析等。该软件可以对制造系统、仓储系统和物流系统的评估、规划或重新设计进行仿真。其典型应用包括精益制造的实施、周期事件的降低、设备投资决策、产出率和能力分析、识别和排除瓶颈、资源分配等。

6）Quest

Quest 是美国 DELMIA 公司用于对生产工艺流程的准确性与生产效率进行仿真与分析的全三维数字工厂仿真软件。它是进行工厂布局、工厂生产系统集成、工艺流程设计可视化的解决方案。QUEST 为工业设计工程师、制造工程师和管理人员提供了一个单一的协同环境，以在整个产品设计过程中开发和确定最好的生产工艺流程。在为实际设施投资之前，QUEST 就能改善设计、减少风险与成本，使数字工厂效益最大化。通过利用 QUEST 测试各种参数，例如，设施布局、资源配置、其他可替换方案，产品开发小组可以量化他们的决策对生产产量和成本的影响。QUEST 灵活的、基于对象的离散事件仿真环境结合了强大的可视化和强大的导入 / 导出功能，使其成为对生产工艺流程进行仿真与分析的首选解决方案。

7）Witness（SDx）

该软件提供离散事件仿真。该软件具备的多种工具使得对自动化制造系统进行仿真非常容易。周转时间、损坏模式和定时；调整模式和定时、缓冲设备容量和保存时间、机器类型等连同路径信息都为仿真提供了方便性。该软件还包括物料流动优化、虚拟现实功能。有效的物流流动可以最小化设备间物料和产品流动的费用。

8.2 Flexsim 简介

8.2.1 Flexsim 概述

三维仿真软件 Flexsim 是美国 Flexsim Software Products 软件公司在对仿真技术的多年研究及经验积累的基础上开发出来的新一代仿真软件，1993 年投入市场，当前最新版本为 7.0 版，测试版可在公司主页下载（http：//www. flexsim. com）。Flexsim 采用 C++ 语言开发，采用面向对象编程和 Open GL 技术，可以以二维或三维方式提供虚拟现实的建模环境。它提供三维化建模环境，并集成了 C++ 集成开发环境（Integrated Development Environment，IDE）和编译器。

Flexsim 是一个强有力的分析工具，可帮助工程师和设计人员在系统设计和运作中做出智能决策。采用 Flexsim，可以建立一个真实系统的 3D 计算机模型，然后用比在真实系统上更短的时间或者更低的成本来研究系统。作为一个 what-if 分析工具，Flexsim 就多个备选方案提供大量反馈信息，帮助用户迅速从多个方案中找到最优方案。在 Flexsim 的逼真图形动画显示和广泛的运作绩效报告支持下，用户可以在短时间内识别问题并对可选方案做出评估。在系统建立之前，使用 Flexsim 来建立系统的模型，或在系统真正实施前实验其运作策略，可以消灭在新系统启动时经常会遇到的很多缺陷。以前需要几个月甚至几年时间的查错实验，现在使用 Flexsim 可以在几天甚至几小时内取得效果。Flexsim 可以实现生产流程的真正三维可视化，而且可以帮助企业实现资源最优配置，达到产能最大化、排程最佳化、在制品及库存最小化和成本最小化。Flexsim 是通用离散事件仿真软件，可以用于若干行业的系统建模与仿真。有许多知名大型企业是 Flexsim 客户，包括 General Mills、Damler Chrysler、FedEx 等一些著名企业。

Flexsim 是一种离散事件仿真软件程序。这意味着它可以对根据特定事件发生的结果在离散时间点改变状态的系统进行。一般，状态可分为空闲、繁忙、阻塞或停机等，事件则有用户订单到达、产品移动、机器停机等。离散仿真模型中被加工的实体通常是物理产品，但也可能是用户、文书工作、绘图、任务、电话、电子信息等。这些实体通过一系列加工过程、排队和运输步骤，即所谓加工流程，在系统中依次进行下去。加工过程中的每一步都可能需要一个或多个资源，如机器、输送机、操作员、车辆或某种工具。这些资源有一些是固定的，另一些是可移动的。一些资源是专门用于特定任务的，另一些则必须在多任务中共享。

使用 Flexsim 仿真软件可解决以下三个基本问题。

（1）服务问题。要求以最高满意度和最低可能成本来处理用户及其需求。

（2）制造问题。要求以最低可能成本在适当的时间制造适当产品。

（3）物流问题。要求以最低可能成本在适当的时间、适当的地点、获得适当的产品。

Flexsim 成功解决的典型问题如下：

（1）提高设备的利用率；

（2）缩短等待时间和排队长度；

（3）有效分配资源；

（4）消除缺货问题；

（5）把故障的负面影响减至最低；

（6）把废弃物的负面影响减至最低；

（7）研究可替换的投资概念；

（8）决定零件经过的时间；

（9）研究降低成本计划；

（10）建立最优批量和工件排序；

（11）解决物料发送问题；

（12）研究设备预置时间和改换工具的影响；

（13）优化货物和服务的优先次序与分派逻辑；

（14）在系统全部行为和相关作业中训练操作人员；

（15）展示新的工具设计和性能；

（16）管理日常运作决策。

Flexsim 已经被成功应用在系统设计研究和系统日常运作管理中。Flexsim 也被应用于培训和教学领域。一个 Flexsim 的培训模型就可以反映真实系统中的复杂相关性和动态特性。Flexsim 可以帮助操作人员和管理人员了解系统是如何运作的，同时也可以了解如果实施替代方案系统将会怎样。Flexsim 还被用来建立交互式模型，这些模型在运行过程中具有可控性，有助于讲解和展示在系统管理中固有的因果关系的影响。

8.2.2　Flexsim 基本概念

1. 实体

实体在仿真中模拟不同类型的资源。暂存区实体就是一个例子，它在仿真中扮演存储或缓冲的角色。暂存区可以代表一队人、CPU 中一队空闲处理程序、一个工厂的地面堆存区或客户服务中心的等待传叫的队列。另一个实体的例子是处理器实体，它模拟一段延迟或处理时间。它可以代表工厂中的一台机器、一个为客户服务的银行出纳员或者一个分拣包裹的邮政员工等。

实体可在对象库栅格面板中找到。这些实体栅格被分为几组，如标准实体、固定实体和可移动实体，默认状态下显示最常用的实体。

1)临时实体与临时实体箱

临时实体是指在模型系统中移动通过的实体。它可代表零件、托盘、组装部件、纸张、集装箱、人、电话呼叫、订单等。临时实体可以被加工,也可以由物料运输资源携带通过系统。临时实体产生于一个生成器实体。一旦临时实体从模型系统中通过,它们就被送至吸收器实体。

临时实体箱是用来选择、新建、删除临时实体类型和修改属性的工具。

2)临时实体类型

临时实体类型是置于实体上的一个标签,可以代表一个条形码、产品类型或工件号。可通过参考临时实体类型进行临时实体行程安排。

2. 端口

每个实体都可以有多个端口,端口数量没有限制。实体通过端口与其他实体进行通信。端口有三种类型:输入端口、输出端口和中间端口。

输入端口和输出端口用于设定临时实体在模型中的流动路线。例如一个邮件分拣器,根据包裹的目的地不同,把包裹放置在输送机上。在模拟这个过程时,一个处理器实体的多个输出端口必须连接到几个输送机实体的输入端口,这样处理器(或邮件分拣器)一旦完成对临时实体(或包裹)的处理,就把它发送到输送机。

中间端口用来建立一个实体与另一个实体的相关性。中间端口通常的应用是建立固定实体与可移动实体之间的相关关系,这些固定实体如机器、暂存区、输送机、可移动实体如操作员、叉车、起重机等。

端口的创建和连接操作方法是:按住键盘上的不同字母,单击一个实体并拖动至第二个实体。如果在单击和拖动过程中按住字母 A 键,将在第一个实体上生成一个输出端口,同时在第二个实体上生成一个输入端口,这两个新的端口将自动连接。如果按住 S 键,将在这两个实体上各生成一个中间端口并连接着两个新的端口。当按住的是 Q 键或 W 键时,输入输出端口之间或中间端口之间的连接被断开,端口被删除。表 8-1 给出了用来建立和断开两类端口连接的键盘字母。

表 8-1 端口的连接操作

状态	输出与输入端口	中间端口
断开	Q	W
连接	A	S

3. 标签

标签是建模人员用来存放临时数据的一种机制。标签可以建立在一个实体上,表示属于这个实体。一个标签有两部分:名称和标签值。名称可以任意命名,标签值可以是数字或文字数字(包含文字和数字的字符串)。如果需要添加一个纯数字标签,可单击底部的“添加数字标签”按钮。同样地,如果需要一个标签保存数字和字母,则单击“添加字符串标签”

按钮。然后可用该表修改此标签的名称和标签值。

另外,建模人员也可以在模型运行中动态地更新、创建或删除标签。此分页将显示所有标签和它们的当前值。所有信息在模型运行中实时显示,这些信息对建模人员测试逻辑、调试模型很有帮助。

4. 模型视图

Flexsim 采用三维建模环境,默认的建模视图是正投影视图窗。还可以在一个更真实的透视视图中观察模型。通常在正投影视图中建立模型的布局更容易,而透视视图更多用于展示。可以尽你所需打开多个窗口,但请记住,随着打开窗口数目的增多,对电脑资源的需求就会增加。

5. 实体属性与参数

在 Flexsim 中,把对一个实体的完整描述分成了两部分:一部分是针对各种类型实体而言的特性,称为实体参数;另一部分是库中所有实体的共同特性,称为实体属性。实体参数窗口用以配置与实体类型相关的特性,而实体属性窗口则用于配置与实体类型无关的属性。每个实体都有一个属性窗口和一个参数窗口。用右键点击模型窗口中的一个实体,可以看到菜单。选择“参数”或者“属性”即可打开相应的窗口。

每个实体的属性都是相同的。在属性中有 4 个分页,视景、常规、标签和统计。每个分页包含所选实体的附属信息。

实体参数根据所选实体的不同将稍有区别。由于每个实体在模型中都有特定的功能,因此必须使参数个性化以允许建模人员能够尽可能灵活地应用这些实体。所有实体的有些分页是相似的,而另一些分页对该实体则是非常特殊的。关于每个实体所有参数的特定定义可参见实体库。双击一个实体可访问该实体的参数。

6. 随机变量的概率分布

随机变量的概率分布是一个统计学概念。事件的概率表示一次实验某一个结果发生的可能性。若要全面了解实验,则必须知道实验的全部可能结果及各种可能结果发生的概率,即必须知道随机实验的概率分布。

Flexsim 提供了多种常用的离散型随机变量的概率分布,如均匀分布、正态分布、指数分布、泊松分布、伯努利分布、二项式分布、爱尔朗分布、伽马分布等。这些分布常用来描述随机变量,如时间、数量、产品类型等。

在各种表示时间的下拉菜单,如预置时间、加工时间、MTBF/MTTR(平均故障间隔 / 平均修复时间)、到达时间间隔等下拉菜单中,可以看到多种随机分布的选项。在其他一些下拉菜单的代码模板中也可以看到一些随机分布函数表达式,如一些触发器下拉菜单的选项中,会包含一些随机分布函数。

除了采用标准的概率分布外,常常需要用到经验分布。例如,可以通过定义全局表来实现按经验分布的百分比分配时间或者数量的概率,其方法是在全局表中,第一列定义为百分比,第二列定义为时间(或者数量),在使用时,根据该全局表来确定符合这种经验分布的时间(或数量)的随机取值。

7. 实体库与实体

实体库由实体组成,这些实体之间可进行方便易懂的交互。这些实体是采用面向对象的方法构建的,具有父类 / 子类的层次结构。子类实体继承父类实体的属性和默认行为,同时又特别指定了适用于特定情形的行为。库中的大多数实体都是由两个通用实体类,或者说是父类之一创建的。这里所说的两个通用实体类是固定实体(Fixed Resources)和任务执行器(Task Executers)。

固定实体是模型中固定不动的实体,可以代表处理流程的步骤,如工厂中的处理工位或储存区域。临时实体中从头到尾穿过模型,经历进入、被处理、完成各个被处理步骤的过程。当一个临时实体在模型中某一步被处理完成,就被发送到下一步,或者说是发送到下一个固定实体。

任务执行器是模型中共享的可移动的资源。它们可以是操作员,被某固定实体用来在某给定步骤中处理临时实体,或在步骤之间运输临时实体。它们还可以执行许多其他仿真功能。

学习步骤为:先学习固定实体,然后学习任务执行器和任务序列。一旦熟悉了这两种通用类型实体如何工作,就可以掌握其子类的特定功能。这些子类如下:

(1)固定实体,如生成器、吸收器、处理器、输送机、合成器、分解器、暂存区、网络结点、流结点、货架、基本固定实体(Basic Fixed Resource, BFR);

(2)任务执行器,如操作员、运输机、堆垛机、机器人、基本任务执行器(Basic Task Executer, BTE);

(3)其他实体,如分配器、网络结点、记录器。

下面介绍常用的一些实体类型。

1)生成器

生成器是用来创建模型的临时实体。每个生成器创建一类临时实体,并能够为它所创建的临时实体分配属性,如实体类型或颜色。模型中至少有一个生成器。生成器可以按照每个到达时间间隔、每个到达时间表或一个定义的到达序列创建临时实体。

尽管生成器不接受临时实体,但它也是固定实体的一个子类,它创建并释放临时实体。因此,在其临时实体流参数页中没有输入部分。生成器可以按下面 3 种模式之一进行操作。

(1)到达时间间隔模式。在按时间间隔到达模式中,生成器使用到达时间间隔函数。此函数的返回值是直到下一个临时实体到达需要等待的时间。生成器等待这么长的时间,然后创建一个临时实体并释放。临时实体一旦离开,它再次调用间隔到达时间函数,并重复这个过程。应注意,到达间隔时间定义为一个临时实体离开与下一个临时实体到达之间的时间,而不是一个临时实体到达与下一个临时实体到达之间的时间。如果想要将到达间隔时间定义为两次到达之间的真实时间,则需要在下游使用一个容量很大的暂存区,以确保生成器在生成临时实体时立即将其释放。还可以指定间隔到达时间是否在第一个到达事件上使用,或者说,第一个临时实体是否在 0 时刻创建。

(2)到达时间表模式。在到达时间表模式中,生成器遵循一个用户定义的时间表来创建临时实体。此表的每一行指定了在仿真中某给定时间的一次临时实体的到达。对每次到达的临时实体,可以指定到达时间、名称、类型、要创建的临时实体数目,以及这次到达附加的临时实体标签。到达时间应在时间表中正确排序,意思是每个进入时间应大于或等于先前进入的到达时间。如果将生成器设定为重复时间表,则在完成最后一个到达时立即循环回到第一个到达,导致第一个进入到达与最后一个进入到达发生在完全相同的时刻。这里提醒一下,当重复时间表时,第一个进入到达时间适用于第一次的时间表循环。这使得一个初始到达时间只执行一次,而不被重复。如果需生成器在最后一次到达后和重复的第一次到达之间等待一段给定的时间,则需要在表的末尾添加一个进入,给它一个大于先前进入到达时间的到达时间,且将新进入的到达临时实体数量设为 0。

(3)到达序列模式。到达序列模式与到达时间表模式类似,只不过这里没有相关联的时间。生成器将创建给定表格进行的临时实体,然后当进入的最后一个临时实体一离开,就立即转到表的下一行。也可以重复使用到达序列。

生成器有生成和阻塞两种状态。生成状态是指在生成器中没有临时实体,它正在等待直到下一次创建事件发生以创建临时实体的状态。阻塞状态是已创建了临时实体,且临时实体正等待离开生成器的状态。

2)吸收器

吸收器是用来消除模型中已经完成全部处理的临时实体。一旦一个临时实体进入吸收器,就不能再恢复。任何涉及即将离开模型的临时实体的数据收集,都应在它进入吸收器之前或在吸收器进入触发器中进行。吸收器是固定实体的一个子类,它将持续接收临时实体,并在它们进入之后立即消除这些临时实体。由于它消除所有接收到的临时实体,所以吸收器在临时实体流分页里就没有任何送往的功能。

有时需要循环利用临时实体而不是消除掉,这样可以提高模型的性能。要实现这一点,不要使用吸收器,而代之以一个暂存区。进入暂存区的临时实体可以被移进模型中的其他部分而实现重新进入。吸收器无任何状态。

8.3　设施规划仿真案例分析

8.3.1　配送中心拣选仿真

通常,配送中心的仓库除了整箱(托盘)存入物品的大型立体化仓库外,还有拣选仓库。拣选仓库是将整箱(托盘)的物品拆散后,放入仓库,以便在给客户出货时,按照订单需要拣选零散需求的物品。拣选方式有播种式和采摘式两种。为了模拟拣选过程,可以建立拣选库模型(图 8-1),通过运行该模型,对拣选流程进行模拟分析,从而掌握拣选的统计数据或拣选的流程。

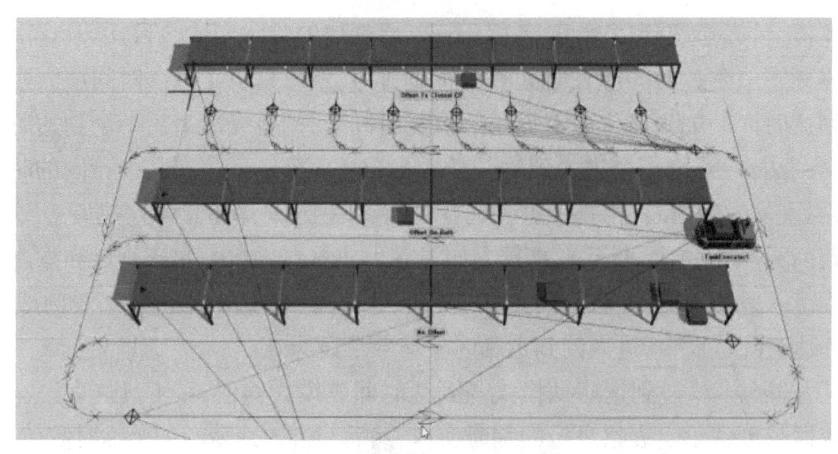

图 8-1 配送中心拣选仿真

8.3.2 制造领域的仿真

轮胎和橡胶制造公司使用计算机仿真来辅助在高产量的工厂中调度软件包的应用。这个项目的目的在于开发一个分析工具,使用这个工具,生产规划小组能够指导和评价一套生产调度方案。库存能力和使用、设备闲置和其他设备的需求等问题,也在研究之列。这个模型仿真可以分析不同时期的轮胎生产加工过程及其相应地在制品库存需求。此模型能够进行生产调度和生产模块组合,也能分析影响减少关键转换成本的重要生产参数,尤其是由于人工和废料产生的成本。

此模型允许制造人员比较不同的调度方案,在实施前对调度方案进行测试和调试。

8.3.3 医疗服务仿真

医疗服务系统同样能够从计算机仿真和建模中受益,旨在评估和改进美国佛罗里达州急救部门运作的仿真研究是一个相关的案例。这个部门每年接收近 60 000 名病人,该部门由 33 个房间组成,分为 3 个单元。每个单元单独配备人员,其工作时间不同。这个仿真的目的在于检查治疗类选法和登记活动的先后顺序,检查床位登记对护士和医师利用率的影响,提供更及时的决策支持系统。

此模型检查的几个不同调度场景,主要集中在检查治疗类选法、注册活动的排队顺序、具体配备、使用 X 射线设备的情况、手术时间、常备医师状态和实验室运转时间的改善等。它提供了一些初步的结果。第一,治疗类选和登记都以关键路径中的活动的形式显示,就是说,这些活动需要的时间大大影响总运转时间。第二,此模型还显示了不影响系统总性能的工作。虽然通常认为非急诊病人经常被送回到 X 射线检查室,此模型显示这些病人其实不需要额外的 X 射线设备。第三,减少两个单元内的处理时间不影响第三个单元,这个研究显示了工作时间可以缩减但接收适当数量病人的能力仍然能够维持。

这个研究的发现能帮助实施一系列决策,这些决策改进了资源的整体使用率,减少了病人停留的总时间,对设备利用率有积极影响。

下篇　应用篇

第 9 章　制造业设施规划

9.1　液压转向器厂原始条件介绍

公司有地 30 000 m^2，厂区南北为 300 m，厂区东西宽 100 m，该厂预计需要工人 400 人，计划建成年产 60 000 套液压转向器的生产厂，需要完成工厂总平面布置设计。

1. 液压转向器的结构及有关参数

液压转向器的基本结构如图 9-1 所示，由 22 个零件以及组件构成，每个零件、组件的名称、材料、单件质量及年需求量均列于表 9-1 中。

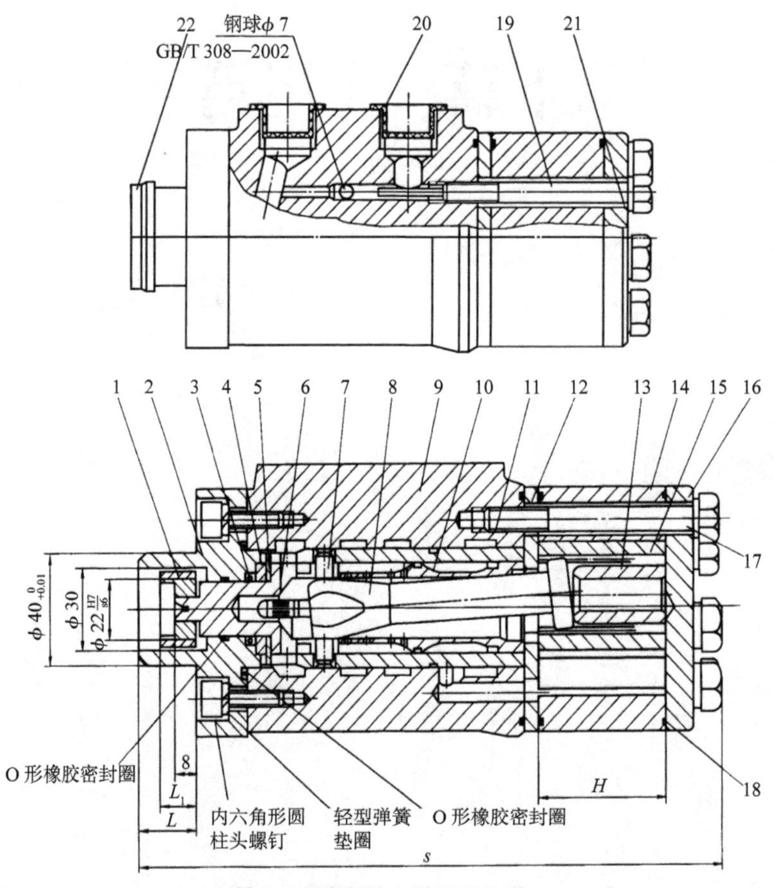

图 9-1　液压转向器的结构图

1—连接块组块；2—前盖；3—X 形密封圈；4—挡环；5—滑环；6—弹簧片；7—拔销；8—联动器；9—阀体；10—阀芯；11—阀套；12—隔盘；13—限位柱；14—定子；15—转子；16—后盖；17—螺栓；18—O 形封圈；19—限位螺栓；20—油堵；21—标牌；22—护盖

表 9-1　液压转向器明细表

工厂名称:液压转向器厂										共 1 页
产品名称		液压转向器		产品代号	110	计划年产量 / 个		60 000		第 1 页
序号	零件名称	零件代号	自制	外购	材料	总计划需求量 / 个	零件图号	形状	单件质量 /kg	说明
1	连接块组件		V		20	60 000			0.09	
2	前盖		V		HT250	60 000			0.9	
3	X 形密封圈			V	橡胶	62 000			0.04	
4	挡环		V		20	60 000			0.03	
5	滑环		V		20	60 000			0.03	
6	弹簧片			V	65Mn	420 000			0.01	
7	拔销			V	65Mn	62 000			0.02	
8	联动器		V		45	60 000			0.27	
9	阀体		V		HT250	60 000			7	
10	阀芯		V		45	60 000			0.6	
11	阀套		V		20	00 009			0.56	
12	隔盘		V		20	600 000			0.32	
13	限位柱		V		45	600 000			0.01	
14	定子		V		40Cr	600 000			1.2	
15	转子		V		45	60 000			0.6	
16	后盖		V		20	60 000			0.8	
17	螺栓			V	45	360 000			0.02	
18	O 形密封圈			V	橡胶	301 000			0.01	
19	限位螺栓			V	45	60 000			0.02	
20	油堵			V	塑料	280 000			0.01	
21	标牌			V	铝	60 000			0.01	
22	护盖			V	塑料	66 000			0.01	
编制日期		审核(日期)								

2. 作业单位划分

根据液压转向器的结构及工艺特点,设立如表 9-2 所示的 11 个作业单位,分别承担原材料存储、备料、热处理、加工与装配、产品性能实验、生产管理与服务等各项生产任务。

表 9-2 作业单位建筑汇总表

序号	作业单位名称	用途	建筑面积 / m×m	结构形式	备注
1	原材料库	储存钢材、铸锭	30×30		露天
2	铸造车间	铸造	25×30		
3	热处理车间	热处理	20×20		
4	机加工车间	车、铣、钻削	30×30		
5	精密车间	精镗、磨削	35×35		
6	标准件、半成品库	储存外购件、半成品	25×25		
7	组装车间	组装转向器	20×30		
8	性能实验室	转向器性能检验	15×20		
9	成品库	成品储存	12×12		
10	办公、服务楼	办公室、食堂等	80×60		
11	设备维修车间	机床维修	20×30		

3. 液压转向器生产工艺过程

液压转向器结构比较简单,因此,生产工艺过程也比较简单,总的工艺过程可分为:零、组件的制作与外购;半成品暂存、组装;性能实验与成品存储等阶段。

(1)零件的制作与外购。液压转向器上的标准件、异型件如塑料护盖、铝制标牌等都是采用外购、外协的方法获得,入厂后由半成品库保存,其他零件由本厂自制,其工艺过程分别见表 9-3~ 表 9-15 所示。表中各工序加工前工件质量=该工序加工后工件的质量 / 该工序材料利用率。

表 9-3 连接块组件加工工艺过程表

<table>
<tr><td colspan="2">产品名称</td><td>件号</td><td>材料</td><td>单件质量 /kg</td><td>计划产量 / 套</td><td>年产总质量 /kg</td></tr>
<tr><td colspan="2">连接块组件</td><td>1</td><td>20</td><td>0.09</td><td>60 000</td><td>5 400</td></tr>
<tr><td>序号</td><td colspan="3">作业单位名称</td><td>工序内容</td><td colspan="2">工序材料利用率 /%</td></tr>
<tr><td>1</td><td colspan="3">原材料库</td><td>备料</td><td colspan="2"></td></tr>
<tr><td>2</td><td colspan="3">机加工车间</td><td>车、镗、压装</td><td colspan="2">55</td></tr>
<tr><td>3</td><td colspan="3">半成品库</td><td>暂存</td><td colspan="2"></td></tr>
</table>

表 9-4　前盖加工工艺过程表

<table>
<tr><td>产品名称</td><td>件号</td><td>材料</td><td>单件质量 /kg</td><td>计划产量 / 套</td><td>年产总质量 /kg</td></tr>
<tr><td>前盖</td><td>2</td><td>HT250</td><td>0.90</td><td>60 000</td><td>54 000</td></tr>
<tr><td>序号</td><td colspan="2">作业单位名称</td><td>工序内容</td><td colspan="2">工序材料利用率 /%</td></tr>
<tr><td>1</td><td colspan="2">原材料库</td><td>准备铸锭</td><td colspan="2"></td></tr>
<tr><td>2</td><td colspan="2">铸造车间</td><td>铸造</td><td colspan="2">60</td></tr>
<tr><td>3</td><td colspan="2">机加工车间</td><td>粗铣、镗、钻</td><td colspan="2">80</td></tr>
<tr><td>4</td><td colspan="2">精密车间</td><td>精镗</td><td colspan="2">95</td></tr>
<tr><td>5</td><td colspan="2">半成品库</td><td>暂存</td><td colspan="2"></td></tr>
</table>

表 9-5　挡环加工工艺过程表

<table>
<tr><td>产品名称</td><td>件号</td><td>材料</td><td>单件质量 /kg</td><td>计划产量 / 套</td><td>年产总质量 /kg</td></tr>
<tr><td>挡环</td><td>4</td><td>20</td><td>0.03</td><td>60 000</td><td>1 800</td></tr>
<tr><td>序号</td><td colspan="2">作业单位名称</td><td>工序内容</td><td colspan="2">工序材料利用率 /%</td></tr>
<tr><td>1</td><td colspan="2">原材料库</td><td>备料</td><td colspan="2"></td></tr>
<tr><td>2</td><td colspan="2">机加工车间</td><td>车削</td><td colspan="2">40</td></tr>
<tr><td>3</td><td colspan="2">半成品库</td><td>暂存</td><td colspan="2"></td></tr>
</table>

表 9-6　滑环加工工艺过程表

<table>
<tr><td>产品名称</td><td>件号</td><td>材料</td><td>单件质量 /kg</td><td>计划产量 / 套</td><td>年产总质量 /kg</td></tr>
<tr><td>滑环</td><td>5</td><td>20</td><td>0.03</td><td>60 000</td><td>1800</td></tr>
<tr><td>序号</td><td colspan="2">作业单位名称</td><td>工序内容</td><td colspan="2">工序材料利用率 /%</td></tr>
<tr><td>1</td><td colspan="2">原材料库</td><td>备料</td><td colspan="2"></td></tr>
<tr><td>2</td><td colspan="2">机加工车间</td><td>车削</td><td colspan="2">40</td></tr>
<tr><td>3</td><td colspan="2">半成品库</td><td>暂存</td><td colspan="2"></td></tr>
</table>

表 9-7　联动器加工工艺过程表

<table>
<tr><td>产品名称</td><td>件号</td><td>材料</td><td>单件质量 /kg</td><td>计划产量 / 套</td><td>年产总质量 /kg</td></tr>
<tr><td>联动器</td><td>8</td><td>45</td><td>0.27</td><td>60 000</td><td>1 620</td></tr>
<tr><td>序号</td><td colspan="2">作业单位名称</td><td>工序内容</td><td colspan="2">工序材料利用率 /%</td></tr>
<tr><td>1</td><td colspan="2">原材料库</td><td>备料</td><td colspan="2"></td></tr>
<tr><td>2</td><td colspan="2">机加工车间</td><td>车、铣</td><td colspan="2">40</td></tr>
<tr><td>3</td><td colspan="2">精密车间</td><td>精磨</td><td colspan="2">99</td></tr>
<tr><td>4</td><td colspan="2">半成品库</td><td>暂存</td><td colspan="2"></td></tr>
</table>

表 9-8　阀体加工工艺过程表

<table>
<tr><td colspan="2">产品名称</td><td>件号</td><td>材料</td><td>单件质量 /kg</td><td>计划产量 / 套</td><td>年产总质量 /kg</td></tr>
<tr><td colspan="2">阀体</td><td>9</td><td>HT250</td><td>7.00</td><td>60 000</td><td>420 000</td></tr>
<tr><td>序号</td><td colspan="3">作业单位名称</td><td>工序内容</td><td colspan="2">工序材料利用率 /%</td></tr>
<tr><td>1</td><td colspan="3">原材料库</td><td>准备铸锭</td><td colspan="2"></td></tr>
<tr><td>2</td><td colspan="3">铸造车间</td><td>铸造</td><td colspan="2">60</td></tr>
<tr><td>3</td><td colspan="3">机加工车间</td><td>组铣、镗</td><td colspan="2">70</td></tr>
<tr><td>4</td><td colspan="3">精密车间</td><td>精镗</td><td colspan="2">90</td></tr>
<tr><td>5</td><td colspan="3">半成品库</td><td>暂存</td><td colspan="2"></td></tr>
</table>

表 9-9　阀芯加工工艺过程表

<table>
<tr><td colspan="2">产品名称</td><td>件号</td><td>材料</td><td>单件质量 /kg</td><td>计划产量 / 套</td><td>年产总质量 /kg</td></tr>
<tr><td colspan="2">阀芯</td><td>10</td><td>45</td><td>0.6</td><td>60 000</td><td>36 000</td></tr>
<tr><td>序号</td><td colspan="3">作业单位名称</td><td>工序内容</td><td colspan="2">工序材料利用率 /%</td></tr>
<tr><td>1</td><td colspan="3">原材料库</td><td>备料</td><td colspan="2"></td></tr>
<tr><td>2</td><td colspan="3">机加工车间</td><td>粗车、钻、铣</td><td colspan="2">70</td></tr>
<tr><td>3</td><td colspan="3">热处理车间</td><td>热处理</td><td colspan="2"></td></tr>
<tr><td>4</td><td colspan="3">精密车间</td><td>精磨</td><td colspan="2">99</td></tr>
<tr><td>5</td><td colspan="3">半成品库</td><td>暂存</td><td colspan="2"></td></tr>
</table>

表 9-10　阀套加工工艺过程表

<table>
<tr><td colspan="2">产品名称</td><td>件号</td><td>材料</td><td>单件质量 /kg</td><td>计划产量 / 套</td><td>年产总质量 /kg</td></tr>
<tr><td colspan="2">阀套</td><td>11</td><td>20</td><td>0.56</td><td>60 000</td><td>33 600</td></tr>
<tr><td>序号</td><td colspan="3">作业单位名称</td><td>工序内容</td><td colspan="2">工序材料利用率 /%</td></tr>
<tr><td>1</td><td colspan="3">原材料库</td><td>备料</td><td colspan="2"></td></tr>
<tr><td>2</td><td colspan="3">机加工车间</td><td>车削</td><td colspan="2">80</td></tr>
<tr><td>3</td><td colspan="3">半成品库</td><td>暂存</td><td colspan="2"></td></tr>
</table>

表 9-11　隔盘加工工艺过程表

<table>
<tr><td colspan="2">产品名称</td><td>件号</td><td>材料</td><td>单件质量 /kg</td><td>计划产量 / 套</td><td>年产总质量 /kg</td></tr>
<tr><td colspan="2">隔盘</td><td>12</td><td>20</td><td>0.32</td><td>60 000</td><td>19 200</td></tr>
<tr><td>序号</td><td colspan="3">作业单位名称</td><td>工序内容</td><td colspan="2">工序材料利用率 /%</td></tr>
<tr><td>1</td><td colspan="3">原材料库</td><td>备料</td><td colspan="2"></td></tr>
<tr><td>2</td><td colspan="3">机加工车间</td><td>铣、钻</td><td colspan="2">80</td></tr>
<tr><td>3</td><td colspan="3">半成品库</td><td>暂存</td><td colspan="2"></td></tr>
</table>

表 9-12　限位柱加工工艺过程表

<table>
<tr><td>产品名称</td><td colspan="2">件号</td><td>材料</td><td>单件质量 /kg</td><td>计划产量 / 套</td><td>年产总质量 /kg</td></tr>
<tr><td colspan="2">限位柱</td><td>13</td><td>45</td><td>0.01</td><td>60 000</td><td>600</td></tr>
<tr><td>序号</td><td colspan="3">作业单位名称</td><td>工序内容</td><td colspan="2">工序材料利用率 /%</td></tr>
<tr><td>1</td><td colspan="3">原材料库</td><td>备料</td><td colspan="2"></td></tr>
<tr><td>2</td><td colspan="3">机加工车间</td><td>车、镗</td><td colspan="2">70</td></tr>
<tr><td>3</td><td colspan="3">热处理车间</td><td>热处理</td><td colspan="2"></td></tr>
<tr><td>4</td><td colspan="3">精密车间</td><td>端磨</td><td colspan="2">99</td></tr>
<tr><td>5</td><td colspan="3">半成品库</td><td>暂存</td><td colspan="2"></td></tr>
</table>

表 9-13　定子加工工艺过程表

<table>
<tr><td>产品名称</td><td colspan="2">件号</td><td>材料</td><td>单件质量 /kg</td><td>计划产量 / 套</td><td>年产总质量 /kg</td></tr>
<tr><td colspan="2">定子</td><td>14</td><td>40Cr</td><td>1.20</td><td>60 000</td><td>72 000</td></tr>
<tr><td>序号</td><td colspan="3">作业单位名称</td><td>工序内容</td><td colspan="2">工序材料利用率 /%</td></tr>
<tr><td>1</td><td colspan="3">原材料库</td><td>备料</td><td colspan="2"></td></tr>
<tr><td>2</td><td colspan="3">热处理车间</td><td>退火</td><td colspan="2"></td></tr>
<tr><td>3</td><td colspan="3">机加工车间</td><td>车、钻、插、铣</td><td colspan="2">50</td></tr>
<tr><td>4</td><td colspan="3">热处理车间</td><td>调质</td><td colspan="2"></td></tr>
<tr><td>5</td><td colspan="3">精密车间</td><td>研磨</td><td colspan="2">99</td></tr>
<tr><td>6</td><td colspan="3">半成品库</td><td>暂存</td><td colspan="2"></td></tr>
</table>

表 9-14　转子加工工艺过程表

<table>
<tr><td>产品名称</td><td colspan="2">件号</td><td>材料</td><td>单件质量 /kg</td><td>计划产量 / 套</td><td>年产总质量 /kg</td></tr>
<tr><td colspan="2">转子</td><td>15</td><td>45</td><td>0.60</td><td>60 000</td><td>36 000</td></tr>
<tr><td>序号</td><td colspan="3">作业单位名称</td><td>工序内容</td><td colspan="2">工序材料利用率 /%</td></tr>
<tr><td>1</td><td colspan="3">原材料库</td><td>备料</td><td colspan="2"></td></tr>
<tr><td>2</td><td colspan="3">热处理车间</td><td>正火</td><td colspan="2"></td></tr>
<tr><td>3</td><td colspan="3">机加工车间</td><td>车、铣、钻</td><td colspan="2">70</td></tr>
<tr><td>4</td><td colspan="3">热处理车间</td><td>淬火</td><td colspan="2"></td></tr>
<tr><td>5</td><td colspan="3">精密车间</td><td>研磨</td><td colspan="2">99</td></tr>
<tr><td>6</td><td colspan="3">半成品库</td><td>暂存</td><td colspan="2"></td></tr>
</table>

表 9-15　后盖加工工艺过程表

<table>
<tr><td>产品名称</td><td colspan="2">件号</td><td>材料</td><td>单件质量 /kg</td><td>计划产量 / 套</td><td>年产总质量 /kg</td></tr>
<tr><td colspan="2">后盖</td><td>16</td><td>20</td><td>0.80</td><td>60 000</td><td>48 000</td></tr>
<tr><td>序号</td><td colspan="3">作业单位名称</td><td>工序内容</td><td colspan="2">工序材料利用率 /%</td></tr>
<tr><td>1</td><td colspan="3">原材料库</td><td>备料</td><td colspan="2"></td></tr>
<tr><td>2</td><td colspan="3">机加工车间</td><td>车、钻</td><td colspan="2">80</td></tr>
<tr><td>3</td><td colspan="3">半成品库</td><td>暂存</td><td colspan="2"></td></tr>
</table>

(2)标准件、外购件与半成品暂存。生产出的零、组件经检验合格后,送入半成品库暂存。定期订购的标准件和外协件均存放在半成品库。

(3)组装。所有零件、组件在组装车间集中组装成液压转向器成品。

(4)性能测试。所有组装出的液压转向器均需进行性能试验,试验合格的成品送入成品库,试验不合格的返回组装车间进行修复。一次组装合格率估计值为 80%,二次组装合格率为 100%。

(5)产品存储。所有合格液压转向器存放在成品库等待出厂。

9.2 液压转向器厂的设施规划分析

9.2.1 产品 – 产量分析

生产的产品品种的多少及每种产品产量的高低,决定了工厂的生产类型,进而影响着工厂设备的布置形式。根据以上已知条件可知,待布置设计的液压转向器厂的产品品种单一,产量较大,其年产量为 60 000 台,属于大批量生产,适合于按产品原则布置,宜采用流水线的组织形式。

9.2.2 产品工艺过程分析

1. 计算物流量

通过对产品加工、组装、检验等各种加工阶段以及各工艺过程路线的分析,计算每个工艺过程各工序加工前工件单件质量及产生的废料质量,并根据全年生产量计算全年物流量。具体计算过程如表 9-16 所示。

表 9-16 各零件物流量计算

产品名称	毛重 /kg	废料 /kg			
		铸造废料	机加工废料	精加工废料	全年废料总质量
连接块组件	0.09/0.55≈0.164		0.164-0.09=0.074		0.074 × 60 000=4 440
前盖	0.9/(0.95 × 0.80 × 0.60)≈1.974	1.974 × 0.4≈0.790	1.974 × 0.6 × 0.2≈0.237	1.974 × 0.6 × 0.8 × 0.05≈0.047	1.074 × 60 000=64 440
挡环	0.03/0.4=0.075		0.075-0.03=0.045		0.045 × 60 000=2 700
滑环	0.03/0.4=0.075		0.075-0.03=0.045		0.045 × 60 000=2 700
联动器	0.27/(0.4 × 0.99)≈0.682		0.682 × 60%≈0.409	0.682 × 40% × 1% ≈0.003	0.412 × 60 000=24 720
阀体	7.00/(0.6 × 0.7 × 0.9)≈18.519	18.519 × 0.4=7.408	18.519 × 0.6 × 0.3≈3.333	18.519 × 0.6 × 0.7 × 0.1≈0.778	11.519 × 60 000=691 140
阀芯	0.6/(0.7 × 0.99)≈0.866		0.866 × 0.3≈0.260	0.866 × 0.7 × 0.01≈0.006	0.266 × 60 000=15 960
阀套	0.56/0.8=0.7		0.7−0.56=0.14		0.14 × 60 000=8 400

续表

产品名称	毛重 /kg	废料 /kg			
		铸造废料	机加工废料	精加工废料	全年废料总质量
隔盘	0.32/0.8=0.40		0.4−0.32=0.08		0.08 × 60 000=4 800
限位柱	0.01/(0.7 × 0.99)≈0.014 4		0.014 4 × 0.3≈0.004 3	0.014 4 × 0.7 × 0.01 ≈0.000 1	0.004 4 × 60 000=264
定子	1.2/(0.5 × 0.99)≈2.424		2.424 × 0.5=1.212	2.424 × 0.5 × 0.01≈0.012	1.224 × 60 000=73 440
转子	0.60/(0.7 × 0.99)≈0.866		0.866 × 0.3≈0.260	0.866 × 0.7 × 0.01≈0.006	0.266 × 60 000=15 960
后盖	0.80/0.8=1.00		1.00-0.80=0.20		0.2 × 60 000=12 000

2. 绘制各零件的工艺过程图

根据各零件的加工工艺过程与物流量，绘制各零件的工艺过程如图 9-2~ 图 9-13 所示。图中序号分别是：1—原材料库，2—铸造车间，3—热处理车间，4—机加工车间，5—精密车间，6—半成品库。

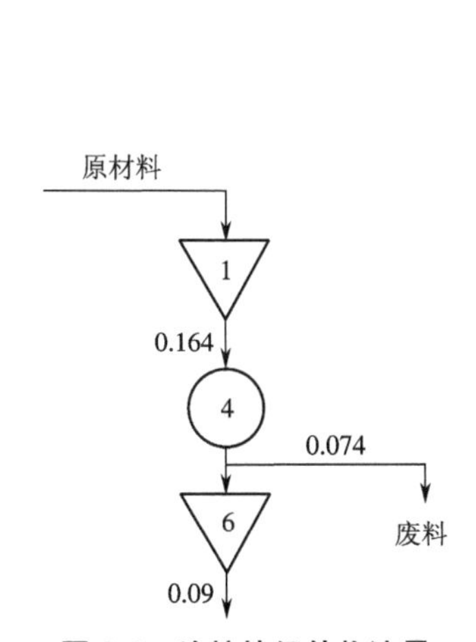

图 9-2　连接块组件物流量

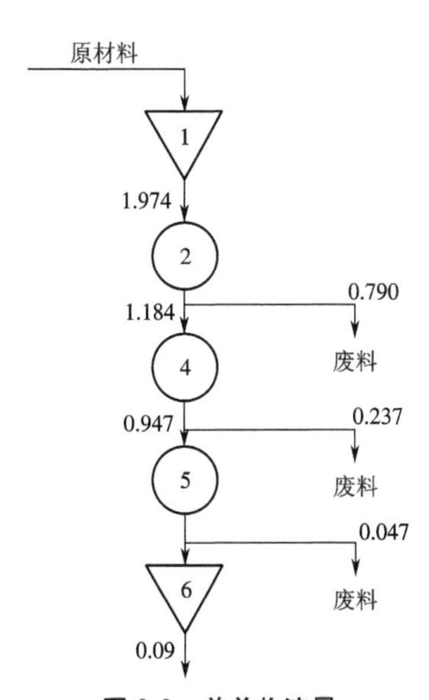

图 9-3　前盖物流量

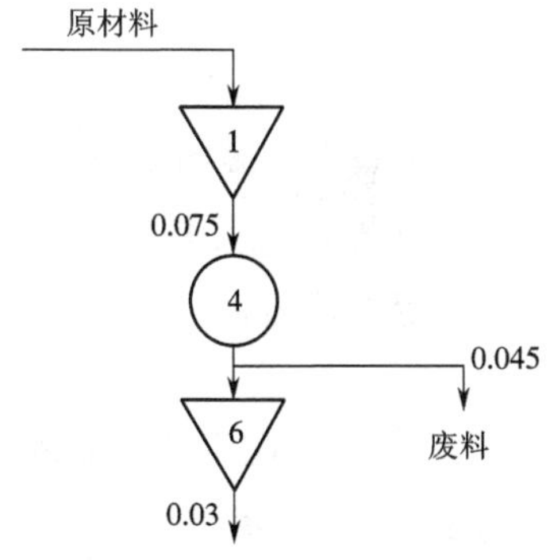

图 9-4　挡环物流量

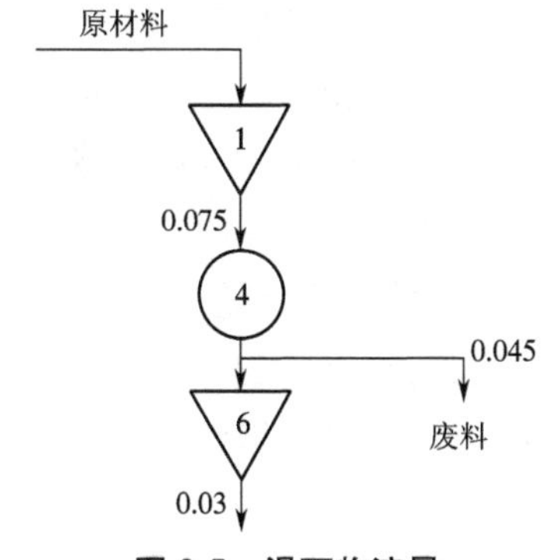

图 9-5　滑环物流量

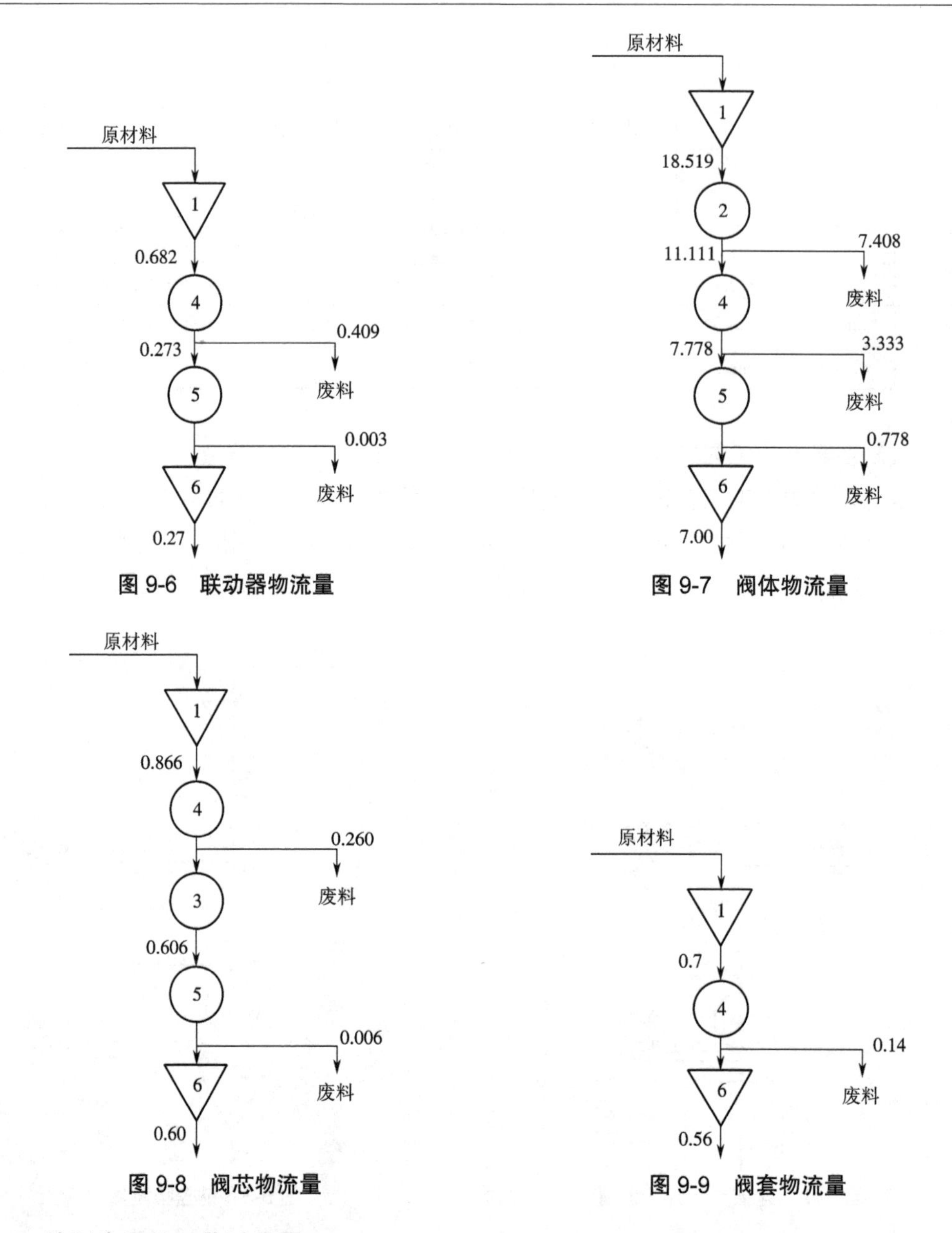

图 9-6 联动器物流量

图 9-7 阀体物流量

图 9-8 阀芯物流量

图 9-9 阀套物流量

3. 绘制产品总工艺过程图

液压转向器总的生产过程可分为零件加工阶段→总装阶段→性能实验阶段，所有零件、组件在组装车间集中组装。将液压转向器所有工艺过程汇总在一张图中，得到液压转向器总工艺过程图（图 9-14）。该图清楚地表示出液压转向器生产的全过程以及各工序和各作业单位之间的物流情况，为进一步进行深入的物流分析奠定了基础。

4. 绘制产品初始工艺过程表

为了研究各零件、组件生产过程之间的相互关系，将总工艺过程图中的产品按照物流强度大小顺序，由左到右排列于产品工艺过程表中，即最左边的产品物流强度最大，由左到右物流强度逐渐递减，这样得到液压转向器初始工艺过程表（表 9-18）。

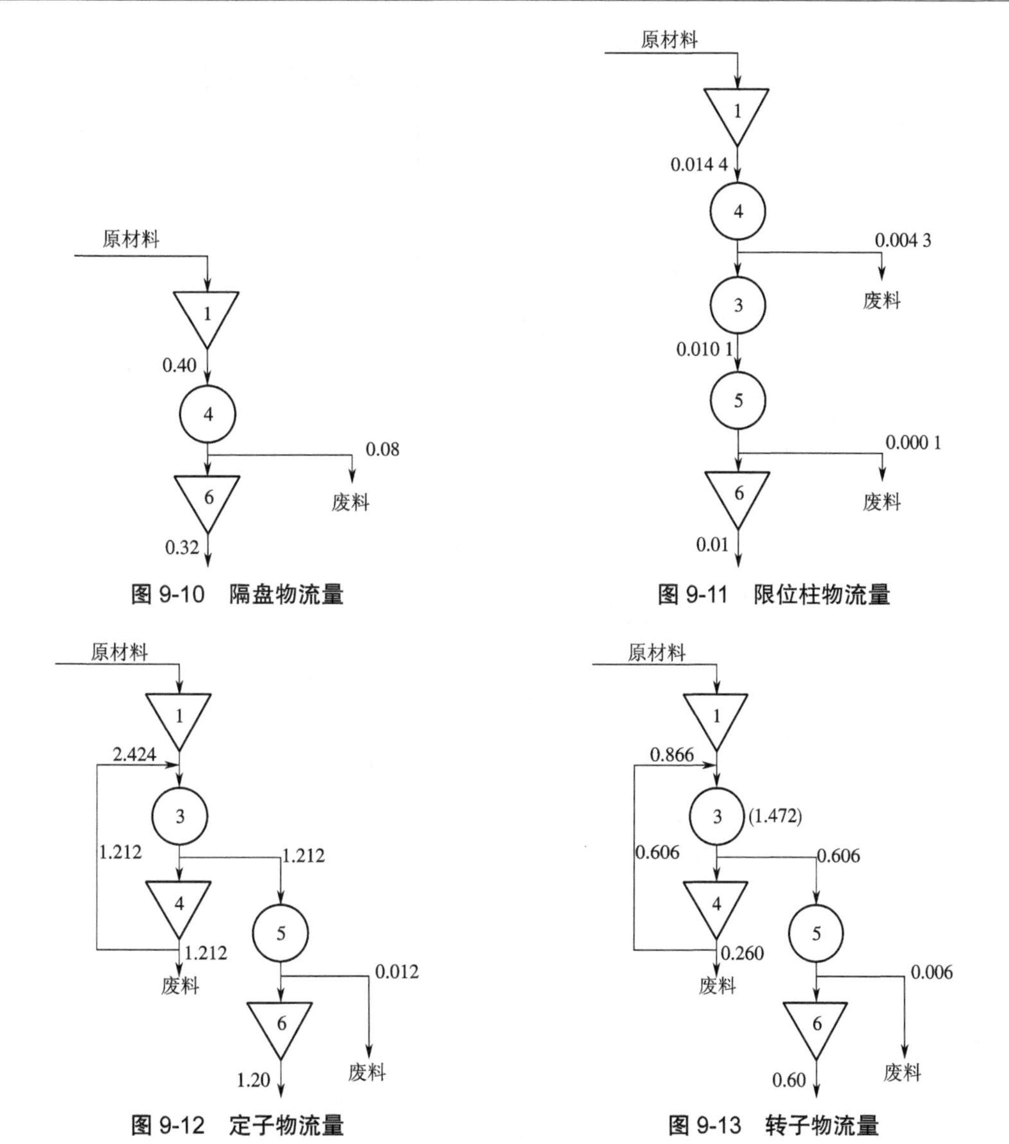

图 9-10　隔盘物流量

图 9-11　限位柱物流量

图 9-12　定子物流量

图 9-13　转子物流量

5. 绘制产品较佳工艺过程图

由初始产品工艺过程表 9-17 可知，按照现行的工艺顺序，存在物流倒流的情况，为了使物流顺流强度达到最大，可对某些作业单位的顺序进行交换。经计算发现交换作业单位 5 与 6，可使顺流强度达到最大。通过交换调整，得到调整后的较佳产品工艺过程如表 9-18 所示。

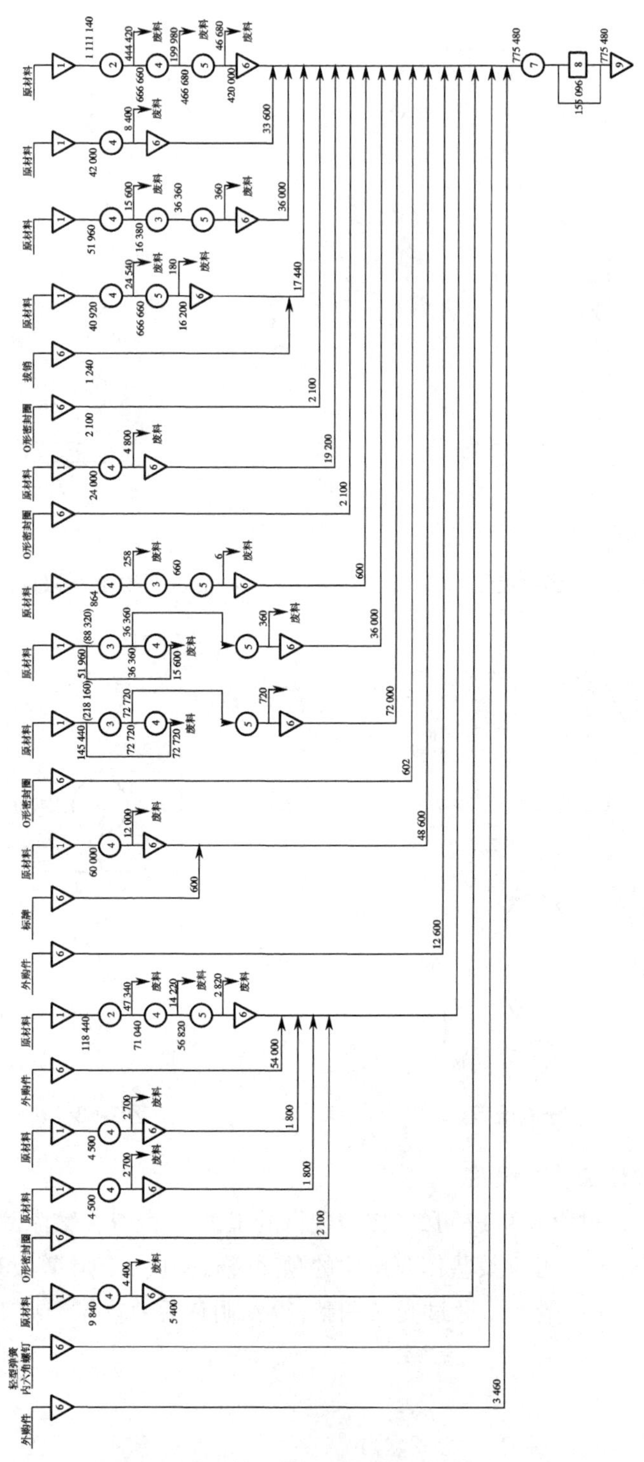

图 9-14　液压转向器总工艺过程图(单位:kg)

注:装配顺序为:阀体→阀套→阀芯→联动轴(拔销)→ O 形密封圈→隔盘→ O 形密封圈→限位柱→转子→定子→ O 形密封圈→后盖(标牌)→外购件(限位螺栓、螺栓、弹簧片)→前盖(O 形密封圈、X 形密封圈、挡环、滑环、O 形密封圈)→连接块组件→外购件(护盖、油堵)

表 9-17　初始产品工艺过程表

序号	名称	阀体		定子		前盖		后盖		阀芯		转子		阀套		隔盘		联动器		连接块组件		挡环		滑环		限位柱	
		流程	D_{jk}	流程	D_{jk}	流程	D_{jk}	流程	D_{jk}	流程	D_{jk}	流程	D_{jk}	流程	D_{jk}	流程	D_{jk}	流程	D_{jk}	流程	D_{jk}	流程	D_{jk}	流程	D_{jk}	流程	D_{jk}
1	原材料	①	2	①	1	①	2	①	1	①	1	①	1	①	1	①	1	①	1	①	1	①	1	①	1	①	1
2	铸造	②	2			②	2			②								②								②	2
4	机加工	③	1	③	2 -1	③	1	②	1	③	2	③	2 -1	②	1	②	1	③	1	②	1	②	1	②	1	③	1
3	热处理			② ④	2						1	② ④	1														
6	半成品库	⑤		⑥		⑤		③		⑤		⑥		③		③		④		③		③		③		⑤	
5	精加工	④	-1	⑤	-1	④	-1			④	-1	⑤	-1					③	-1							④	-1
$\sum_{k=1}^{n_j-1} D_{jk}W_{jk}$		3 602 460		146 160		381 960		108 000		125 040		73 080		75 600		43 200		41 100		15 240		6 300		6 300		2 082	
W		4 626 522																									

表 9-18　较佳产品工艺过程表

序号	名称	阀体		定子		前盖		后盖		阀芯		转子		阀套		隔盘		联动器		连接块组件		挡环		滑环		限位柱	
		流程	D_{jk}	流程	D_{jk}	流程	D_{jk}	流程	D_{jk}	流程	D_{jk}	流程	D_{jk}	流程	D_{jk}	流程	D_{jk}	流程	D_{jk}	流程	D_{jk}	流程	D_{jk}	流程	D_{jk}	流程	D_{jk}
1	原材料	①	2	①	1	①	2	①	1	①	1	①	1	①	1	①	1	①	1	①	1	①	1	①	1	①	1
2	铸造	②	2			②	2																			②	2
4	机加工	③	1	③	2 -1	③	1	②	1	②	2	③	2 -1	②	1	②	1	②	1	②	1	②	1	②	1	③	2
3	热处理			② ④	2					③	2	② ④	2														
5	精加工	④	2	⑤	2	④	2			④	2	⑤	2				1	③	2		1		1		1	④	2
6	半成品库	⑤		⑥		⑤		③		⑤		⑥		③		③		④		③		③		③		⑤	
$\sum_{k=1}^{n_j-1} D_{jk}W_{jk}$		4 862 460		434 880		543 960		108 000		269 400		217 400		75 600		43 200		89 700		15 240		6 300		6 300		4 488	
W		6 676 968																									

9.2.3　物流分析

1. 绘制从至表

根据液压转向器较佳产品工艺过程表 9-18，绘制出液压转向器工艺过程物流从至表，如表 9-19 所示。

表 9-19 液压转向器加工工艺从至表

从＼至		1 原材料库	2 铸造车间	3 热处理车间	4 机加工车间	5 精密车间	6 半成品库	7 组装车间	8 性能实验室	9 成品库	合计
1	原材料库		1 229.58	197.40	238.584						1 665.564
2	铸造车间				737.82						737.82
3	热处理车间				343.45	146.06					489.51
4	机加工车间			146.06		540.17	109.8				796.03
5	精密车间						634.81				634.81
6	半成品库							775.48			775.48
7	组装车间								1 085.672		1 085.672
8	性能实验室							155.096		775.48	930.576
9	成品库										
合计			1 229.58	343.46	1 319.854	686.23	744.61	930.576	1 085.672	775.48	7 115.462

2. 绘制物流强度汇总表

根据产品的工艺过程和物流从至表，统计各单位之间的物流强度，并将物流强度汇总到物流强度汇总表 9-20 之中。

表 9-20 物流强度汇总表

序号	作业单位对（路线）	物流强度 /t	序号	作业单位对（路线）	物流强度 /t
1	1-2	1 229.58	7	4-5	540.17
2	1-3	197.40	8	4-6	109.80
3	1-4	238.584	9	5-6	634.81
4	2-4	737.82	10	6-7	775.48
5	3-4	343.45	11	7-8	1 085.672
6	3-5	146.06	12	8-9	775.48

3. 划分物流强度等级

将各作业单位对的物流强度按大小排序，自大到小填入物流强度分析表中，根据物流强度分布划分物流强度等级。

作业单位对或称为物流路线的物流强度等级，应按物流路线比例或承担的物流量比例来确定。针对液压转向器的工艺过程图、利用表 9-20 中统计的物流量，按由小到大的顺序绘制物流强度分析表（表 9-21）。表 9-21 中未出现的作业单位之间不存在固定的物流，因此，物流强度等级为 U 级。图 9-15 为作业单位物流相关图。

表 9-21　物流强度分析表

序号	作业单位对(路线)	物流强度(单位:t) 150　300　450　600　750　990　1 050　1 200	物流强度等级
1	1-2		A
2	7-8		A
3	6-7		E
4	8-9		E
5	2-4		E
6	5-6		I
7	4-5		I
8	3-4		I
9	1-4		I
10	1-3		O
11	3-5		O
12	4-6		O

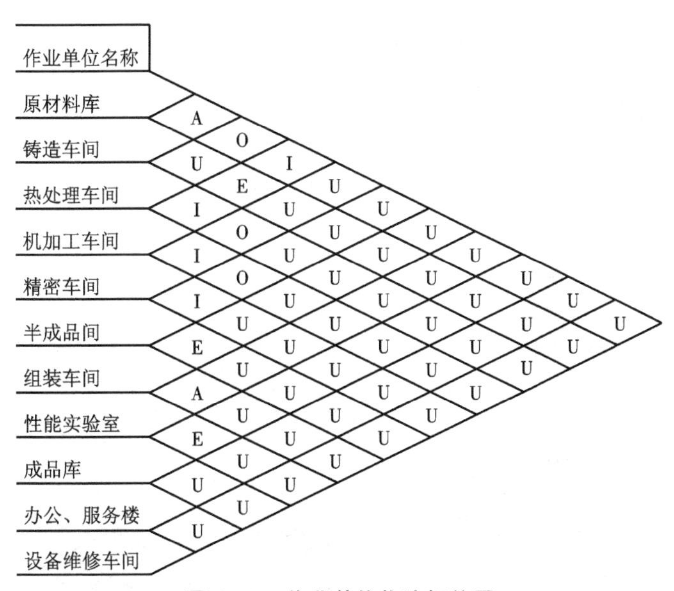

图 9-15　作业单位物流相关图

9.2.4　作业单位非物流相互关系分析

针对液压转向器生产特点,制订各作业单位间相互关系密切程度理由如表 9-22 所示。根据表 9-22 制订液压转向器“基准相互关系”(表 9-23),在此基础上建立非物流作业单位相互关系图,如图 9-16 所示。

表 9-22 液压转向器各作业单位关系密切程度理由

编号	理由	编号	理由
1	工作流程的连续性	5	安全及污染
2	生产服务	6	振动、噪声、烟尘
3	物料搬运	7	人员联系
4	管理方便	8	信息传递

表 9-23 基准相互关系

字母	一对作业单位	密切程度的理由
A	原材料库与铸造车间,加工车间组装与性能实验室	搬运物料的数量、次数以及类似的搬运问题
E	铸造车间与机加工车间 性能实验室和成品库 维修和精密车间,组装及性能实验	搬运物料的数量和形式 不可损坏没有包装的物品 服务的频繁和紧急程度
I	标准件、半成品库和组装 机加工和热处理、精密车间 设备维修与其他金属加工车间之间 办公楼与成品库、半成品库、原材料	搬运物料的数量和频数以及类似的搬运问题 服务的频繁程度 报表运送方便、管理方便
O	办公楼与设备维修车间 办公楼与其他加工车间	联系频繁程度 管理方便
U	设备维修与原材料库、半成品库、成品库 原材料库与半成品、成品库及组装性能实验 技术部门与成品库	接触不多、不常联系 联系密切程度不大 不常联系
X	办公楼、服务楼与铸造车间、热处理车间精密车间、性能实验室	灰尘、噪声、震动、异味、烟尘、振动

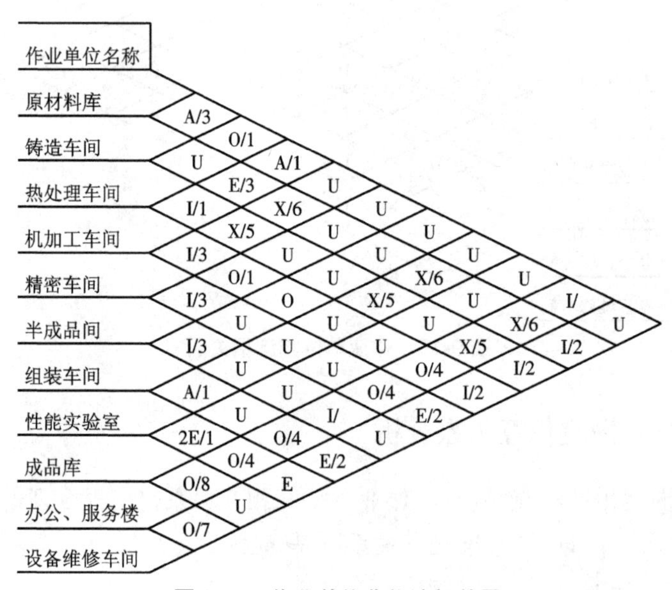

图 9-16 作业单位非物流相关图

9.2.5　作业单位综合相互关系分析

从图 9-15 和图 9-16 可知,液压转向器厂作业单位物流相关与非物流相互关系不一致。为了确定各作业单位之间综合相互关系密切程度,需要将两表合并后再进行分析判断。其合并过程如下。

1. 选取加权值

加权值的大小反映工厂布置时考虑因素的侧重点,对于液压转向器来说,物流因素(m)影响并不明显大于其他非物流因素(n)的影响,因此,取加权值 $m:n=1:1$。

2. 综合相互关系的计算

根据该厂各作业单位对之间物流与非物流关系等级的高低进行量化,并加权求和,求出综合相互关系如表 9-24 所示。

当作业单位数目为 11 时,总作业单位对数为:

$$p=\frac{11(11-1)}{2}=55$$

式中,p 为作业单位对数。

因此,表 9-24 中将有 55 个作业单位对,即将有 55 个相互关系。

表 9-24　作业单位之间综合相互关系计算表

作业单位对	关系密级				综合关系	
	物流关系　加权值:1		非物流关系　加权值:1			
	分数	等级	分数	等级	分数	等级
1-2	4	A	4	A	8	A
1-3	1	O	1	O	2	O
1-4	2	I	4	A	6	E
1-5	0	U	0	U	0	U
1-6	0	U	0	U	0	U
1-7	0	U	0	U	0	U
1-8	0	U	0	U	0	U
1-9	0	U	0	U	0	U
1-10	0	U	2	I	2	O
1-11	0	U	0	U	0	U
2-3	0	U	0	U	0	U
2-4	3	E	3	E	6	E
2-5	0	U	−1	X	−1	X
2-6	0	U	0	U	0	U
2-7	0	U	0	U	0	U
2-8	0	U	−1	X	−1	X
2-9	0	U	0	U	0	U

续表

作业单位对	关系密级				综合关系	
	物流关系	加权值:1	非物流关系	加权值:1		
	分数	等级	分数	等级	分数	等级
2-10	0	U	-1	X	-1	X
2-11	0	U	2	I	2	O
3-4	2	I	2	I	4	I
3-5	1	O	-1	X	0	U
3-6	0	U	0	U	0	U
3-7	0	U	0	U	0	U
3-8	0	U	-1	X	-1	X
3-9	0	U	0	U	0	U
3-10	0	U	-1	X	-1	X
3-11	0	U	2	I	2	O
4-5	2	I	2	I	4	I
4-6	1	O	1	O	2	O
4-7	0	U	1	O	1	U
4-8	0	U	0	U	0	U
4-9	0	U	0	U	0	U
4-10	0	U	1	O	1	O
4-11	0	U	2	I	2	O
5-6	2	I	2	I	4	I
5-7	0	U	0	U	0	U
5-8	0	U	0	U	0	U
5-9	0	U	0	U	0	U
5-10	0	U	1	O	1	U
5-11	0	U	3	E	3	I
6-7	3	E	2	I	5	E
6-8	0	U	0	U	0	U
6-9	0	U	0	U	0	U
6-10	0	U	2	I	2	O
6-11	0	U	0	U	0	U
7-8	4	A	4	A	8	A
7-9	0	U	0	U	0	U
7-10	0	U	1	O	1	U
7-11	0	U	3	E	3	I
8-9	3	E	3	E	6	E
8-10	0	U	1	O	1	U

续表

作业单位对	关系密级				综合关系	
	物流关系 加权值:1		非物流关系 加权值:1			
	分数	等级	分数	等级	分数	等级
8-11	0	U	3	E	3	I
9-10	0	U	2	I	2	O
9-11	0	U	0	U	0	U
10-11	0	U	1	O	1	U

3. 划分关系密级

在表 9-24 中,综合关系分数取值范围为 -1~8,按分数排列得出各分数段所占比例如表 9-25 所示。在此基础上与表 6-16 中推荐的综合相互关系密级程度划分比例进行对比,若各等级相差太大,则需要对表 9-24 中作业单位对之间的关系密切程度适当进行调整,使各等级比例与表 6-16 中推荐的比例尽量接近。

表 9-25 综合相互关系密级等级划分

总分	关系密级	作业单位对数	百分比 /%
8	A	2	3.6
5~6	E	4	7.3
3~4	I	6	10.9
2	O	8	14.55
0~1	U	30	54.55
-1	X	5	9.1

4. 建立作业单位综合相互关系表

将表 9-24 中的综合相互关系总分转化为关系密级等级,绘制成作业单位综合相互关系图,如图 9-17 所示。

9.3 液压转向器厂的设施布置设计

9.3.1 工厂总平面布置

1. 综合接近程度

由于液压转向器厂作业单位之间相互关系数目较多,为绘图方便,先计算各作业单位的综合接近程度,如表 9-26 所示。综合接近程度分数越高,说明该作业单位越应该靠近布置图的中心;分数越低,说明该作业单位应该远离布置图的中心,最好处于布置图的边缘。因此,布置设计应该按综合接近程度分数高低顺序进行,即按综合接近程度分数高低顺序来布置作业单位顺序。

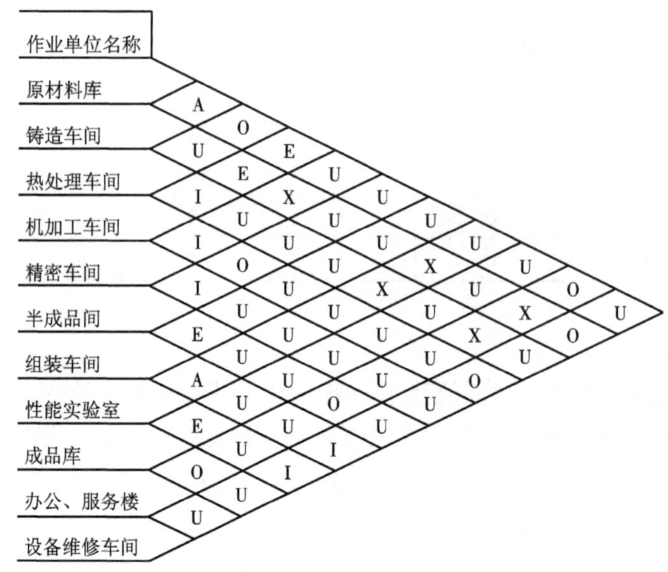

图 9-17　作业单位综合相互关系图

表 9-26 综合接近程度排序

作业单位代号	1	2	3	4	5	6	7	8	9	10	11
1		**A** 4	**O** 1	**E** 3	**U** 0	**U** 0	**U** 0	**U** 0	**U** 0	**O** 1	**U** 0
2	**A** 4		**U**	**E** 3	**X** −1	**U**	**U**	**X** −1	**U**	**X** −1	**O** 1
3	**O** 1	**U**		**I** 2	**U**	**U**	**U**	**X** −1	**U**	**X** −1	**O** 1
4	**E** 3	**E** 3	**I** 2		**I** 2	**O** 1	**U**	**U**	**U**	**U**	**O** 1
5	**U** 0	**X** −1	**U**	**I** 2		**I** 2	**U**	**U**	**U**	**U**	**I** 2
6	**U** 0	**U**	**U**	**O** 1	**I** 2		**E** 3	**U**	**U**	**O** 1	**U**
7	**U** 0	**U**	**U**	**U**	**U**	**E** 3		**A** 4	**U**	**U**	**I** 2
8	**U** 0	**X** −1	**X** −1	**U**	**U**	**U**	**A** 4		**E** 3	**U**	**I** 2
9	**U** 0	**U**	**U**	**U**	**U**	**U**	**U**	**E** 3		**O** 1	**U**

续表

作业单位代号	1	2	3	4	5	6	7	8	9	10	11
10	A 4	A 4	A 4	U	U	A 4	U	U	O 1		U
11	U 0	O 1	O 1	O 1	I 2	U	I 2	I 2	U	U	
综合接近程度	9	5	2	12	5	7	9	7	4	1	9
排序	2	7	10	1	8	5	3	6	9	11	4

根据表 9-26，得各作业单位布置顺序依次为：①机加工车间；②原材料库；③组装车间；④设备维修车间；⑤标准件、半成品库；⑥性能实验室；⑦铸造车间；⑧精密车间；⑨成品库；⑩热处理车间；⑪办公、服务楼。

2. 作业单位位置相关图

在绘制作业单位位置关系图时，作业单位之间的相互关系用表 9-27 所示的连线类型来表示。为了绘图简便，用圆内标注号码来表示不同的作业单位，而不严格地区分作业单位的性质。液压转向器厂作业单位位置相关图如图 9-18 所示。

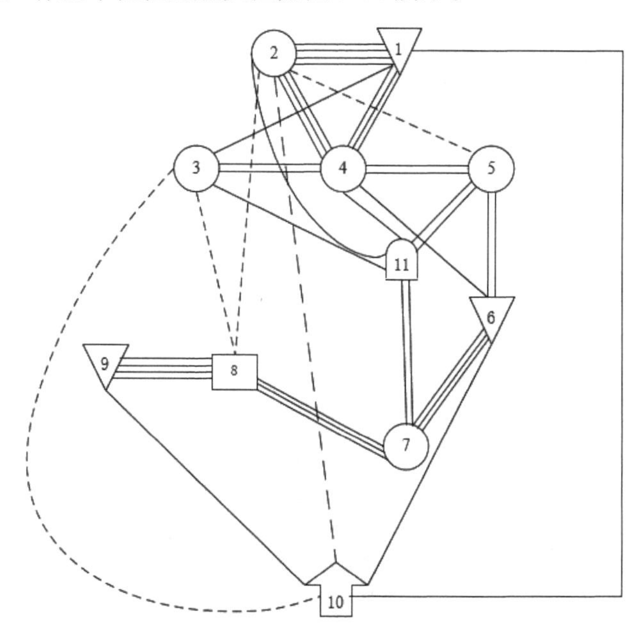

图 9-18　液压转向器厂作业单位位置相关图

1—机加工车间；2—原材料库；3—组装车间；4—设备维修车间；5—标准件、半成品库；6—性能实验室；7—铸造车间；8—精密车间；9—成品库；10—热处理车间；11—办公服务楼

表 9-27　关系密级表示法

符号	系数值	图例	密切程度等级	颜色规范
A	4	≡≡	绝对必要	红

续表

符号	系数值	图例	密切程度等级	颜色规范
E	3	≡	特别重要	橘黄
I	2	=	重要	绿
O	1	—	一般	蓝
U	0		不重要	不着色
X	-1		不希望	棕
XX	-2		极不希望	黑

3. 作业单位面积相关图

选取绘图比例为 1 : 1 000,绘制单位为 mm,液压转向器厂作业单位面积相关图,如图 9-19 所示。

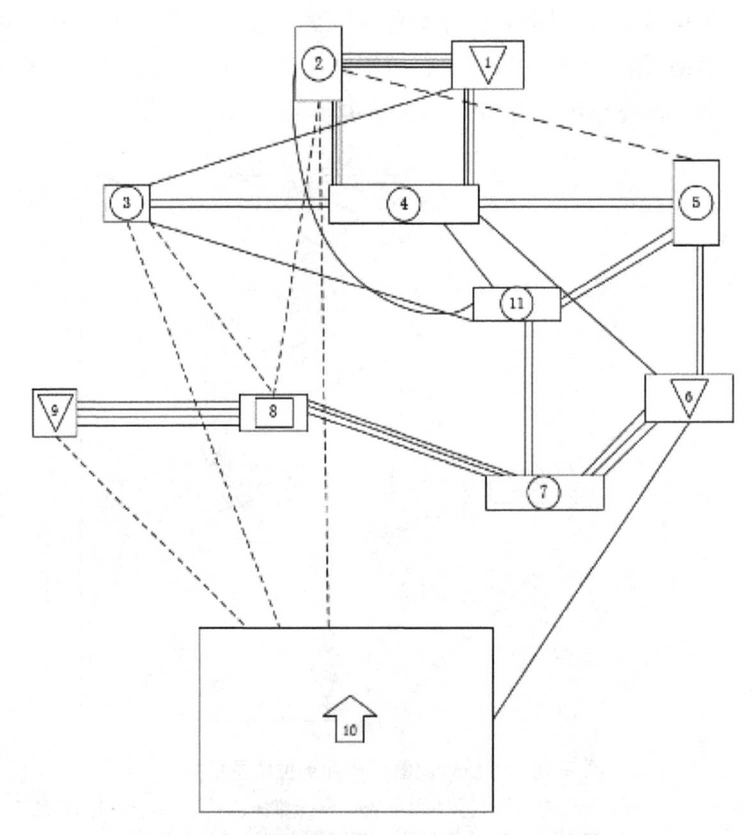

图 9-19 液压转向器厂作业单位面积相关图

1—机加工车间;2—原材料库;3—组装车间;4—设备维修车间;5—标准件、半成品库;6—性能实验室;7—铸造车间;8—精密车间;9—成品库;10—热处理车间;11—办公服务楼

4. 作业单位面积相关图的调整

根据液压转向器的特点,考虑相关规定以及各方面的限制条件,得到液压转向器平面布置方案,如图 9-20、图 9-21 和图 9-22 所示。

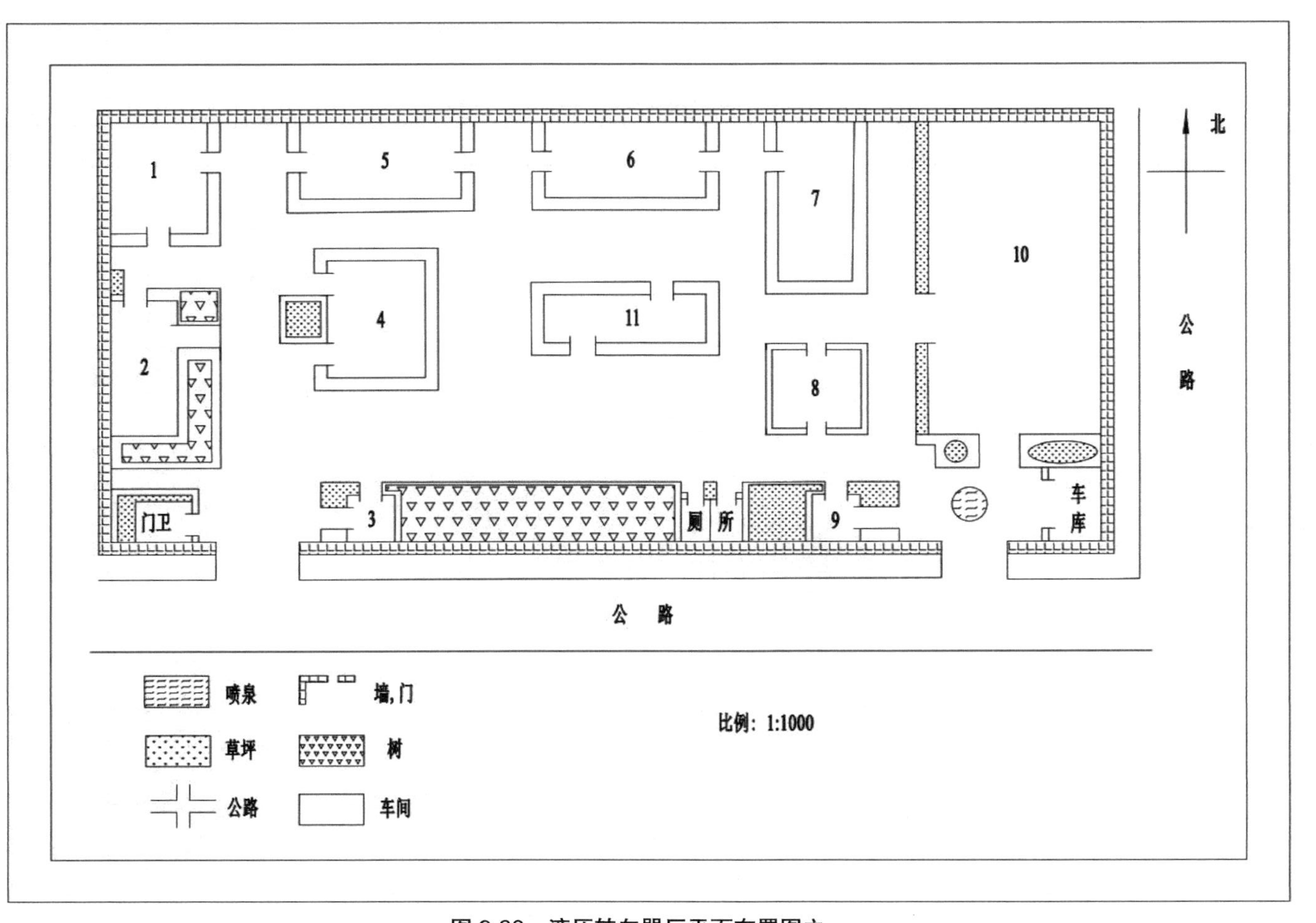

图 9-20　液压转向器厂平面布置图之一

1—机加工车间；2—原材料库；3—组装车间；4—设备维修车间；5—标准件、半成品库；6—性能实验室；7—铸造车间；8—精密车间；9—成品库；10—热处理车间；11—办公服务楼

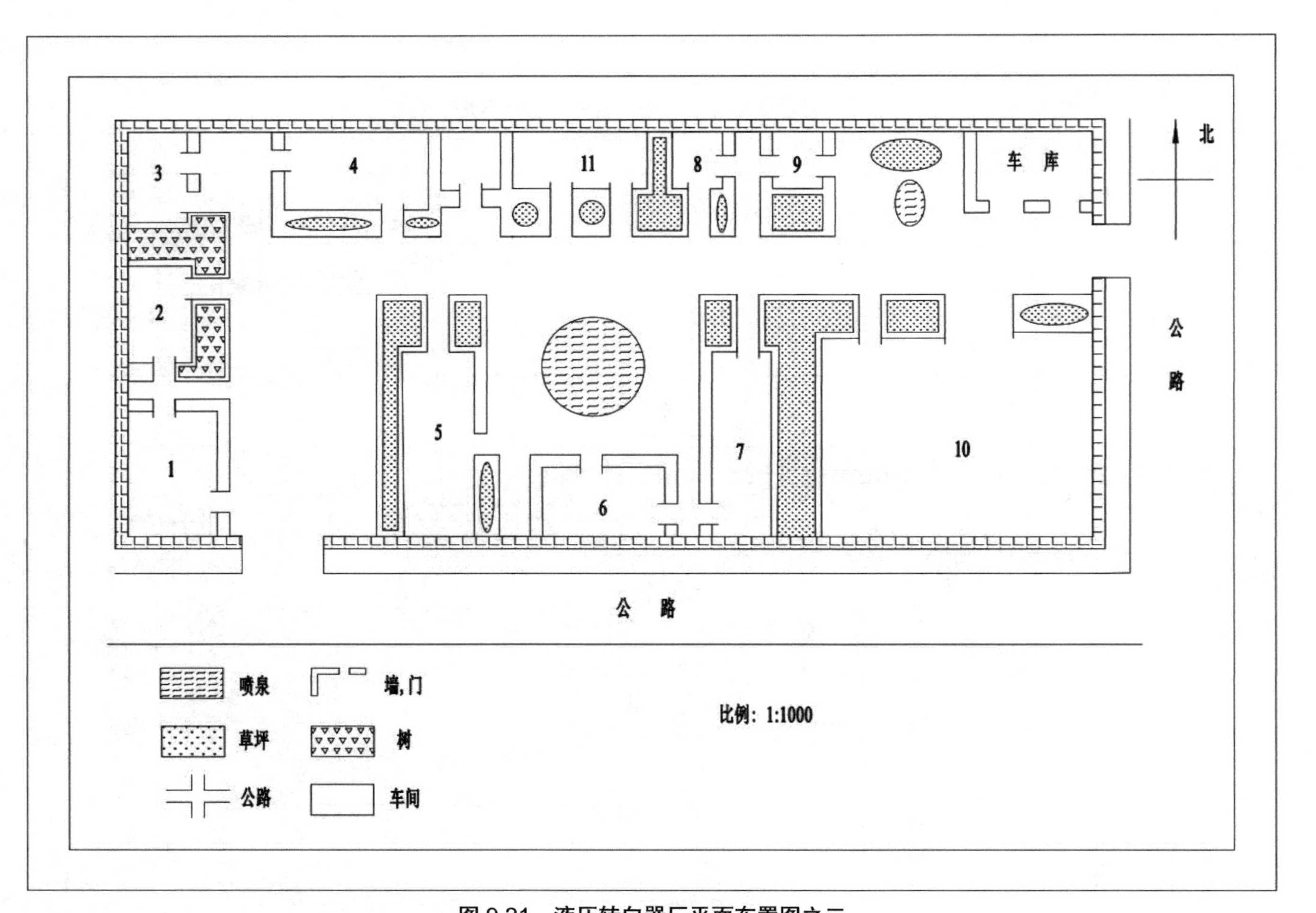

图 9-21　液压转向器厂平面布置图之二

1—机加工车间；2—原材料库；3—组装车间；4—设备维修车间；5—标准件、半成品库；6—性能实验室；7—铸造车间；8—精密车间；9—成品库；10—热处理车间；11—办公服务楼

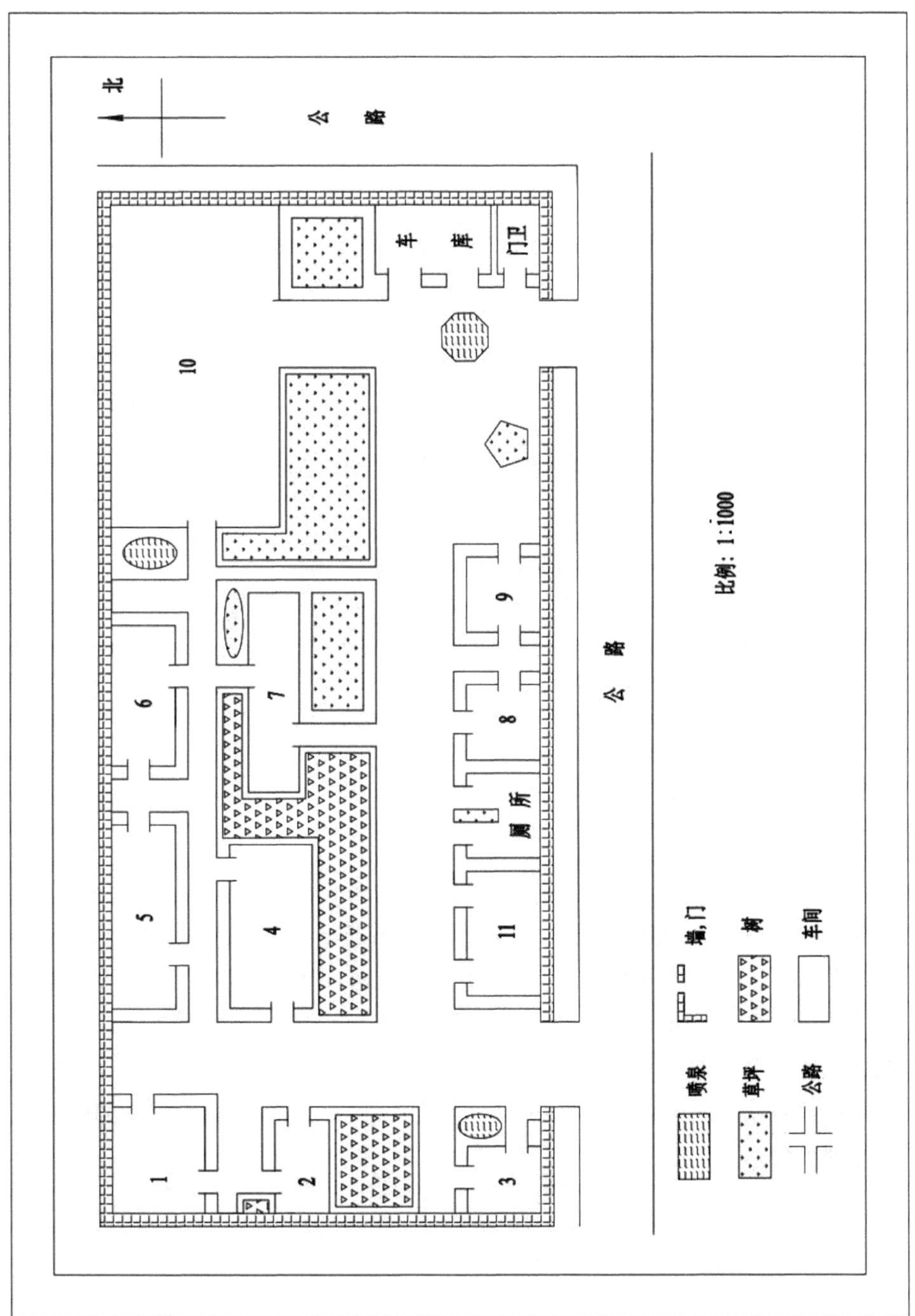

图 9-22　液压转向器厂平面布置图之三

1—机加工车间;2—原材料库;3—组装车间;4—设备维修车间;5—标准件、半成品库;6—性能实验室;7—铸造车间;
8—精密车间;9—成品库;10—热处理车间;11—办公服务楼

9.3.2 方案的评价与选择

运用加权因素法对液压转向器厂进行评价,其评价过程和评价结果如表 9-28 所示。

表 9-28 加权因素评价表

方案 评价因素	A		B		C		相对重要性 α_i
	等级	得分	等级	得分	等级	得分	
物流效率与方便性	E	3	A	4	E	3	10
空间利用率	I	2	E	3	E	3	8
辅助服务部门的综合效率	E	3	I	2	I	2	9
工作环境安全与舒适	O	1	E	3	I	2	5
管理的方便性	I	2	I	2	I	2	8
布置方案的可扩展性	A	4	O	1	E	3	7
产品质量	E	3	E	3	E	3	7
外观	O	1	I	2	I	2	4
环境保护	I	2	E	3	I	2	6
其他相关因素	O	1	I	2	I	2	3
综合得分 T_j	162		173		166		
综合排序	3		1		2		

由综合排序可选出 B 方案为最佳方案,因此选 B 方案为液压转向器厂的总体布置方案。

思考与练习题

设计项目:变速箱厂总平面布置设计

原始给定条件:公司有地 16 000 m²,厂区南北为 200 m,东西宽 80 m,该厂预计需要工人 300 人,计划建成年产 100 000 套变速箱的生产厂。

1. 变速箱的结构及有关参数

变速箱由 30 个零件构成,装配图见图 9-23 所示。每个零件、组件的名称、材料、单件质量及年需求量均列于表 9-29 中。

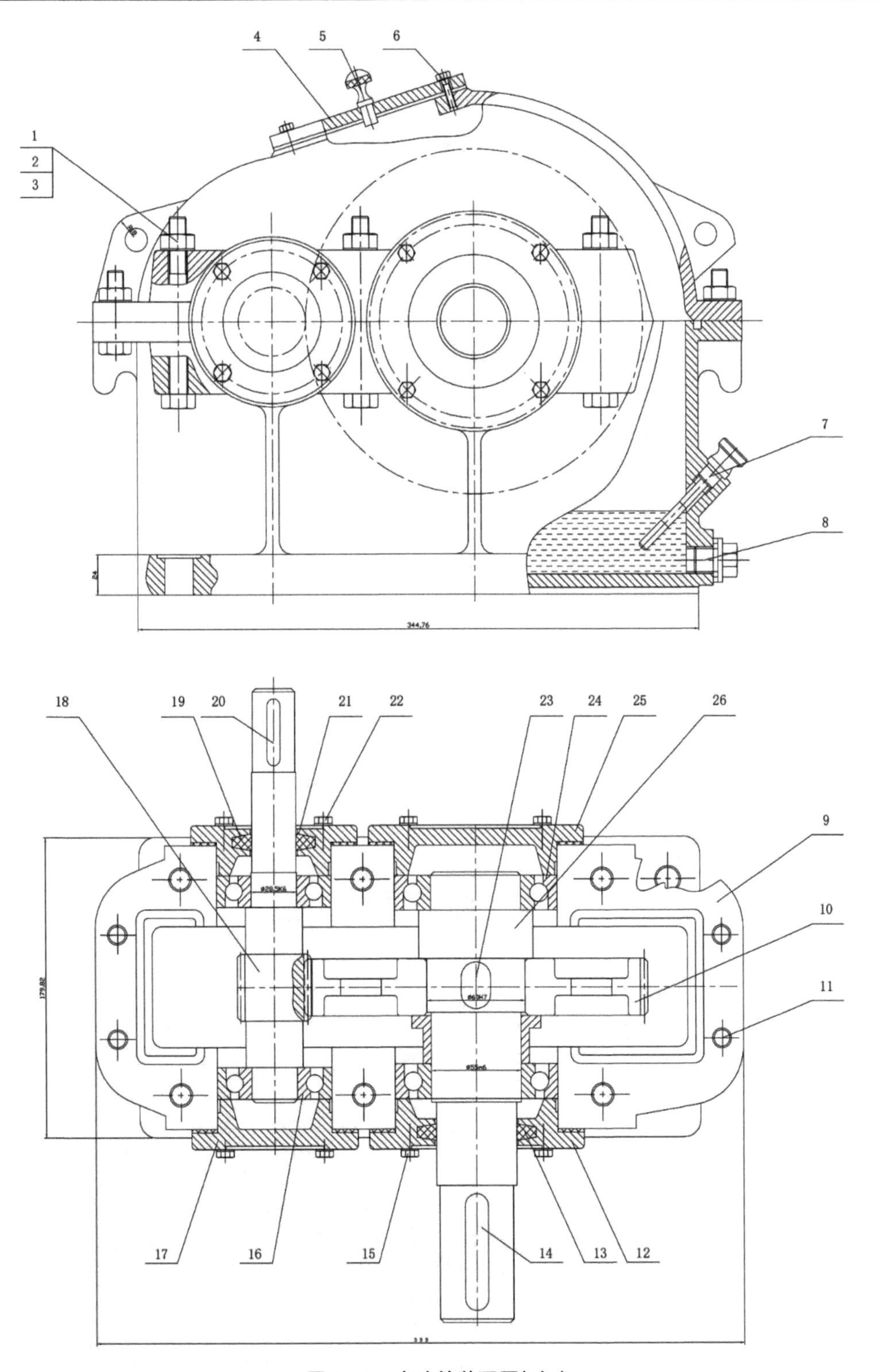

图 9-23　变速箱装配图(左)

1、11、13、22—螺栓;2、6—螺母;3—垫圈;4—视孔盖;5—通气器;7—游标尺;8—油塞;9—机盖;10—机座;12—可穿透端盖;14、20、23—键;15—螺钉;16、24—轴承;17、21—密封盖;18—齿轮轴;19—毡封油圈;25—端盖;26—轴

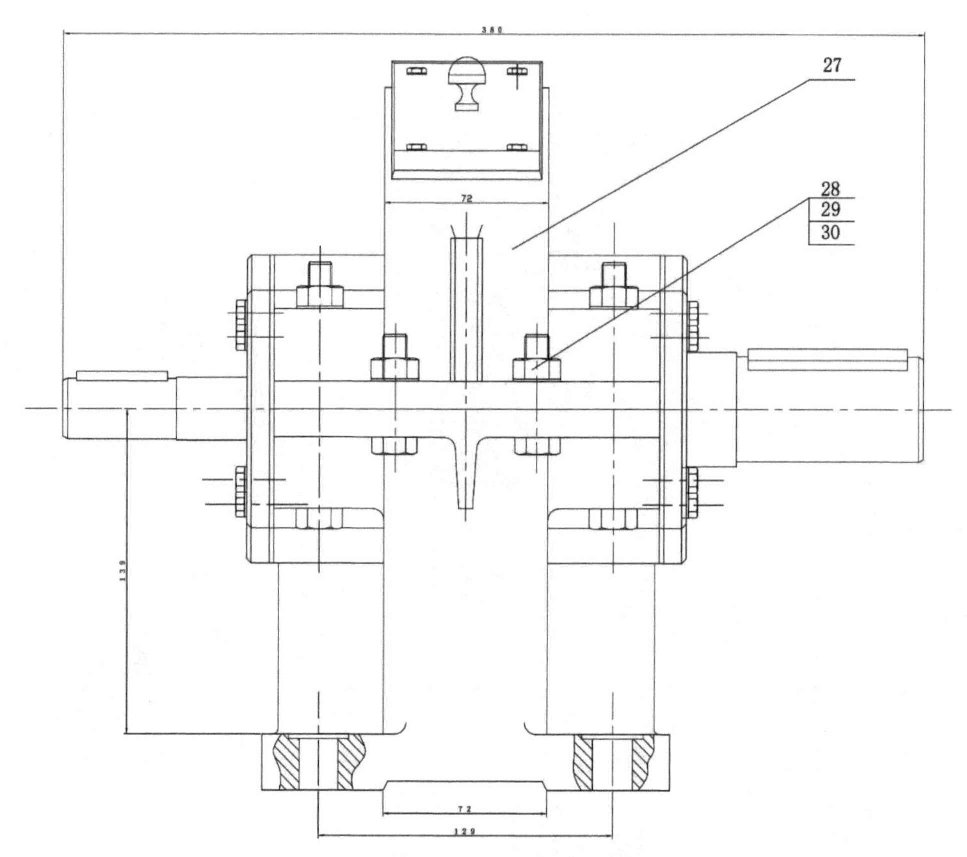

图 9-23　变速箱装配图(右)

27—机盖;28—螺栓;29—垫圈;30—螺母

表 9-29　零件明细表

工厂名称:变速箱厂										共 1 页
产品名称		变速箱		产品代号	110	计划年产量		100 000		第 1 页
序号	零件名称	零件代号	自制	外购	材料	总计划需求量	零件图号	形状	单件质量/kg	说明
1	螺栓			√	Q235	600 000			0.103	
2	螺母			√	Q235	600 000			0.016	
3	垫圈			√	65Mn	600 000			0.006	
4	视孔盖			√	Q215	100 000			0.050	
5	通气器			√	Q235	100 000			0.030	
6	螺母			√	Q235	600 000			0.016	
7	游标尺			√		100 000			0.050	
8	油塞			√						
9	机盖		√		HT200	100 000			2.500	
10	机座		√		HT200	100 000			3.000	

续表

工厂名称:变速箱厂										共 1 页
产品名称	变速箱			产品代号	110	计划年产量		100 000		第 1 页
序号	零件名称	零件代号	自制	外购	材料	总计划需求量	零件图号	形状	单件质量 /kg	说明
11	螺栓			√	Q235	1 200 000			0.014	
12	可穿透端盖			√	HT150	100 000			0.040	
13	螺栓			√	Q235	1 200 000			0.014	
14	键			√	Q275	100 000			0.080	
15	螺钉			√						
16	轴承			√		200 000			0.450	
17	密封盖			√	Q235	100 000			0.050	
18	齿轮轴		√		Q275	100 000			1.400	
19	毡封油圈			√	羊毛毡	100 000			0.004	
20	键			√	Q275	100 000			0.040	
21	密封盖			√	Q235	100 000			0.020	
22	螺栓			√	Q235	1 200 000			0.014	
23	键			√	Q275	100 000			0.080	
24	轴承			√		200 000			0.450	
25	端盖		√		HT200	100 000			0.050	
26	轴		√		Q275	100 000			0.800	
27	机盖		√		HT200	100 000			2.500	
28	螺栓			√	Q235	300 000			0.032	
29	垫圈			√	65Mn	200 000			0.004	
30	螺母			√	Q235	200 000			0.011	

2. 作业单位划分

根据变速箱的结构及工艺特点,设立如表 9-30 所示 11 个单位,分别承担原材料存储、备料、热处理、加工与装配、产品性能实验、生产管理等各项生产任务。

表 9-30 作业单位建筑汇总表

序号	作业单位名称	用途	建筑面积 /(m × m)	备注
1	原材料库	储存钢材、铸锭	20 × 30	露天
2	铸造车间	铸造	12 × 24	
3	热处理车间	热处理	12 × 12	
4	机加工车间	车、铣、钻	12 × 36	
5	精密车间	精镗、磨销	12 × 36	
6	标准件、半成品库	储存外购件、半成品	12 × 24	
7	组装车间	组装变速器	12 × 36	
8	锻造车间	锻造	12 × 24	
9	成品库	成品储存	12 × 12	
10	办公、服务搂	办公室、食堂等	80 × 60	
11	设备维修车间	机床维修	12 × 24	

3. 生产工艺过程

变速箱的零件较多，但是大多数零件为标准件。假定标准件采用外购，总的工艺过程可分为零件的制作与外购、半成品暂存、组装、性能测试、成品存储等阶段。

1）零件的制作与外购

制作的零件如表 9-31~ 表 9-36，表中的利用率为加工后产品与加工前的比率。

表 9-31 变速箱零件加工工艺过程表

产品名称	件号	材料	单件质量 /kg	计划年产量	年产总质量
机盖	29	HT200	2.500	100 000	
序号	作业单位名称		工序内容	工序材料利用率 /%	
1	原材料库		备料		
2	铸造车间		铸造	80	
3	机加工车间		粗铣，镗，钻	80	
4	精密车间		精铣，镗	98	
5	半成品库		暂存		

表 9-32 变速箱零件加工工艺过程表

产品名称	件号	材料	单件质量 /kg	计划年产量	年产总质量
机座	25	HT200	3.000	100 000	
序号	作业单位名称		工序内容	工序材料利用率 /%	
1	原材料库		备料		
2	铸造车间		铸造	80	
3	机加工车间		粗铣，镗，钻	80	

续表

产品名称	件号	材料	单件质量 /kg	计划年产量	年产总质量
机座	25	HT200	3.000	100 000	
序号	作业单位名称		工序内容	工序材料利用率 /%	
4	精密车间		精铣，镗	98	
5	半成品库		暂存		
6					

表 9-33　变速箱零件加工工艺过程表

产品名称	件号	材料	单件质量 /kg	计划年产量	年产总质量
大齿轮	13	40	1.000	100 000	
序号	作业单位名称		工序内容	工序材料利用率 /%	
1	原材料库		备料		
2	锻造车间		锻造	80	
3	机加工车间		粗铣，插齿，钻	80	
4	热处理车间		渗碳淬火		
5	机加工车间		磨	98	
6	半成品库		暂存		

表 9-34　变速箱零件加工工艺过程表

产品名称	件号	材料	单件质量 /kg	计划年产量	年产总质量
轴	11	Q275	0.800	100 000	
序号	作业单位名称		工序内容	工序材料利用率 /%	
1	原材料库		备料		
2	机加工车间		粗车，磨，铣	80	
3	精密车间		精车	95	
4	热处理车间		渗碳淬火		
5	机加工车间		磨	98	
6	半成品库		暂存		
7					

表 9-35　变速箱零件加工工艺过程表

产品名称	件号	材料	单件质量	计划年产量 /kg	年产总质量
齿轮轴	6	Q275	1.400	100 000	
序号	作业单位名称		工序内容	工序材料利用率 /%	
1	原材料库		备料		
2	机加工车间		粗车，磨，铣	80	

续表

产品名称	件号	材料	单件质量	计划年产量 /kg	年产总质量
齿轮轴	6	Q275	1.400	100 000	
序号	作业单位名称		工序内容	工序材料利用率 /%	
3	精密车间		精车	95	
4	热处理车间		渗碳淬火		
5	机加工车间		磨	98	
6	半成品库		暂存		
7					

表 9-36 变速箱零件加工工艺过程表

产品名称	件号	材料	单件质量	计划年产量 /kg	年产总质量
端盖	8	HT200	0.050	100 000	
序号	作业单位名称		工序内容	工序材料利用率 /%	
1	原材料库		备料		
2	铸造车间		铸造	60	
3	机加工车间		精车	80	

2)标准件、外购件与半成品暂存

生产出的零件加工完经过各车间检验合格后，送入半成品库暂存。外购件与标准件均放在半成品库。

3)组装

所有零件在组装车间集中组装成变速箱成品。

4)性能测试

所有成品都在组装车间进行性能测试，不合格的就在组装车间进行修复，合格后送入成品库，即不考虑成品组装不了的情况。

5)成品存储

所有合格变速箱均存放在成品库等待出厂。

第 10 章　服务业设施规划

10.1　商超平面布局设计程序

第一步：经过讨论确定商超布局设计的七个基本要素是销售的对象 E(Entry)，销售商品种类 I(Item)，销售商品的数量 Q(Quantity)，通路 R(Route)，服务品质 S(Service)，买卖商品的时间 T(Time)，商品的价值 C(Cost)。

第二步：商超经营的不同商品按照性质、特点加以分类，可进行经营区域的设置，并对各区域所完成商品进行详细分析，测算其能力，估算各作业面积。

第三步：密切程度相关分析是对商超经营区域各部门或辅助型的部门彼此之间进行的密切程度相关性分析，确定各区域之间的密切程度。密切程度相关性分析是 SLP 的核心，是对商超经营区域进行设计分析的主要依据，其目的是提高商超运作效率，降低运作成本。

第四步：根据密切程度相关性分析的结果进行区域布置，根据修正条件(商品搬运的方法、建筑特征等)和实际约束条件(给定面积、建设成本等)形成几个布置方案。

第五步：对几个布置方案进行全面的评价，选出最佳布置方案。

10.2　商超设施规划分析

10.2.1　商超经营区域的构成

商超的经营区域分为两个楼层，商超的入口在二楼。二楼主要经营服装、化妆品、文具、家居用品等，其平面布局如图 10-1 所示。

商超的一楼主要经营蔬菜、水果、米粮、肉类、奶类等，其平面布局如图 10-2 所示。

10.2.2　商超卖场区域作业单位划分

经过参考相关资料，我们发现影响商超各销售区密切程度的因素有 5 个，见表 10-1。

表 10-1　密切程度影响因素

代号	影响因素
1	顾客类型
2	管理的便利程度
3	必要的联系
4	心理因素
5	其他客观原因

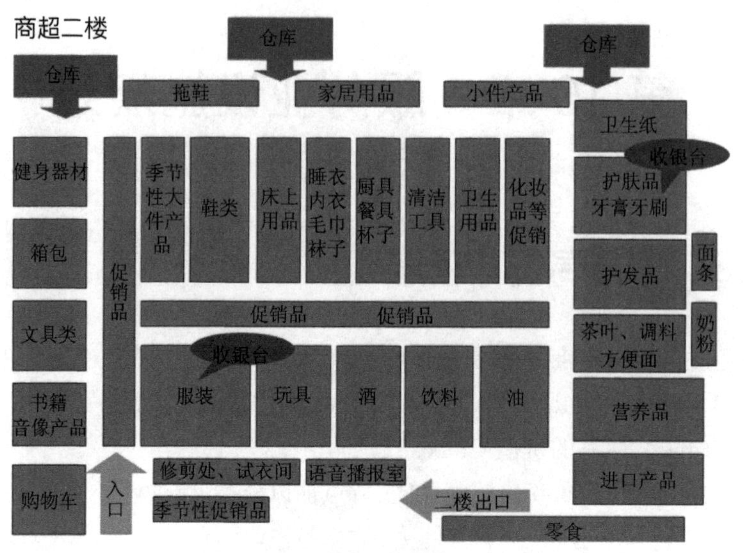

图 10-1 商超二楼平面布局图

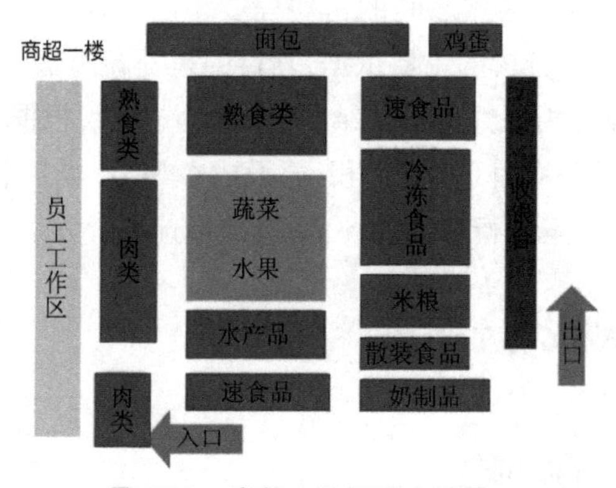

图 10-2 商超一楼平面布局图

根据密切程度影响因素与商品种类,将商超二楼的卖场区域分为几个不同类别作为 6 个作业单位,如表 10-2 所示。

表 10-2 商超卖场区域作业单位划分

序号	类别	商品
1	文具书籍类	书籍、音像制品、文具、体育用品等
2	服装类	服装
3	化妆用品类	护肤品、牙膏牙刷、护发类等
4	家居生活用品类	厨具、卫生用品、清洁工具、鞋类、内衣睡衣等
5	食用品类	食用品、酒、营养品等
6	零食类	膨化食品、饼干、巧克力等

10.2.3　商超布局分析

（1）在评价各经营销售区相互联系密切程度时，先制订出一套“基准相互关系”，其他单位对之间的相互关系通过对照“基准相互关系”确定，表 10-3 给出了各销售区的相互联系密切程度及原因。

表 10-3　商超二楼各销售区联系密切程度及原因

字母	单位关系对	关系密切程度的理由
A	服装类和家居生活用品类、食用品类和零食类	商品性质和顾客心理因素
E	—	
I	家装生活用品类和食用品类	心理因素和客观联系
O	—	
U	文具书籍类和服装类、服装类和化妆品类、文具书籍类和家居生活用品类、化妆品和家居生活用品类	其他客观原因
X	服装类和食用品类、服装类和文具类、文具书籍类和化妆品类、文具书籍类和食用品类、化妆品类和食用品类、家居生活用品类和零食类	联系不太大

确定了各销售区之间的相互联系密切程度后，利用与物流表相同的表格形式建立从至表，面积以箱包类的面积为 1，其他按比例算出，如表 10-4 所示。

表 10-4　作业单位相互密切关系从至表

从＼至	1	2	3	4	5	6	面积比例
1		U	X	U	X	X	2
2			U	A	X	X	2
3				U	X	X	4
4					I	X	10
5						A	6
6							1

（2）商超二楼的面积为 4 000 m²，营业面积为 3 500 m²。卖场区域 a 为文具书籍类，约占 270 m²；卖场区域 b 为服装类，约占 270 m²；卖场区域 c 为化妆用品类，约占 400 m²；卖场区域 d 为家居生活用品类，约占 1 400 m²；卖场区域 e 为食用品类，约占 270 m²；卖场区域 f 为零食类，约占 135 m²。仅以卖场区域 a、b、c 为例，绘制顾客购买商品的主要线路图，如图 10-3 所示。

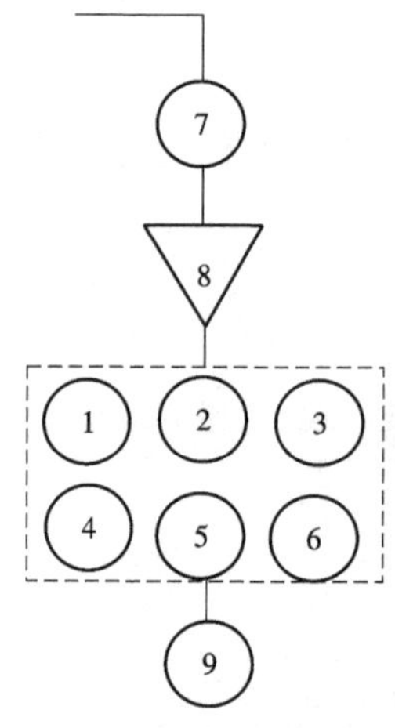

图 10-3 顾客购物流程图

1—卖场区域 a;2—卖场区域 b;3—卖场区域 c;4—卖场区域 d;5—卖场区域 e;6—卖场区域 f;
7—二楼入口;8—仓储;9—二楼出口

10.2.4 物流分析

本书以商超内部的客流量作为指标来对物流强度进行分析,那么先对商超的客流量和动线进行分析。

商超客流特点:

(1)大多数走出商超的顾客拎有购物袋,这说明他们到商超有购物目标,而非“逛”,这一点与百货商场不同;

(2)测试阶段正处于学校上课期间,在调查中发现商超的顾客中有很多是周围的学生,且顾客中的中小学生比例很小,所以与其他季节相比,商超并没有特别明显的“淡”或“旺”。

对测试数据的分析发现,客流量的规律有以下几点。

(1)与典型的商场客流量双峰分布规律不同,商超的客流量呈三峰分布,这是因为商超营业时间到晚上 10 点,而人们也在晚餐后到商超购物。

(2)一般,周末客流量峰值出现在 10:00—11:00、14:30—15:30、18:30—19:30,工作日客流量峰值出现在 10:00—11:00、14:30—16:30、18:30—20:00。周末全天的平均客流量约相当于一天中峰值客流量的 71.1%,工作日全天的平均客流量相当于一天中峰值客流量的 64.5%~77.1%。从此结果可以看出,工作日和周末相比,上午客流量峰值出现时间一致,而下午则持续较长。原因在于周末人们不上班,因此选择下午购物的人数有所增加。

(3)对于工作日来说,下午客流量峰值小于晚间,而对于周末则相反。这是因为周末在家休息的人一部分选择了下午购物,而不是像平常一样晚间购物。

假设商超人流数据如表 10-5 所示。

表 10-5　商超人流数据

时间段	平均每小时的总人数	商品区域					
		1	2	3	4	5	6
上午段	566	59	108	103	298	97	15
下午段	831	97	154	142	403	69	21
晚间段	633	85	104	128	307	63	31

由于直接分析大量物流数据比较困难且没有必要，SLP 将物流强度转化为五个等级。分别用符号 A、E、I、O、U 来表示，其物流强度逐渐减小，对应着超高物流强度、特高物流强度、较大物流强度、一般物流强度和可忽略搬运五种物流强度。作业单位对（或称为物流路线）物流强度等级应按物流路线比例或承担的物流量比例来确定，可参考表 6-9 来划分。

根据工艺过程图来统计存在商品流动的各商品区域单位对之间的物流总量，应注意必须采用统一的计量单位来统计物流强度。在本书中只讨论仓储与各商品区域的物流关系，由于商品的物流无法直接统计，所以本书以人流为指标进行表示，因为人流大的商品区域必然导致该区域的上货频率大，所以仓储位置应与该区域接近。根据表 10-5 对各区域人流的统计，绘制仓储与各商品区域的物流强度等级从至表。表 10-6 为各区域承担物流量比例，表 10-7 为仓储与各商品区域的物流强度等级。

表 10-6　各区域承担物流量比例

商品区域	1	2	3	4	5	6
物流量比例	8%	16%	15%	44%	14%	3%

表 10-7　仓储与各商品区域的物流强度等级

商品区域	1	2	3	4	5	6
与仓储（8）之间的物流强度等级	O	I	I	A	I	O

10.2.5　绘制作业单位位置相关图

对商超二楼进行位置相关分析。为绘图方便，先计算各作业单位的综合接近程度，综合接近程度分数越高，说明该作业单位越靠近布置图的中心，分数越低说明该作业单位应该远离布置图的中心，最好处于布置图的边缘。因此，布置设计应该按综合接近程度分数高低顺序进行，即按综合接近程度分数高低顺序来布置作业单位顺序。为了计算各作业单位的综合接近程度，我们把作业单位综合相互关系表变换成右上三角矩阵和左下三角矩阵表格对称的方阵表格（表 10-8），然后量化关系密级，并按行或列累加关系密级分值，其结果就是某一作业单位的综合接近程度。表 10-8 就是商超二楼作业单位综合接近程度的计算结果。

表 10-8 作业单位综合接近程度

作业单位代号	商品区域								
	1	2	3	4	5	6	7	13	14
1		U/0	X/−1	U/0	X/−1	X/−1	E/3	E/3	U/0
2	U/0		U/0	A/4	X/−1	X/−1	O/1	E/3	O/1
3	X/−1	U/0		U/0	X/−1	X/−1	I/2	A/4	U/0
4	U/0	A/4	U/0		I/2	X/−1	U/0	E/3	I/2
5	X/−1	X/−1	X/−1	I/2		A/4	U/0	A/4	E/3
6	X/−1	X/−1	X/−1	X/−1	A/4		U/0	U/0	E/3
7	E/3	O/1	I/2	U/0	U/0	U/0		X/−1	X/−1
8	E/3	E/3	A/4	E/3	A/4	U/0	X/−1		X/−1
9	U/0	O/1	U/0	I/2	E/3	E/3	X/−1	X/−1	
综合接近程度	3	7	3	10	10	3	4	15	7
排序	8	5	7	2	3	9	6	1	4

根据以上条件绘制作业单位位置相关图(如图 10-4)。

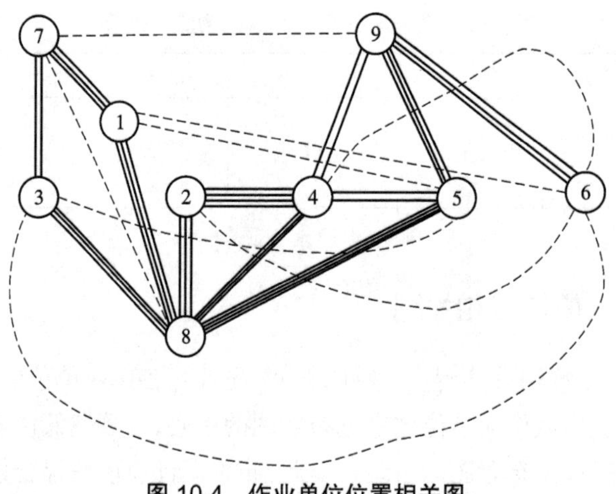

图 10-4 作业单位位置相关图

根据作业单位位置相关图画出三种平面图,如图 10-5~ 图 10-7 所示(三图仅表示位置相关性和物流关系,并不体现面积关系)。

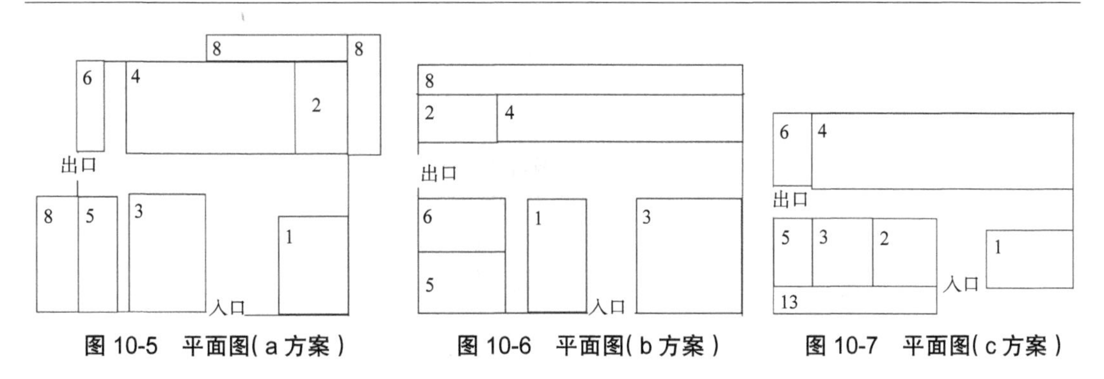

图 10-5　平面图(a 方案)　　图 10-6　平面图(b 方案)　　图 10-7　平面图(c 方案)

对三种方案进行对比分析:三种方案中,c 方案为现在的布局,a、b 两种方案为本书对原有方案进行改进后的布局方案。从物流强度分析和位置相关分析来看,仓储与各商品区域的相关性都很强,所以应该把仓储分为三个,分别放在商超的不同方位,以最大限度地满足商品区域的货物供应;化妆品类作为一个相对独立的商品应该放在一个相对独立的位置;而作为位置相关和物流强度较强的家居生活用品类则应该放在物流主动线上;其他商品区域之间的布局则按照位置相关性进行改进。

10.2.6　方案评价

利用加权法对方案进行评价,绘制加权因素评价表(表 10-9)如下。

表 10-9　改进方案综合评价表

方案	A		B		C		相对重要性
评价因素	等级	得分	等级	得分	等级	得分	
物流效率与方便性	E	3	I	2	E	3	10
空间利用率	E	3	E	3	E	3	8
布置方案的可扩展性	E	3	E	3	I	2	7
产品质量	E	3	E	3	I	2	7
外观	I	2	O	1	E	3	4
环境	I	2	I	2	I	2	6
其他相关因素	I	2	I	2	I	2	3
综合得分	122		100		104		
综合排序	1		3		2		

由综合排序可选出 A 方案为最佳方案,因此选方案 A 为商超二楼布局的最佳方案。

思考与练习题

(1)海洋公园的设计者正在为某城市的旅游产品发展制订计划。由于该城市的气候酷热潮湿,使旅游者在各景点之间的行走距离最小化是应该考虑的。表 10-10 的数据显示了典型的一天中在各景点间游客的流动情况，A—食人鲸；B—海狮；C—海豚；D—滑水；E—水族馆；F—冲浪。

表 10-10 景点之间的游客日客流量 单位：千人

从＼至	A	B	C	D	E	F
A		7	20	0	5	6
B	8		6	10	0	2
C	10	6		15	7	8
D	0	30	5		10	3
E	10	10	1	20		6
F	0	6	0	3	4	

①请确定景点布局。

②现要更改公园场址，有三处待选场址 A、B、C，重要经济因素成本如表 10-11 所示。非经济因素主要考虑政策法规、气候因素和安全因素。就政策而言，A 地最松，B 地次之，C 地最次；就气候而言，A 地、B 地相平，C 地次之；就安全而言，C 地最好，A 地最差。据专家评估，三种非经济因素的比重分别为 0.5、0.4 和 0.1。假定经济因素和非经济因素同等重要，请确定最佳场址。

表 10-11 重要经济因素成本表 单位：万元

经济因素成本	场址		
	A	B	C
原材料	300	260	285
劳动力	40	48	52
运输费	22	29	26
其他费用	8	17	12
总成本	370	354	375

第 11 章　公共设施规划设计案例分析

11.1　会展中心车辆管理与路径优化

本案例主要针对会展中心布展期间物流、车流路线混乱、装卸效率不高等问题进行分析，以各卸货口的分布为基础，结合现有的车辆路线，采取化整为零，分区管理，整体调控的思路，通过进出口设置、卸货区和等待区划分、车位标识等手段，改善会展中心的车辆管理现状，建立科学合理的车辆调度体系，降低突增交通量对局部交通网络的影响，提高通畅水平，使车辆能够有序、高效、协调、安全地运行。

11.1.1　会展中心车辆管理问题分析

1. 解释结构模型化（ISM）技术的理论知识

解释结构模型化（ISM）技术是最基本和最具特色的系统结构模型化技术。它是美国 J.N. 沃菲尔德教授于 1973 年作为分析复杂的社会经济系统结构问题的一种方法而开发的。其基本思想是：通过各种创造性技术，提取问题的构成要素，利用有向图、矩阵等工具和计算机技术，对要素及其相互关系等信息进行处理，最后用文字加以解释说明，明确问题的层次和整体结构，提高对问题的认识和理解程度。该技术由于具有不须高深的数学知识、模型直观且有启发性、可吸收各种有关人员参加等特点，广泛适用于认识和处理各类社会经济系统的问题。

1）相关概念

系统的要素及其关系形成系统的特定结构。在通常情况下，可采用集合、有向图和矩阵等三种相互对应的方式来表达系统的某种结构。

（1）系统结构的集合表达。该系统由（$n\geqslant 2$）个要素（$S_1,S_2,\cdots,S_n$）所组成，其集合为 S，则有 $S=\{S_1,S_2,\cdots,S_n\}$。系统的诸多要素有机地联系在一起，并且一般都是以两个要素之间的二元关系为基础的。所谓二元关系，是根据系统的性质和研究的目的所约定的一种需要讨论的、存在于系统中的两个要素（S_i、S_j）之间的关系 R_{ij}（简记为 R）。通常有影响关系、因果关系、包含关系、隶属关系以及各种可以比较的关系（如大小、先后、轻重、优劣等）。二元关系是结构分析中所要讨论的系统构成要素间的基本关系，一般有以下三种情形：

①S_i 与 S_j 间有某种二元关系 R，即 S_iRS_j；

②S_i 与 S_j 间无某种二元关系 R，即 $S_i\bar{R}S_j$；

③S_i 与 S_j 间的某种二元关系 R 不明，即 $S_i\tilde{R}S_j$。

在通常情况下，二元关系具有传递性，即若 S_iRS_j、S_jRS_k，则有：

$\left(M_{ij}\right)_{n\times n}$（$S_i$、$S_j$、$S_k$为系统的任意构成要素）。传递性二元关系反映两个要素的间接联系，可记作R^t（t为传递次数）。有时，对系统的任意构成要素S_i和S_j来说，既有S_iRS_j，又有S_jRS_i，这种相互关联的二元关系叫强连接关系。具有强连接关系的各要素之间存在替换性。

（2）系统结构的有向图表达。有向图（D）是由节点和连接各节点的有向弧（箭线）组成的，可用来表达系统的结构。具体方法是：用节点表示系统的各构成要素，用有向图表示要素之间的二元关系。从节点i（S_i）到j（S_j）的最少有向弧数称为D中节点间的通路长度（路长），也即要素与S_i与S_j间二元关系的传递次数。在有向图中，从某节点出发，沿着有向弧通过其他某些节点各一次可回到该节点时，形成回路。呈强连接关系的要素节点间具有双向回路。

（3）系统结构的矩阵表达。

①邻接矩阵。邻接矩阵（$\boldsymbol{A}$）是表示系统要素间基本二元关系或直接联系情况的方阵。若

$$\boldsymbol{A}=\left(a_{ij}\right)_{n\times n}$$

则其定义式为：

$$a_{ij}=\begin{cases}1, S_iRS_j\text{或}\left(S_i,S_j\right)\in R_\sigma\left(S_i\text{对}S_j\text{有某种二元关系}\right)\\0, S_i\bar{R}S_j\text{或}\left(S_i,\ S_j\right)\notin R_\sigma\left(S_i\text{对}S_j\text{没有某种二元关系}\right)\end{cases}$$

在邻接矩阵中，若有一列元素为0，则S_j是系统的输入要素，若有一行元素为0，则S_i是系统的输出要素。

②可达矩阵。若在要素S_i和S_j间存在着某种传递性二元关系，或在有向图上存在着由节点i至j的有向通路时，则称S_i是可以到达S_j的，或者说S_j是S_i可以到达的。所谓可达矩阵（$\boldsymbol{M}$），就是表示系统要素之间任意次传递性二元关系或有向图上两个节点之间通过任意长的路径可以到达情况的矩阵。若

$$\boldsymbol{M}=(m_{ij})_{n\times n}$$

且在无回路条件下的最大路长或传递次数为r，即有$0\leqslant t\leqslant r$，则可达矩阵的定义式为

$$m_{ij}\begin{cases}1, S_iR^tS_j\left(\text{存在着}i\text{至}j\text{的路长最大为}r\text{的通路}\right)\\0, S_i\bar{R}^tS_j\left(\text{不存在}i\text{至}j\text{的通路}\right)\end{cases}$$

矩阵$\boldsymbol{A}$和$\boldsymbol{M}$的元素均为“1”或“0”，是$n\times n$阶0-1矩阵，且符合布尔代数的运算规则，即0+0=0，0+1=1，1+0=1，1+1=1，0×0=0，0×1=0，1×0=0，1×1=1。通过对邻接矩阵$\boldsymbol{A}$的运算，可求出系统要素的可达矩阵$\boldsymbol{M}$。其计算公式为

$$\boldsymbol{M}=(A+I)^r \tag{11-1}$$

其中$\boldsymbol{I}$为与$\boldsymbol{A}$同阶次的单位矩阵。

③其他矩阵。在邻接矩阵和可达矩阵的基础上，还有其他表达系统结构并有助于实现系统结构模型化的矩阵形式，如缩减矩阵、骨架矩阵等。

a. 缩减矩阵。根据强连接要素的可替换性，在已有的可达矩阵$\boldsymbol{M}$中，将具有强连接关

系的一组要素看作一个要素，保留其中的某个代表要素，删除其余要素及其在 $\boldsymbol{M}$ 中的行和列，即得到该可达矩阵 $\boldsymbol{M}$ 的缩减矩阵 $\boldsymbol{M}'$ 。

b. 骨架矩阵。对于给定系统，$\boldsymbol{A}$ 的可达矩阵 $\boldsymbol{M}$ 是唯一的，但实现某一可达矩阵 $\boldsymbol{M}$ 的邻接矩阵 $\boldsymbol{A}$ 可以有多个。我们把实现某一可达矩阵 $\boldsymbol{M}$、具有最小二元关系个数（"1"元素最少）的邻接矩阵叫作 $\boldsymbol{M}$ 的最小实二元关系矩阵，或称之为骨架矩阵，记作 $\boldsymbol{A}'$ 。

2. ISM 的工作程序

一般来说，实施 ISM 的工作程序有如下几点。

（1）组织实施 ISM 小组。

（2）设定问题。

（3）选择构成系统的要素。

（4）根据要素明细表作构思模型，并建立邻接矩阵和可达矩阵。

（5）对可达矩阵进行分解后绘制要素间的多级递阶有向图，建立结构模型。

（6）根据结构模型建立解释结构模型。

3. ISM 的建模步骤

建立反映系统问题要素间层次关系的递阶结构模型，可在可达矩阵 $\boldsymbol{M}$ 的基础上进行，且一般要经过区域划分、级位划分、骨架矩阵提取和多级递阶有向图绘制四个阶段。

1）区域划分

区域划分是将系统的构成要素集合 S 分割成关于给定二元关系 R 的相互独立的区域的过程。

为此，需要首先以可达矩阵 $\boldsymbol{M}$ 为基础，划分与要素 S_i（i=1，2，…，n）相关联的系统要素的类型，并找出在整个系统（所有要素集合 S）中有明显特征的要素。有关要素集合的定义如下。

（1）可达集 $R(S_i)$。系统要素 S_i 的可达集是在可达矩阵或有向图中由 S_i 可到达的诸要素所构成的集合，记为 $R(S_i)$。其定义式为

$$R(S_i)=\left\{S_j \mid S_j \in S, m_{ij}=1\right\}, j=1,2,\cdots,n,\ i=1,2,\cdots,n$$

（2）先行集 $A(S_i)$。系统要素 S_i 的先行集是在可达矩阵或有向图中可到达 S_i 的诸系统要素所构成的集合，记为 $A(S_i)$。其定义式为

$$A(S_i)=\left\{S_j \mid S_j \in S, m_{ji}=1,\right\} j=1,2,\cdots,n,\ i=1,2,\cdots,n$$

（3）共同集 $C(S_i)$。系统要素 S_i 的共同集是 S_i 在可达集和先行集的共同部分，即交集，记为 $C(S_i)$。其定义式为

$$C(S_i)=\left\{S_j \mid S_j \in S, m_{ij}=1, m_{ji}=1,\right\} j=1,2,\cdots,n,\ i=1,2,\cdots,n$$

（4）起始集 $B(S)$。系统要素集合 S 的起始集是在 S 中只影响（到达）其他要素而不受其他要素影响（不被其他要素到达）的要素所构成的集合，记为 $B(S)$。$B(S)$ 中的要素在有向图中只有箭线流出，而无箭线流入，是系统的输入要素。其定义式为

$$B(S)=\left\{S_i \mid S_i \in S, C(S_i)=A(S_i)\right\} i=1,2,\cdots,n$$

2）级位划分

设 P 是由区域划分得到的某区域要素集合，若用 L_1，L_2，$L_l\cdots$，表示从高到低的各级要素集合（其中 l 为最大级位数），则级位划分的结果可写成：

$$\prod(P)=L_1,L_2,\cdots,L_l$$

某系统要素集合的最高级要素即该系统的终止集要素。级位划分的基本做法是：找出整个系统要素集合的最高级要素（终止集要素）后，可将它们去掉，再求剩余要素集合（形成部分图）的最高级要素。以此类推，直到确定出最低一级要素集合（即 L_l）。

为此，令 $L_0=\varnothing$（最高级要素集合为 L_l，没有零级要素），则有：

$$L_1=\{S_i \mid S_i\in P-L_0, C_0(S_i)=R_0(S_i), i=1,2,\cdots,n\}$$

$$L_2=\{S_i \mid S_i\in P-L_0-L_1, C_1(S_i)=R_1(S_i), i<n\}$$

$$\vdots$$

$$L_k=\{S_i \mid S_i\in P-L_0-L_1-\cdots-L_{k-1}, C_{k-1}(S_i)=R_{k-1}(S_i), i<n\}$$

其中 $C_{k-1}(S_i)$ 和 $R_{k-1}(S_i)$ 是由集合 $\{P-L_0-L_1-\cdots-L_{k-1}\}$ 中的要素形成的子矩阵（部分图）求得的共同集和可达集。

3）提取骨架矩阵

提取骨架矩阵，是通过对可达矩阵 $\boldsymbol{M}(L)$ 的缩约和检出，建立起 $\boldsymbol{M}(L)$ 的最小实现矩阵，即骨架矩阵 $\boldsymbol{A}'$。对经过区域和级位划分后的可达矩阵 $\boldsymbol{M}(L)$ 的缩检共分为以下三步：

第一步，检查各层次中的强连接要素，建立可达矩阵 $\boldsymbol{M}(L)$ 的缩减矩阵 $\boldsymbol{M}'(L)$；

第二步，去掉 $\boldsymbol{M}(L)$ 中已具有邻接二元关系的要素间的越级二元关系，得到进一步简化后的新矩阵 $\boldsymbol{M}'(L)$；

第三步，进一步去掉 $\boldsymbol{M}'(L)$ 中自身到达的二元关系，即减去单位矩阵，将 $\boldsymbol{M}'(L)$ 主对角线上的"1"全部变成"0"，得到简化后具有最少二元关系个数的骨架矩阵 $\boldsymbol{A}'$。

4. 绘制多级递阶有向图 $D(\boldsymbol{A}')$

根据骨架矩阵 $\boldsymbol{A}'$，绘制出多级递阶有向图 $D(\boldsymbol{A}')$，即建立系统要素的递阶结构模型。绘图一般分为如下三步：

第一步，分区域从上到下逐级排列系统构成要素；

第二步，同级加入被删除的与某要素有强连接关系的要素，及表征它们相互关系的有向弧；

第三步，按 $\boldsymbol{A}'$ 所示的邻接二元关系，用级间有向弧连接成有向图 $D(\boldsymbol{A}')$。

11.1.2　会展中心车辆管理现状及问题研究

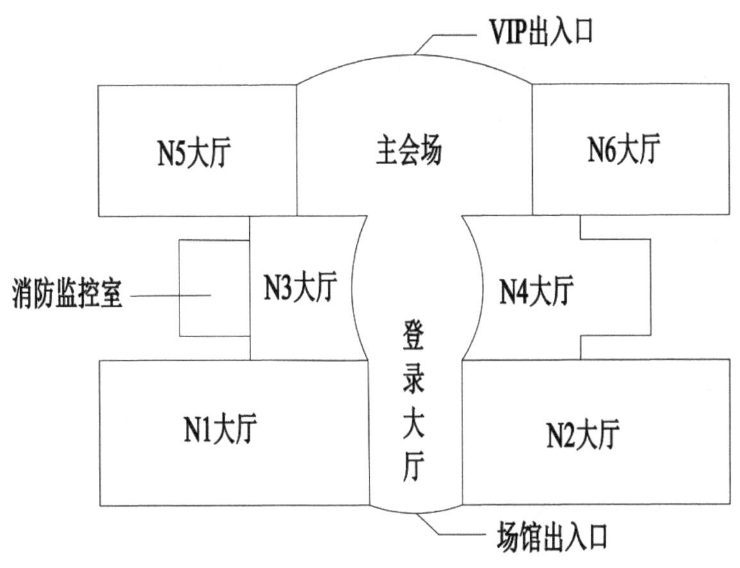

图 11-1　会展中心平面示意图

会展中心共有 N_1、N_2、N_3、N_4、N_5、N_6 六个展厅，平面图如图 11-1 所示，一次完整的展会物流流程如图 11-2 所示。

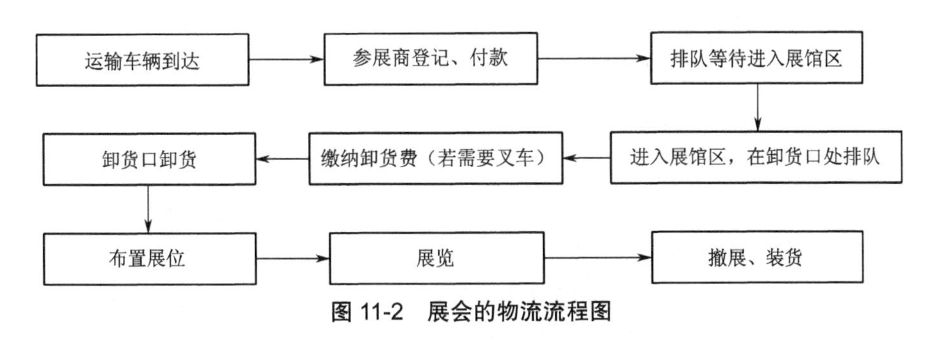

图 11-2　展会的物流流程图

在会展中心布展期间，如何让货车实现有序、高效、安全地运行，尽量减少车流对局部路网的影响是一个困扰展馆方的难题。通过分析研究，本书给出了造成车流通畅水平低的主要因素，详细分析如下。

（1）货车数量多且集中。一般来说，展会的规模越大，参展商和展位的数量越多，所需运输的展台材料和展品的数量也越多，相应的货车数量也越多；另外展会的布展期一般在 1~4 天，在布展期间，参展商要确保完成展台的搭建、装修和展品运抵展馆，时间紧，货运量大，大部分货车一般会在布展的第一天集中到达，造成短时间内车流量过大。

（2）没有规范的货车进馆行驶路线。会展中心有六个展馆，且卸货口分布在不同的位置。如果展馆方没有提供较详细的货车进馆行驶路线，只是依靠现场保安的口头说明，货车司机插队或找错卸货口的现象就会时有发生。

（3）卸货效率低。卸货效率受到诸多方面的影响，如卸货口的大小、货物的大小、质量和类别、货物搬运的难易程度（即搬运活性）、搬运所用的工具、搬运工的数量、素质和积极性等。在这些影响因素中，某些因素是不可控的，即不是人所能决定的，如卸货口的大小、货物的大小和质量，但有些因素是可控的，如搬运货物所使用的工具，搬运工的数量、素质和积极性等。卸货效率低，货车在展馆区逗留时间长，加上关卡处还有货车进入，就很容易造成局部的堵塞。

（4）某些货车司机随意停车。由于展馆周围缺少显著的指引性标识或者司机素质不高，某些货车在展馆周边道路或卸货口周围随意停车卸货。

（5）货车车体较长，需要较大的转弯半径。对于大部分的展会来说，展台都需要进行特装，搭建材料体积较大且数量较多，所以大多数的货车是半挂车，长度在 16~18 m，某些特长车能达到 20 m，宽度在 2.5~3.5 m，转弯半径在 10 m 以上。

（6）展馆周边缺乏指引性标识。对于通过关卡的车辆，展馆周边没有较醒目的标识且司机对展馆的布局不甚了解，并且往往不清楚要在哪个卸货口卸货，常产生迂回，造成不必要的停滞和无效的行驶，有时会出现某个卸货口异常繁忙和拥堵，而其他卸货口却比较清闲，车辆在卸货口周围随意停靠等现象。

（7）展馆外道路及卸货口宽度有限。展馆外的道路较窄，而货车的长度和宽度都较大，这无疑给路线的设计和卸货效率产生一定影响。

（8）调度员协调不到位。当货车数量较多时，由于调度员的能力有限等原因，各卸货口之间的车辆调度就会延迟或出现紊乱。

（9）卸货口处货车停靠不规范。各个卸货口往往是整个系统中最重要也是最繁忙的部分。受到卸货口的大小、服务人员（搬运工、保安、）数量的限制，各个卸货口所能承载的同时卸货车辆数是有限的，因此不能容许车辆毫无限制地卸货。另外，对各车辆在卸货口的停靠位置也缺乏必要说明，致使某些车辆在卸货口随意停靠，堵塞卸货口的现象时有发生。

（10）缺乏相应的规章制度。在货车进馆和卸货过程中出现了某些不该出现的现象，如展馆区货车数量已经很多，而关卡处仍然让货车通过，某些货车在卸货区随意放货或卸完货后不快速离开等，这些都是缺乏相应的规章制度造成的。

11.1.3 车流通畅水平的解释结构模型研究

经过分析讨论，本书将上述 10 个因素分别用 S_1，S_2，…，S_{10} 表示，并将它们之间的二元关系列举如表 11-1 所示。

表 11-1 影响车流通畅水平的原因及关系

编号	原因描述	二元关系
S_1	货车数量多且集中	1-8
S_2	没有规范的货车进馆行驶路线	—
S_3	卸货效率低	—

续表

编号	原因描述	二元关系
S_4	某些货车司机随意停车	4-3
S_5	货车较长,需要较大的转弯半径	5-2
S_6	展馆周边缺乏指引性标识	6-4
S_7	展馆外道路及卸货口宽度有限	7-3,7-5
S_8	调度员协调不到位	8-3
S_9	卸货口处货车停靠不规范	9-3
S_{10}	缺乏相应的规章制度	10-4,10-9

根据表 11-1 所述的原因及其相互二元关系,可将上述 10 个元素之间的直接关系表示成如图 11-3 所示有向图(S_i简记为 i)。

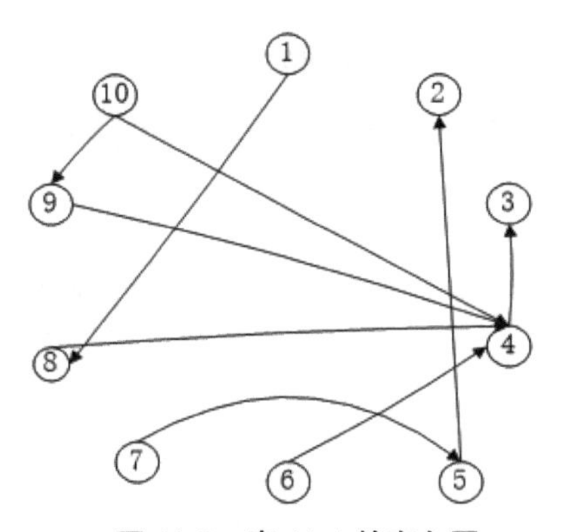

图 11-3　表 11-1 的有向图

根据上图所示的有向图,可得到相应的邻接矩阵 $\boldsymbol{A}$。

$$
\boldsymbol{A}=\begin{array}{c|cccccccccc}
 & 1 & 2 & 3 & 4 & 5 & 6 & 7 & 8 & 9 & 10 \\
\hline
1 & 0 & 0 & 0 & 0 & 0 & 0 & 0 & 1 & 0 & 0 \\
2 & 0 & 0 & 0 & 0 & 0 & 0 & 0 & 0 & 0 & 0 \\
3 & 0 & 0 & 0 & 0 & 0 & 0 & 0 & 0 & 0 & 0 \\
4 & 0 & 0 & 1 & 0 & 0 & 0 & 0 & 0 & 0 & 0 \\
5 & 0 & 1 & 0 & 0 & 0 & 0 & 0 & 0 & 0 & 0 \\
6 & 0 & 0 & 0 & 1 & 0 & 0 & 0 & 0 & 0 & 0 \\
7 & 0 & 0 & 1 & 0 & 1 & 0 & 0 & 0 & 0 & 0 \\
8 & 0 & 0 & 1 & 1 & 0 & 0 & 0 & 0 & 0 & 0 \\
9 & 0 & 0 & 1 & 1 & 0 & 0 & 0 & 0 & 0 & 0 \\
10 & 0 & 0 & 0 & 1 & 0 & 0 & 0 & 0 & 1 & 0
\end{array}
$$

由公式 11-1 及布尔运算,可得到相应的可达矩阵 $\boldsymbol{M}$。

$$\boldsymbol{M}=(\boldsymbol{A}+\boldsymbol{I})^3=(\boldsymbol{A}+\boldsymbol{I})^2=\boldsymbol{A}^2+\boldsymbol{A}+\boldsymbol{I}=\begin{array}{c} \\ 1\\2\\3\\4\\5\\6\\7\\8\\9\\10\end{array}\begin{array}{c}\begin{array}{cccccccccc}1&2&3&4&5&6&7&8&9&10\end{array}\\ \begin{bmatrix}1&0&1&1&0&0&0&1&0&0\\0&1&0&0&0&0&0&0&0&0\\0&0&1&0&0&0&0&0&0&0\\0&0&1&1&0&0&0&0&0&0\\0&1&0&0&1&0&0&0&0&0\\0&0&1&1&0&1&0&0&0&0\\0&1&1&0&1&0&1&0&0&0\\0&0&1&1&0&0&0&1&0&0\\0&0&1&1&0&0&0&0&1&0\\0&0&1&1&0&0&0&0&1&1\end{bmatrix}\end{array}$$

1. 区域划分

为对上面给出的可达矩阵 $\boldsymbol{M}$ 进行区域划分,要列出任一要素 S_i(简记作 I, i=1, 2,⋯, 10)的可达集 $R(S_i)$、先行集 $A(S_i)$和共同集 $C(S_i)$,并据此写出系统要素集合的起始集 $B(S)$,如表 11-2 所示。

表 11-2 可达集、先行集、共同集和起始集表

S_i	$R(S_i)$	$A(S_i)$	$C(S_i)$	$B(S)$
1	1,3,4,8	1	1	1
2	2	2,5,7	2	
3	3	1,3,4,6,7,8,9,10	3	
4	3,4	1,4,6,8,9,10	4	
5	2,5	5,7	5	
6	3,4,6	6	6	6
7	2,3,5,7	7	7	7
8	3,4,8	1,8	8	
9	3,4,9	9,10	9	
10	3,4,9,10	10	10	10

因为 $B(S)=\{S_1,S_6,S_7,S_{10}\}$,且有 $R(S_1)\cap R(S_6)=\{S_1,S_3,S_4,S_8\}\cap\{S_3,S_4,S_6\}\neq\varnothing$,

$$R(S_1)\cap R(S_7)=\{S_1,S_3,S_4,S_8\}\cap\{S_2,S_3,S_5,S_7\}\neq\varnothing$$

$$R(S_1)\cap R(S_{10})=\{S_1,S_3,S_4,S_8\}\cap\{S_3,S_4,S_9,S_{10}\}\neq\varnothing$$

$$R(S_6)\cap R(S_7)=\{S,S_4,S_6\}\cap\{S_2,S_3,S_5,S_7\}\neq\varnothing$$

$$R(S_6)\cap R(S_{10})=\{S_3,S_4,S_6\}\cap\{S_3,S_4,S_9,S_{10}\}\neq\varnothing$$

$$R(S_7)\cap R(S_{10})=\{S_2,S_3,S_5,S_7\}\cap\{S_3,S_4,S_9,S_{10}\}\neq\varnothing$$

所以 S_1, S_2,⋯, S_{10} 属于一个共同的区域,不可分割。

2. 级位划分

对 S_1, S_2,⋯, S_{10} 进行级位划分的过程示于表 11-3 中。

表 11-3　级位划分过程表

要素集合	S_i	$R(S_i)$	$A(S_i)$	$C(S_i)$	$C(S_i)=R(S_i)$	$\prod(P)$
$P-L_0$	1	1,3,4,8	1	1		$L_1=\{S_2,S_3\}$
	2	2	2,5,7	2	√	
	3	3	1,3,4,6,7,8,	3	√	
			9,10	4		
	4	3,4	1,4,6,8,9,10	5		
	5	2,5	5,7	6		
	6	3,4,6	6	7		
	7	2,3,5,7	7	8		
	8	3,4,8	1,8	9		
	9	3,4,9	9,10	10		
	10	3,4,9,10	10			
$P-L_0-L_1$	1	1,4,8	1	1		$L_2=\{S_4,S_5\}$
	4	4	1,4,6,8,9,10	4	√	
	5	5	5,7	5	√	
	6	4,6	6	6		
	7	5,7	7	7		
	8	4,8	1,8	8		
	9	4,9	9,10	9		
	10	4,9,10	10	10		
$P-L_0-L_1-L_2$	1	1,8	1	1		$L_3=\{S_6,S_7,S_8,S_9\}$
	6	6	6	6	√	
	7	7	7	7	√	
	8	8	1,8	8	√	
	9	9	9,10	9	√	
	10	9,10	10	10		
$P-L_0-L_1-L_2-L_3$	1	1	1	1	√	$L_4=\{S_1,S_{10}\}$
	10	10	10	10	√	

对该区域进行级位划分的结果为

$$\prod(P)=L_1,L_2,L_3,L_4,=\{S_2,S_3\},\{S_4,S_5\},\{S_6,S_7,S_8,S_9\},\{S_1,S_{10}\}$$

这时的可达矩阵为

$$M(L)=\begin{array}{c} \\ 2\\3\\4\\5\\6\\7\\8\\9\\1\\10 \end{array}\begin{array}{c} \begin{array}{cccccccccc}2&3&4&5&6&7&8&9&1&10\end{array}\\ \left[\begin{array}{cccccccccc}
1&0&0&0&0&0&0&1&0&0\\
0&1&0&0&0&0&0&0&0&0\\
0&1&1&0&0&0&0&0&0&0\\
1&0&0&1&0&0&0&0&0&0\\
0&1&1&0&1&0&0&0&0&0\\
1&1&0&1&0&1&0&0&0&0\\
0&1&1&0&0&0&1&0&0&0\\
0&1&1&0&0&0&0&1&0&0\\
0&1&1&0&0&0&1&0&1&0\\
0&1&1&0&0&0&0&1&0&1
\end{array}\right]\end{array}$$

3. 提取骨架矩阵

第一步，检查各层次中的强连接要素，发现各层次中的元素均不存在强连接关系。

第二步，去掉$\boldsymbol{M}(L)$中已具有邻接二元关系的要素间的越级二元关系，得到简化后的新矩阵$\boldsymbol{M}'(L)$。

$$
\boldsymbol{M}'(L)=
\begin{array}{c}
 \\ 2\\3\\4\\5\\6\\7\\8\\9\\1\\10
\end{array}
\begin{array}{c}
\begin{array}{cccccccccc} 2&3&4&5&6&7&8&9&1&10 \end{array}\\
\left[\begin{array}{cccccccccc}
1&0&0&0&0&0&0&1&0&0\\
0&1&0&0&0&0&0&0&0&0\\
0&1&1&0&0&0&0&0&0&0\\
1&0&0&1&0&0&0&0&0&0\\
0&0&1&0&1&0&0&0&0&0\\
0&1&0&1&0&1&0&0&0&0\\
0&0&1&0&0&0&1&0&0&0\\
0&0&1&0&0&0&0&1&0&0\\
0&0&0&0&0&0&1&0&1&0\\
0&0&1&0&0&0&0&1&0&1
\end{array}\right]
\end{array}
$$

第三步，进一步去掉$\boldsymbol{M}'(L)$中自身到达的二元关系，即将$\boldsymbol{M}'(L)$主对角线上的“1”全部变为“0”，得到简化后的具有最少二元关系个数的骨架矩阵$\boldsymbol{A}'$。

$$
\boldsymbol{A}'=\boldsymbol{M}'(L)-\boldsymbol{I}=
\begin{array}{c}
 \\ 2\\3\\4\\5\\6\\7\\8\\9\\1\\10
\end{array}
\begin{array}{c}
\begin{array}{cccccccccc} 2&3&4&5&6&7&8&9&1&10 \end{array}\\
\left[\begin{array}{cccccccccc}
0&0&0&0&0&0&0&1&0&0\\
0&0&0&0&0&0&0&0&0&0\\
0&1&0&0&0&0&0&0&0&0\\
1&0&0&0&0&0&0&0&0&0\\
0&0&1&0&0&0&0&0&0&0\\
0&1&0&1&0&0&0&0&0&0\\
0&0&1&0&0&0&0&0&0&0\\
0&0&1&0&0&0&0&0&0&0\\
0&0&0&0&0&0&1&0&0&0\\
0&0&1&0&0&0&0&1&0&0
\end{array}\right]
\end{array}
$$

4. 绘制多级递阶有向图$D(\boldsymbol{A}')$

按照骨架矩阵$\boldsymbol{A}'$所示的邻接二元关系，级间用有向弧连接成有向图$D(\boldsymbol{A}')$，如图 11-4 所示。

最后根据图 11-4 所示的多级递阶有向图$D(\boldsymbol{A}')$，用相应的因素名称代入，即得到解释结构模型，如图 11-5 所示。

由模型可知，在布展期间，影响会展中心车流通畅水平的直接因素是货车行驶路线不合理和卸货效率低。不言而喻，要改善会展中心的车流通畅水平就要制订合理的货车进馆行驶路线和提高卸货效率。从第二级和第三级进行分析，直接影响货车路线的是货车的长度，直接造成卸货效率低的因素是展馆外道路、卸货口宽度和货车司机随意停车。

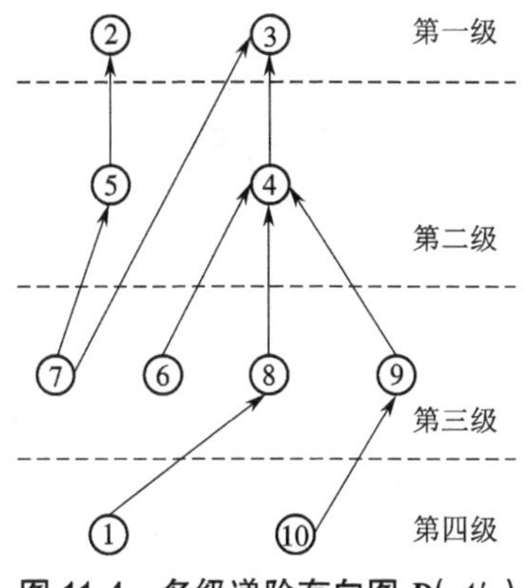

图 11-4　多级递阶有向图 $D(A')$

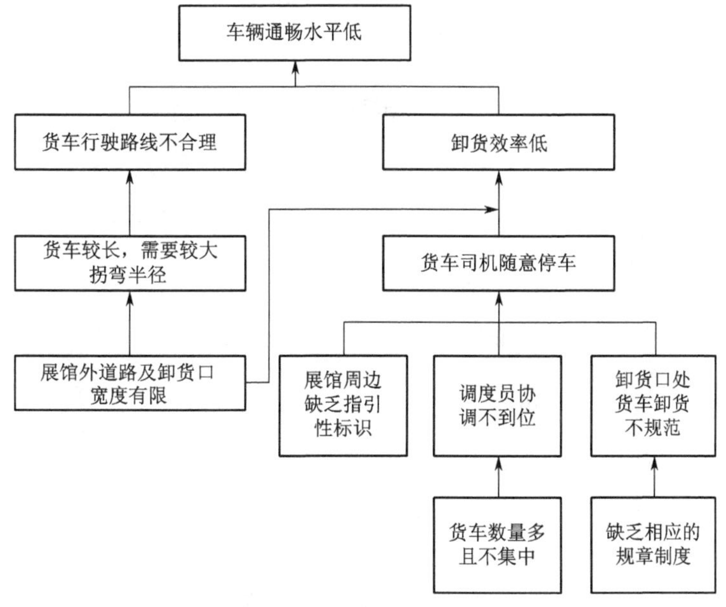

图 11-5　解释结构模型

看第二级和第三级要素之间的关系，展馆外的道路和卸货口宽度影响货车转弯，而展馆周边缺少指引性标识、调度员协调不到位和卸货口货车卸货不规范是影响货车卸货效率的主要因素。

再看第三级和第四级要素之间的关系，车辆多且集中造成调度员协调不到位，缺乏相应的规章制度造成卸货口处卸货不规范，从而影响卸货效率。

由此，本书将从以下两个方面着手解决会展中心的车流通畅水平低的问题。

（1）以会展中心展馆周边和卸货口处道路的宽度为出发参照点，考虑到货车的长度和宽度以及所需要的转弯半径，设计合理的货车进馆行驶路线。需要注意的是，在设计出合理的货车进馆行驶路线之后，保证路线的有效实施也是非常重要的。这需要调度员和保安的密切配合、相应的规章制度、显著的标识、标线等。

（2）通过制订规章制度以规范卸货口货车停靠和卸货，在展馆周围和卸货口设置显著标识等手段来提高卸货效率。

11.2 会展中心布展货车进馆方案

11.2.1 布展货车进馆路线设计分析

如图 11-6 所示，为了下文描述的方便，此处将 N1 和 N3 展馆左侧的道路称为 1 号路，将 N2 和 N4 展馆右侧的道路称为 2 号路，将 N5 和 N6 展馆前方的道路称为 3 号路，将 1 号路左侧的公路称为 4 号路，广场前方公路称为 5 号路。

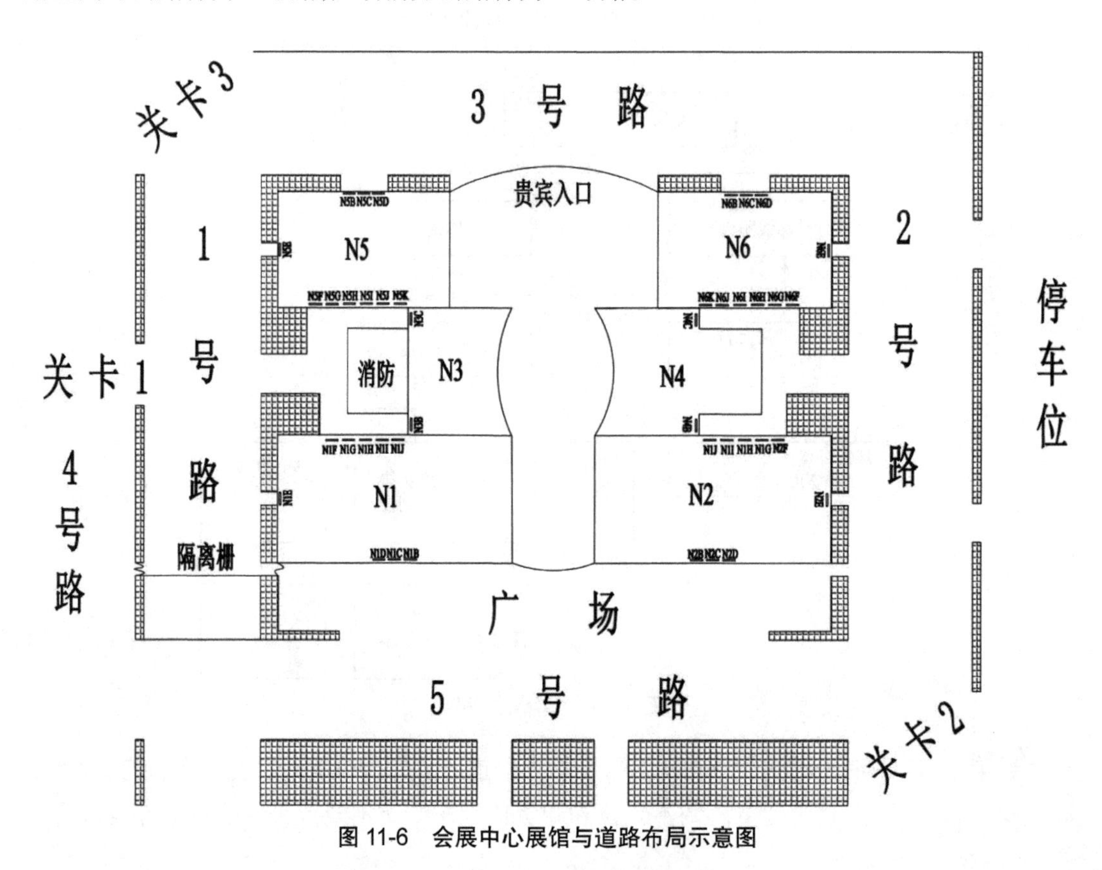

图 11-6 会展中心展馆与道路布局示意图

关卡 1、关卡 2 和关卡 3 与主干道相通，将作为货车的出入口。在布展期间，只有办理了全部手续的货车才能通过关卡，并且在车辆过多的情况下，关卡可以起到限制车流的作用。

为了减少车流对外围主干道路的影响，根据排队论知识，服务规则采取混合制中的队长有限，即若某卸货口同时卸货的车已经达到最大排队队长，后到达的车辆就要去其他卸货口或禁止其通过关卡进入服务系统。为此，在不影响内部货车行驶路线和卸货的情况下，在卸货口周围设置等待区。当卸货口没有空闲的区域时，若外围道路车辆较多，可以安排一定数量的货车进入等待区，以在一定程度上缓解外围交通路网的压力，这样做也可以更加方便快速地安排货车进入卸货口。

同时，考虑到某些货车通过关卡但搬运工还没有就位，不能立即开始卸货，应在比较空闲的区域设置等候区。等候区的货车在搬运工到达之后向有关人员申请，另行安排时间卸货。

假设图中 1 号路、2 号路、3 号路的宽度均为 14 m。在布展期间，货车的长度一般在 16~18 m，转弯所需的宽度大概在 10~15 m，显然道路的宽度不能满足此要求。因此货车在 1 号路、2 号路和 3 号路只能单向行驶，无法转弯。

同时，由于道路的宽度有限，且货车宽度在 2.5~3.5 m 之间，所以只能划分为三个车道。其中一个车道用隔离带划分出等待区和等候区，中间车道作为货车车道，货车进馆和出馆使用货车车道，另外一个车道则作为应急车道，用于重要贵宾或消防车的通行。

N1 和 N2 展馆各有 9 个卸货口，编号为 B，C，…，J，其中 N1B、N1C 和 N1D 卸货口以及 N2B、N2C 和 N2D 卸货口位于广场，而广场的地面最大承重是 3 t，故不能安排卸货。N1I 和 N1J 卸货口前面的通道宽度为 9 m，在布展期间一般用于停放消防车。N2I 和 N2J 卸货口前面的通道亦是 9 m 宽，当 N2H 卸货口有货车卸货时，其余货车无法进入通道卸货，故不能开放 N2I 和 N2J 卸货口。

N5 和 N6 展馆各有 10 个卸货口，编号为 B，C，…，K，其中 N5I、N5J 和 N5K 卸货口和 N6I、N6J 和 N6K 卸货口的前面通道也是 9 m 宽，当 N5H 和 N6H 卸货口有货车卸货时，其余货车无法进入通道卸货，故不能开放。另外，位于 3 号路上的贵宾入口周围的路面最大承重是 3 吨，不允许载货车辆通过，但空车可以通过。

N3 和 N4 展馆只有两个卸货口，分别是 N3B、N3C 和 N4B、N4C。由于 N3B 卸货口所处的通道要停放消防车，故只有 N3C 卸货口能开放。通道宽度为 9 m，考虑到货车的宽度和应预留的卸货空间，货车只能单队进入通道，且卸完货后倒车离开。N4 展馆是宴会厅，在布展期间通常不会有物流发生。

11.2.2　布展货车进馆路线方案及评价

根据展会的规模和使用场馆的不同，我们对四种情况进行了分析并针对每种情况提出了相应的方案：第一种情况：只开放 N1 馆，见方案一；第二种情况：开放 N1、N2 馆，见方案二；第三种情况：开放 N1、N3 馆，见方案三；对于第四种情况：六个展馆全部开放，见方案四。

1. 方案一

只开放 N1 展馆时货车进馆路线如图 11-7 所示。图中细虚线表示货车由关卡进入卸货口的路线，粗虚线表示货车由卸货口离开的路线。

货车进馆路线图在布展期之前由主办方交给各参展商，然后由参展商交给物流公司和货车司机。在布展期间，货车司机根据路线图进入展馆区卸货。

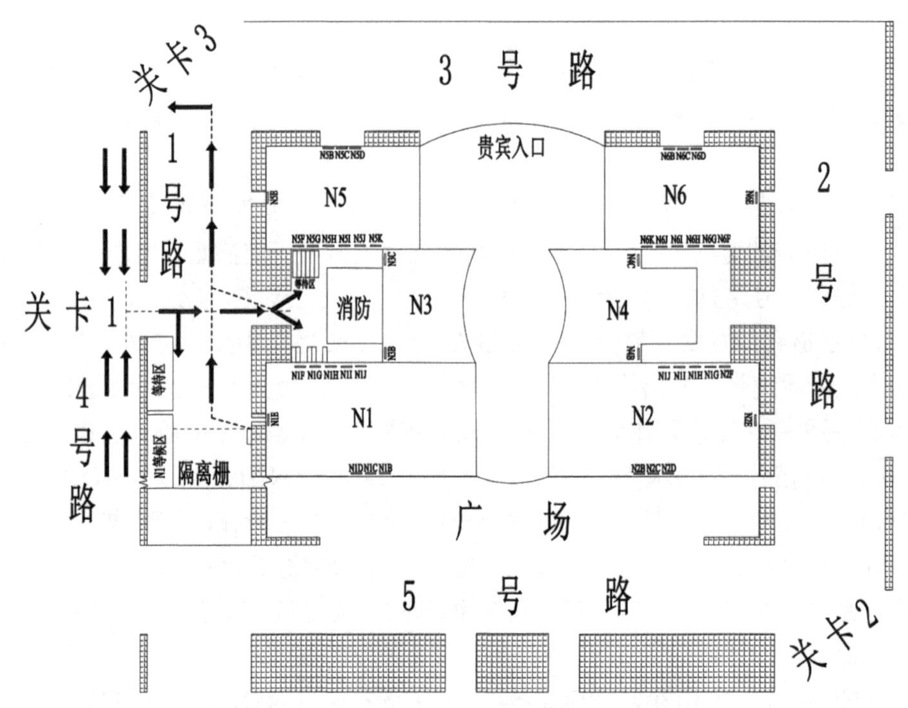

图 11-7 开放 N1 展馆时货车进馆路线示意图

路线说明：

(1)开放关卡 1 和关卡 3。其中关卡 1 为进关卡，关卡 3 为出关卡。

(2)卸货口开放 N1E、N1F、N1G 以及 N1H。

(3)所有到达车辆停靠在 4 号路右侧，呈两列等待，办完全部手续后通过关卡 1 按照路线图中细虚线所示路线进入各个卸货口。

(4)当各个卸货口都忙碌(即没有空闲卸货区域)时，则进入关卡的车辆进入等待区，待卸货口有空闲区域时由调度员安排等待区货车进入卸货口。N1E 卸货口对应的等待区位于 1 号路，靠近关卡 1，宽度为 4 m，长度为 36 m，可至少容纳两辆货车。N1F、N1G 和 N1H 卸货口对应的等待区位于 N5F、N5G 卸货口处，宽度为 4 m，长度为 16 m，可容纳 6 辆货车。

(5)如果等待区货车已满，则该处调度员通知关卡处的调度员限制货车放行。等候区位于 1 号路，宽度为 4 m，长度为 45 m，至少可容纳 3 辆货车。

(6)货车卸完货离开时按照图中粗虚线所示的路线离开。

货车应该到哪个卸货口卸货需要由关卡处调度员和各个卸货口处的调度员协商确定。因此需要在关卡、关键路口和卸货口处安排一定数量的调度员以保证方案的有效执行和车流的顺畅。

调度员安排如下。

关卡 1 处应有 1~2 名调度员，负责与各个卸货口处的调度员联络，放行或限制货车通过关卡。关卡 3 处不需要安排调度员。

N1E 卸货区应有 1 名调度员，负责将货车安排进入 N1E 卸货口或等待区，并与关卡处调度员及时联络。

N1F、N1G 和 N1H 3 个卸货口相连，应安排 2~3 名调度员，负责将货车安排进入各个卸货口或等待区，并与关卡处调度员及时联络。

2. 方案二

只开放 N2 展馆时货车进馆路线如下图 11-8 所示。图中细虚线表示货车由关卡进入卸货口的路线，粗虚线表示货车由卸货口离开的路线。

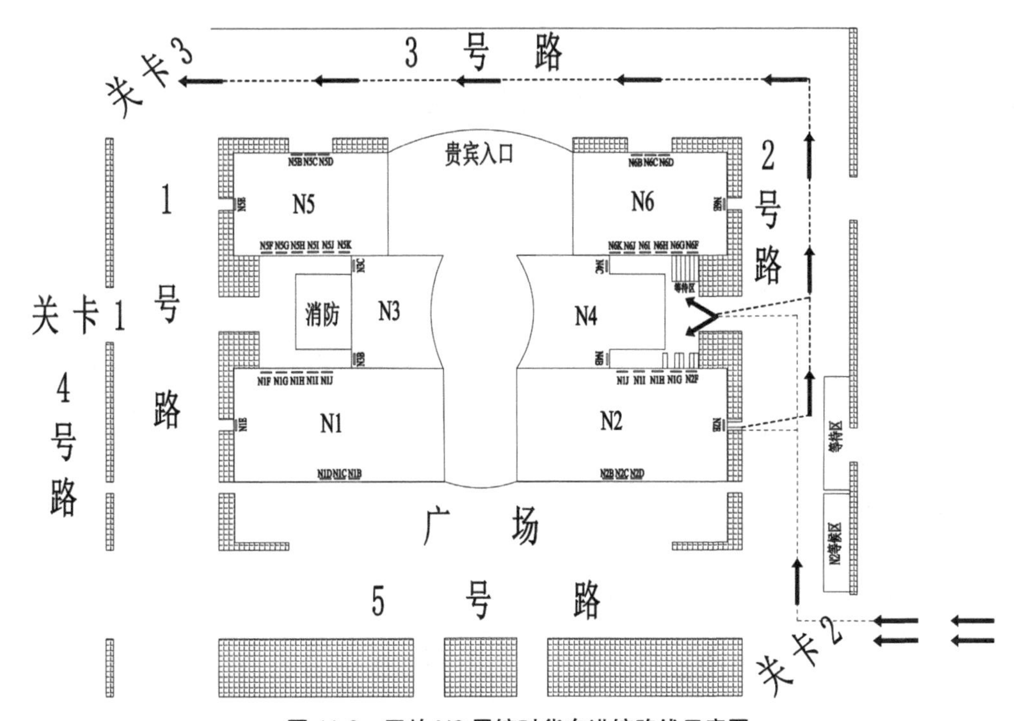

图 11-8　开放 N2 展馆时货车进馆路线示意图

路线说明如下。

(1)开放关卡 2 和关卡 3。其中关卡 2 为进关卡，关卡 3 为出关卡。

(2)卸货口开放 N2E、N2 F、N2G 以及 N2H。

(3)所有到达车辆停靠在 5 号路右侧，成两列等待，办完全部手续后通过关卡 2 按照路线图中细虚线所示路线进入各个卸货口。

(4)当各个卸货口都忙碌(即没有空闲卸货区域)时，则进入关卡的车辆进入等待区，待卸货口有空闲区域时由调度员安排等待区货车进入卸货口。N2E 卸货口对应的等待区位于 2 号路，宽度为 4 m，长度为 36 m，至少可以容纳两辆货车。N2F、N2G 和 N2H 卸货口对应的等待区位于 N6F、N6G 卸货口处，宽度为 4 m，长度为 16 m，可容纳 6 辆货车。

(5)如果等待区货车已满，则该处调度员通知关卡处的调度员限制货车放行。

等候区位于 2 号路，靠近关卡，宽度为 4 m，长度为 45 m，至少可以容纳 3 辆货车。

(6)货车卸完货离开时按照图中粗虚线所示的路线离开。

调度员安排如下。

关卡 2 处应有 1~2 名调度员，负责与各个卸货口处的调度员联络，放行或限制货车通过关卡。关卡 3 处不需要安排调度员。

N2E 卸货区应有 1 名调度员，负责将货车安排进入 N2E 卸货口或等待区，并与关卡处调度员及时联络。

N2F、N2G 和 N2H 3 个卸货口相连，应安排 2~3 名调度员，负责将货车安排进入各个卸货口或等待区，并与关卡处调度员及时联络。

3. 方案三

开放 N1 和 N3 展馆时货车进馆路线如下图 11-9 所示。图中细虚线表示货车由关卡进入卸货口的路线，粗虚线表示货车由卸货口离开的路线。

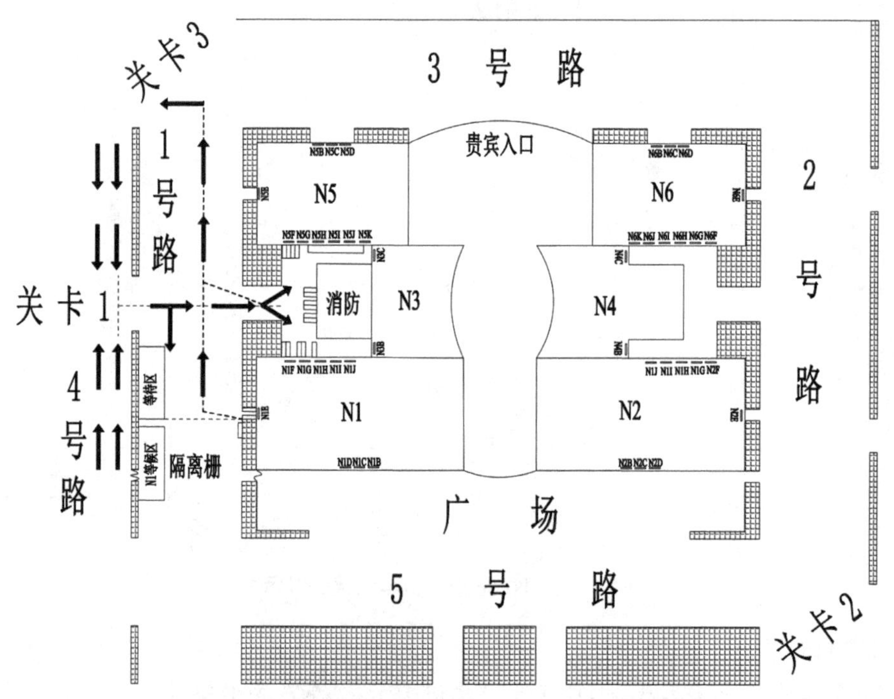

图 11-9 开放 N1 和 N3 展馆时货车进馆路线示意图

路线说明如下。

(1)开放关卡 1 和关卡 3。其中关卡 1 为进关卡，关卡 3 为出关卡。

(2)N1 展馆开放 N1E、N1F、N1G 以及 N1H 卸货口，N3 展馆开放 N3C 卸货口。

(3)所有到达车辆停靠在 5 号路右侧，成两列等待，办完全部手续后通过关卡 2 按照路线图中细虚线所示路线进入各个卸货口。

(4)当各个卸货口都忙碌(即没有空闲卸货区域)时，则进入关卡的车辆进入等待区，待卸货口有空闲区域时由调度员安排等待区货车进入卸货口。N1E 卸货口对应的等待区位于 1 号路，靠近关卡 1，宽度为 4 m，长度为 36 m，可至少容纳两辆货车。N1F、N1G 和 N1H 卸货口对应的等待区位于 N5F、N5G 卸货口处，宽度为 4 m，长度为 16 m，可容纳 6 辆货车。N3C 卸货口对应的等待区位于设备间处，宽度为 4 m，长度为 12 m，可容纳 4 辆货车。

（5）如果等待区货车已满，则该处调度员通知关卡处的调度员限制货车放行。

N1 展馆对应的等候区位于 1 号路，宽度为 4 m，长度为 45 m，至少可容纳 3 辆货车。N3 展馆面积相对较小，且一般用来搭建标准摊位，车流量较小，因此没有设置等候区。

（6）货车卸完货离开时按照图中粗虚线所示的路线离开。

调度员安排如下。

关卡 1 处应有 1~2 名调度员，负责与各个卸货口处的调度员联络，放行或限制货车通过关卡。关卡 3 处不需要安排调度员。

N1E 卸货区应有 1 名调度员，N1F、N1G 和 N1H 3 个卸货口相连，应安排 2~3 名调度员，N3C 卸货口应安排 1~2 名调度员，负责将货车安排进入各个卸货口或等待区，并与关卡处调度员及时联络。

4. 方案四

六个展馆全部开放时货车进馆路线如图 11-10 所示。图中细虚线表示货车由关卡进入卸货口的路线，粗虚线表示货车由卸货口离开的路线。

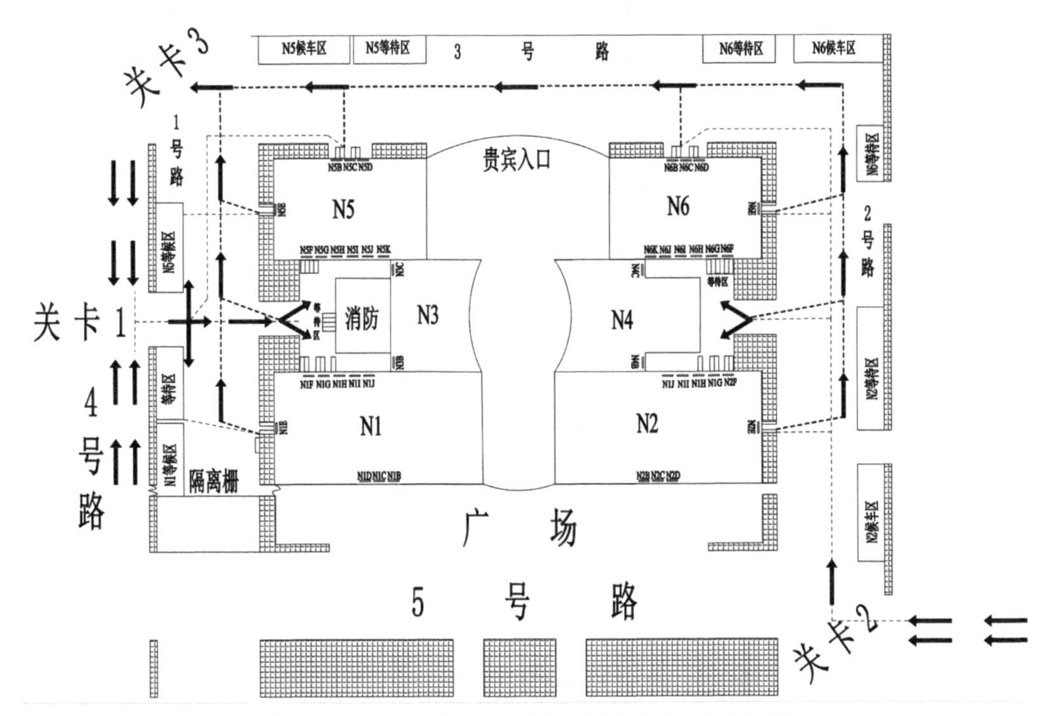

图 11-10　六个展馆全部开放时货车进馆路线示意图

路线说明如下。

（1）开放关卡 1、关卡 2 和关卡 3。其中关卡 1 和关卡 2 为进关卡，关卡 3 为出关卡。

（2）N1 展馆开放 N1E、N1F、N1G 以及 N1H 卸货口，N2 展馆开放 N2E、N2F、N2G 以及 N2H 卸货口，N3 展馆开放 N3C 卸货口，N5 展馆开放 N5B、N5C、N5D 和 N5E 卸货口，N6 展馆开放 N6B、N6C、N6D 和 N6E 卸货口。

（3）在 N1、N3 和 N5 展馆卸货的货车停靠在 4 号路右侧，成两列等待，办完全部手续后通过关卡 1 按照路线图中细虚线所示路线进入各个卸货口。

(4)在 N2 和 N6 展馆卸货的货车停靠在 5 号路右侧,成两列等待,办完全部手续后通过关卡 2 按照路线图中细虚线所示路线进入各个卸货口卸货。

(5)当各个卸货口都忙碌(即没有空闲卸货区域)时,则进入关卡的车辆进入等待区,待卸货口有空闲区域时由调度员安排等待区货车进入卸货口。N1E 卸货口对应的等待区位于 1 号路,靠近关卡 1,宽度为 4 m,长度为 36 m,可至少容纳两辆货车。N1F、N1G 和 N1H 卸货口对应的等待区位于 N5F、N5G 卸货口处,宽度为 4 m,长度为 16 m,可容纳 6 辆货车。N3C 卸货口对应的卸货区位于设备间处,宽度为 4 m,长度为 12 m。N5B、N5C 和 N5D 卸货口对应的等待区位于 3 号路,宽度为 4 m,长度为 50 m,至少可容纳 3 辆货车。N5E 卸货口对应的等待区位于 2 号路,宽度为 4 m,长度为 36 m,至少可容纳 2 辆货车。N6B、N6C 和 N6D 卸货口对应的等待区位于 3 号路,宽度为 4 m,长度为 50 m,至少可容纳 3 辆货车。N6E 卸货口对应的等待区位于 2 号路,宽度为 4 m,长度为 36 m,至少可容纳 2 辆货车。

(6)如果等待区货车已满,则该处调度员通知关卡处的调度员限制货车放行。

N1 展馆对应的等候区位于 1 号路,宽度为 4 m,长度为 50 m,至少可容纳 3 辆货车。N2 展馆对应的等待区位于 2 号路,宽度为 4 m,长度为 50 m,至少可容纳 3 辆货车。N5 展馆对应的等待区位于 3 号路,靠近关卡 3,宽度为 4 m,长度为 50 m,至少可容纳 3 辆货车。N6 展馆对应的等待区位于 3 号路,宽度为 4 m,长度为 50 m,至少可容纳 3 辆货车。

(7)货车卸完货离开时按照图中粗虚线所示的路线离开。

调度员安排如下。

关卡 1 处应有 1~2 名调度员,关卡 2 处应有 1~2 名调度员,负责与各个卸货口处的调度员联络,放行或限制货车通过关卡。关卡 3 处不需要安排调度员。

N1E 卸货区应有 1 名调度员, N1F、N1G 和 N1H 3 个卸货口相连,应安排 2~3 名调度员,N3C 卸货口应安排 1~2 名调度员,N5B、N5C 和 N5D 卸货口以及 N6B、N6 C 和 N6D 卸货口各应有 2~3 名调度员,N5E 和 N6E 卸货口各应有 1 名调度员。调度员负责将货车安排进入各个卸货口或等待区,并与关卡处调度员及时联络。

11.3 布展货车卸货优化

布展期间货车进入关卡时间、卸货时间和离开关卡时间的数据见表 11-4。

表 11-4 货车进出关卡时间的测定

序号	进关卡时间	开始卸货	卸货完成	出关卡时间
1	8:43	9:00	9:17	9:19
2	9:09	9:17	9:33	9:35
3	9:52	9:53	10:31	10:32
4	—	8:50	9:31	9:33

续表

序号	进关卡时间	开始卸货	卸货完成	出关卡时间
5	—	8:54	9:55	10:00
6	9:27	9:29	10:03	10:05
7	10:46	10:54	10:59	11:00
8	9:28	9:31	10:31	10:35
9	—	9:35	10:36	—
10	8:50	9:02	11:15	—
11	8:45	8:54	9:47	9:48
12	8:58	9:09	11:04	11:05
13	—	8:50	10:42	—
14	8:54	9:45	10:44	10:50
15	8:47	8:52	9:11	9:12
16	8:47	9:11	9:42	9:45
17	8:46	8:47	9:06	10:21
18	9:17	9:18	9:35	10:47
19	9:20	9:21	9:29	11:20
20	9:24	9:27	9:31	10:49

注:表中“—”表示未测出的时间。

通过表 11-4 中的数据,我们可以计算出货车进入关卡等待卸货的时间、卸货的时间(即接受服务的时间)和卸货完成停留在展馆区(即服务系统)的时间,见表 11-5。

表 11-5　由表 11-4 计算出的时间　min

序号	等待的时间	卸货时间	卸货完成后停留的时间
1	17	17	2
2	8	16	2
3	1	38	1
4	—	41	2
5	—	59	5
6	2	34	2
7	8	5	1
8	3	60	4
9	—	73	—
10	12	133	—
11	9	53	1
12	11	115	1
13	—	112	—

续表

序号	等待的时间	卸货时间	卸货完成后停留的时间
14	51	59	6
15	5	19	1
16	24	31	3
17	1	19	75
18	1	17	72
19	1	8	111
20	3	4	78
总计	157	913	367
平均值	7.85	45.65	18.35

注:表中“—”表示未计算出的时间。

由上表可以看出,货车从进入关卡到开始卸货平均用时 7.85 min,货车平均卸货时间为 45.6 min,货车卸完货到开始离开卸货口平均用时 18.3 min。根据表 11-5 中的数据可作出如图 11-11 所示的饼状图,由饼状图我们可以看出,货车接受服务的时间即卸货时间占货车在系统内总时间的 63%;等待卸货的时间占到了 11%;而卸货完成后停留在系统内的时间占到 26%。

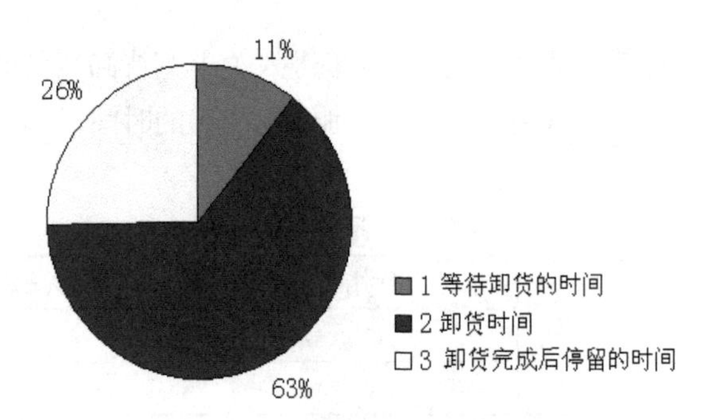

图 11-11 各时间所占的比例

由数据分析我们可以得出,货车卸货效率不高,等待卸货的时间和卸货完成后停留在展馆区的时间都过长。我们要采取措施尽可能地提高卸货效率,同时将等待卸货时间和卸完货停留的时间缩短到最小。

1. 原因探究

造成上述问题的因素主要有以下几个方面。

(1)卸货口随意停车现象比较严重。由于展馆方没有对进入卸货区的货车数量进行限制,加之卸货口管理无章可循,没有相关人员进行有效管理,货车司机进入卸货区后,往往随意停靠在一个地方,然后开始卸货。而多数货车为半挂车,长度大都在 16~18 m,转弯和掉头比较困难,随意停车就造成其他货车无法通过。

（2）由于随意停车现象比较严重，造成某些货车紧挨着，而货车卸货时需要一定的空间（一般宽度为 2~3 m），从而货车无法正常卸货，延缓了卸货时间。

（3）搬运工具机械化程度不高，且数量较少。搬运工具由第三方物流公司提供，目前均为手动液压搬运车，如图 11-12 所示，靠人力牵引，并且卸货区同时卸货数量较多时，平均每辆车只有一台拖车，影响了卸货的效率和货物搬运的速度。

图 11-12　手动液压搬运车

（4）少量货车将卸下的货物堆放在卸货区。卸下的货物占用了不少的卸货空间，妨碍了其他货车的卸货。

（5）某些货车卸完货后继续停留在展馆区。由于某种原因，某些货车卸完货后没有立即通过关卡离开，而是继续停留在卸货口周边，加剧了卸货口处的拥堵。

（6）展台搭建材料和展品卸货多采用人工搬运（大型机械除外），搬运队伍不专业，不少搬运工消极怠工，这在一定程度上影响了卸货时间。

2. 问题分析

针对上述提到的问题，我们可以运用工业工程中的“5W1H”提问技术和 ECRS 四大原则进行分析，其分析过程如下。

问：货车通过关卡后，为什么会有等待？

答：产生等待主要有三个原因：一是卸货口处已达到最大容量，无法容纳其他货车卸货；二是还没有联系到搬运工；三是司机对展馆的布局不很清楚，不知道在哪个卸货口卸货。

问：这三种等待是否必要？

答：都是不必要的。

问：第一种等待是否可以消除？

答：可以。若某卸货口已经达到最大容量，展馆方或保安应限制货车继续通过关卡或安排货车到其他卸货口。

问：第二种等待是否可以消除？

答:可以。参展商应在到达前或到达后积极联系物流公司,确保货车到达卸货口后能立即卸货。

问:第三种等待是否可以消除?

答:可以。在派发给每辆货车通行证的背面印上标有车辆路线和卸货口位置的布局图;在路口或路面上设置醒目的指引性标识、标线。

问:某些货车为什么会在卸货口处随意停靠?

答:对卸货口同时容纳的货车数量没有明确的规定,对卸货区域没有做出标识。

问:有无改进的可能性?

答:有。

问:怎么改?

答:根据卸货口的大小,对卸货口可同时服务的货车数量作出明确规定,并在路面用隔离线划定出车位,由卸货口处保安协调,确保货车停靠在车位内,杜绝随意停靠的现象发生,提高卸货口的通畅水平。

问:是否还有其他提高卸货效率的措施?

答:有。如用两台叉车或两台小推车服务一辆货车而不是一台叉车或一台小推车服务一辆车;或者尽量减少人工运输,采用较为机械化的搬运工具。如图 11-13 和图 11-14 所示。

图 11-13 电动托盘搬运车

图 11-14 重载式高空作业平台

问:某些货车卸完货后为什么会继续停留在展馆区?

答:货车司机去休息或等人或去办其他事情。

问:有无改进的可能性?

答:有。

问:怎么改?

答:展馆方应制订出明确规定,要求货车卸完货后立即离开,对违反规定的货车应做出处罚。

3. 解决方法

1）卸货口车位划分

解决卸货口货车随意停靠问题，提高卸货效率的一个重要途径是按照卸货区大小，确定卸货区可同时卸货车辆的数量，并划分出车位。各个卸货口车位划分示意图如图 11-15、图 11-16、图 11-17 和图 11-18 所示。

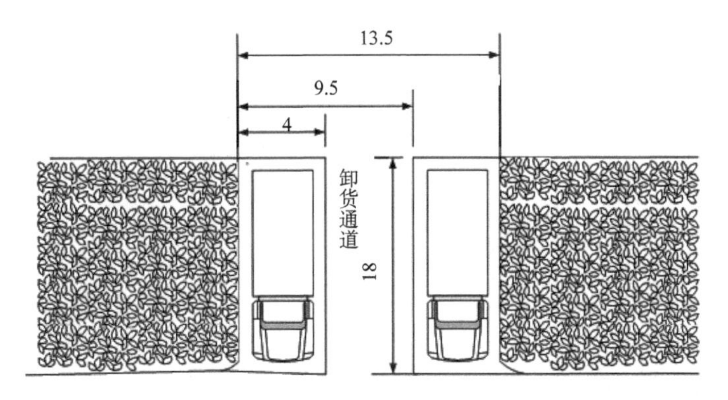

图 11-15　N1E、N2E、N5E、N6E 卸货口处货车停靠位置示意图（单位：m）

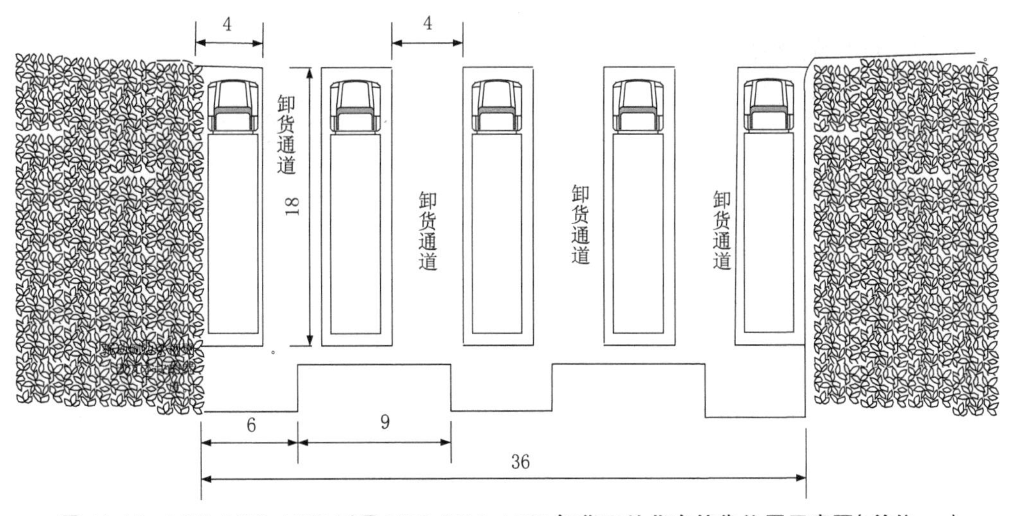

图 11-16　N5B、N5C、N5D 以及 N6B、N6C、N6D 卸货口处货车停靠位置示意图（单位：m）

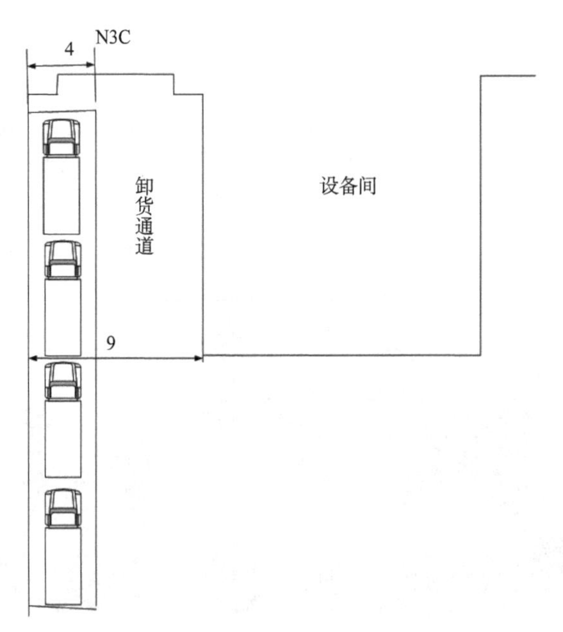

图 11-17 N3C 卸货口处货车停靠位置示意图(单位:m)

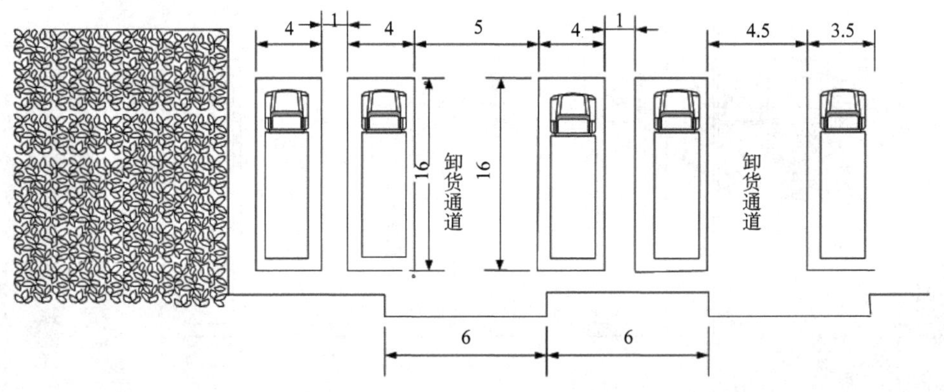

图 11-18 N1F、N1G、N2F、N2G 卸货口车辆停靠位置示意图(单位:m)

2)制订规章制度

由前文中解释结构模型分析可以看出,缺乏规章制度是导致卸货效率低、车流通畅水平差的一个基本原因。有了规章制度,制订的方案和措施才能得以有效实施,管理人员在执行方案时就可以有章可循。

在展会的布展期间,主要有两类人将对车辆的通畅水平产生影响,一是展馆方人员,包括调度员和保安;二是货车司机。因此本书将从两个方面分别制订相应的规章制度。

(1)展馆方车辆管理规章制度。

第一章 总则

第一条 为便于会展中心布展货车进馆方案的有效执行,使展馆方人员(调度员、保安)有章可循,确保布展期间货车有序、高效、安全地运行,特制订本制度。

第二条　本制度适用于展馆方人员，包括调度员、保安等。

第二章　展馆方车辆管理

第三条　展馆方应依据展会的规模及开放展馆的数量，执行相应的路线方案。

第四条　展馆方应与主办方合作，将“布展车辆进入会展中心行驶路线示意图”在布展期之前发给物流商或货车司机，确保每辆货车均有一张“路线示意图”。

第五条　在关卡外的外围道路，通过设置路障、标识等划定停车区，避免货车随意停靠堵塞道路，规范货车通过关卡。

第六条　在展馆周边道路，用隔离线划分出等待区和等候区，具体尺寸见“路线示意图”。

第三章　调度员和保安安排

第七条　展馆方应对调度员和保安进行培训，使其熟悉货车进馆方案及规章制度。

第八条　各个关卡及卸货口应安排一定数量的调度员，具体数量见货车进馆方案。

第九条　各个卸货口处的调度员应与关卡处的调度员通过对讲机保持密切联系。若某卸货口及其相应等待区已达到最大车容量，应立即告知对应关卡处的调度员，禁止驶向该卸货口的车辆通行。

第十条　各个卸货口应安排两名保安，其中一名负责检查货车手续，另一名负责确保货车停靠在划定的车位内，并在卸货完成后督促货车立即离开卸货区。

第十一条　布展期间，在展馆内部应安排保安或相关管理人员负责维持内部的货物搬运和堆放，防止货物堆放在运输通道，提高货物搬运的速度和效率。

第四章　货车违规处理

第十二条　对不服从调度未按规定路线行驶、在排队过程中插队的货车给予警告、延迟卸货等处罚。

第十三条　对在卸货口处没有停靠在指定车位，随意停靠的货车给予警告、延迟卸货等处罚。

第十四条　对在卸货过程中，将卸下的货物堆放在卸货区的货车给予警告或罚款。

第十五条　对卸完货后仍逗留在卸货区的货车给予警告或罚款。

(2)货车进馆规章制度。

第一章　总则

第一条　为了便于会展中心布展货车进馆方案的有效执行，确保布展期间货车有序、高效、安全地运行，特制订本制度。

第二条　本制度旨在针对会展中心布展期间进馆卸货货车。

第二章　货车行驶

第三条　运送展品的货车到达会展中心后，应在展馆外围道路上指定的等待区停靠等待进入关卡。

第四条　货车到达后，应前往服务处办理相应手续，并领取货车进馆通行证。

第五条　每辆货车须凭入馆通行证，经保安人员查验后通过关卡。

第六条　货车通过关卡，进入展馆区后须服从调度员或保安的指挥，按规定路线行驶，并在指定地点停靠等待。具体路线见“布展车辆进入会展中心行驶路线示意图”。

第七条　各货车应按到达的先后顺序进入等待区排队，并依次进入卸货口卸货。

第八条　货车进入卸货口时，应停靠在划定的停车位内卸货。

第三章　货车司机行为规范

第九条　货车到达会展中心后，未按安排在指定地点停靠等待而造成进馆延误的货车后果自负。

第十条　货车通过关卡后，未按规定路线行驶、未在规定等待区停靠、未到规定卸货口卸货的货车给予警告、延迟卸货等处罚。

第十一条　对在卸货口处没有停靠在指定车位，随意停靠的货车给予警告、延迟卸货等处罚。

第十二条　对在卸货过程中，将卸下的货物堆放在卸货区的货车给予警告或罚款。

第十三条　对卸完货后仍逗留在卸货区的货车给予警告或罚款。

思考与练习题

某机场陆侧衔接系统如图 11-9 所示，机场陆侧客运交通衔接系统影响因素如表 11-5 所示，请画出解释结构模型。

表 11-5　机场陆侧客运交通衔接系统解释结构模型构成要素分析

符号	说明	定性描述	直接影响因素
S1	对外交通方式系统	一般包括出租车、私人小汽车、长途公交、航空轨道线、铁路和城市公交，方式系统组成由机场规模、城市交通设施与运营组织方式所决定	S2,S3
S2	对外交通设施衔接系统	包括城市航站楼、航空轨道线站点布局，包括外部停车场、二级蓄车场和外部接运站等	S1,S3,S4,S5
S3	运营组织系统	包括航空轨道线的调度和机场巴士的调度、长途公交的发车频率等	S1,S2,S4
S4	内外接驳交通方式系统	包括对外交通方式系统与接运交通方式系统	S1,S5
S5	内外接驳设施配置	包括各种内外接驳的交通方式的到达层、出发层车道规模及布局	S4,S6,S7
S6	车道边组织管理	包括车道边的车辆调度形式，主要指社会车辆与出租车	S5,S7
S7	接驳组织管理	主要包括陆侧道路网的指引系统和车道边的组织管理	S6
S8	内部交通设施的衔接系统	包括航站楼站厅布局、自动步行系统、蓄车场和停车场	S5,S7
S9	内部组织与管理	包括内部标识指引系统和步行系统的组织管理	S8

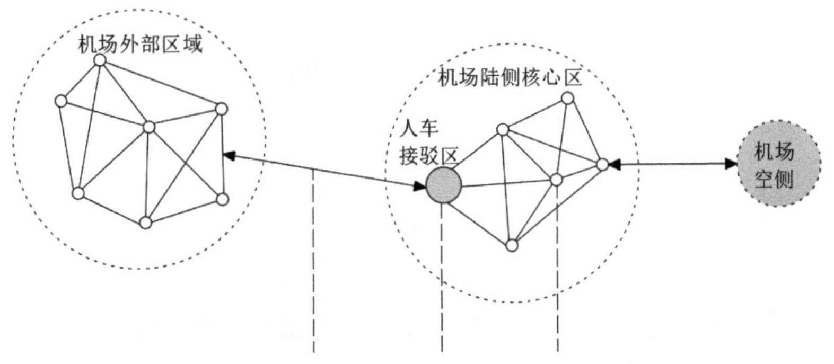

图 11-19　机场陆侧衔接系统

参考文献

[1] 董海. 设施规划与物流分析 [M]. 北京：机械工业出版社，2005.

[2] 杨育. 设施规划 [M]. 北京：科学出版社，2010.

[3] 戢守峰. 现代设施规划与物流分析 [M].2 版. 北京：机械工业出版社，2019.

[4] 詹姆斯·汤普金斯，约翰·怀特，亚乌兹·布泽，等. 设施规划 [M]. 伊俊敏，袁海波，等译.3 版. 北京：机械工业出版社，2008.

[5] 王家善，吴清一，周佳平. 设施规划与设计 [M]. 北京：机械工业出版社，1995.

[6] 齐二石. 物流工程 [M]. 天津：天津大学出版社，2001.

[7] 朱耀祥，朱立强. 设施规划与物流 [M]. 北京：机械工业出版社，2004.

[8] 唐纳德 J. 鲍尔索克斯，戴维 J. 克劳斯，M. 比克斯比·库珀. 供应链物流管理 [M]. 李习文，王增车，译. 北京：机械工业出版社，2002.

[9] MEYERS F E, STEPHENS M P.Manufacturing facilities design and material handling[M].2nd ed.New Jersey：Prentice Hall，2000.

[10] CHRISTOPHER M.Logistics and supply chain management[M]. 北京：电子工业出版社，2003.

[11] 陈荣秋，马士华. 生产运作管理 [M].5 版. 北京：机械工业出版社，2017.

[12] 辛奇·利维，等. 供应链设计与管理：概念、战略与案例研究 [M]. 季建华，邵晓峰，译.3 版. 北京：中国人民大学出版社，2010.

[13] 汪应洛. 系统工程 [M].5 版. 北京：机械工业出版社，2015.

[14] 马汉武. 设施规划与物流系统设计 [M]. 北京：高等教育出版社，2008.

[15] 吕广明，刘明思. 物流设备与规划技术 [M]. 北京：中国电力出版社，2009.

[16] 方庆琯. 物流系统设施与设备 [M]. 北京：清华大学出版社，2009.

[17] 蒋祖华，苗瑞，陈友玲. 工业工程专业课程设计指导 [M]. 北京：机械工业出版社，2008.